Matlab 优化设计及其应用

陈玉英　严　军　许　凤　张红兵　编著

中国铁道出版社

2019年·北　京

内 容 简 介

本书以 Matlab 语言为工具，介绍了优化设计的相关理论基础，并以实用、多角度的工程实例为对象，通过编程实现其求解及优化目的。主要内容包括：优化设计基本模型及图形表示，线性规划，一维搜索方法，无约束优化问题，有约束优化问题，多目标函数优化问题的经典算法，Matlab 优化工具箱函数及应用，优化算法工程应用实例等内容。本书可作为高等工科院校有关专业优化设计相关课程的教材和教学参考书，也可供有关专业教师及工程技术人员参考。

图书在版编目(CIP)数据

Matlab 优化设计及其应用/陈玉英等编著．—北京：中国铁道出版社，2017.8 (2019.1重印)

ISBN 978-7-113-23501-7

Ⅰ.①M… Ⅱ.①陈… Ⅲ.①Matlab 软件-最优设计 Ⅳ.①TB115.7

中国版本图书馆 CIP 数据核字(2017)第 192143 号

书　　名：Matlab 优化设计及其应用
作　　者：陈玉英　严　军　许　凤　张红兵

策　　划：曹艳芳
责任编辑：曹艳芳　陶赛赛　　　　**编辑部电话：**01051873162
封面设计：崔　欣
责任校对：孙　玫
责任印制：高春晓

出版发行：中国铁道出版社(100054，北京市西城区右安门西街 8 号)
网　　址：http://www.tdpress.com
印　　刷：三河市宏盛印务有限公司
版　　次：2017 年 8 月第 1 版　2019 年 1 月第 2 次印刷
开　　本：787 mm×1 092 mm　1/16　印张：11.75　字数：287 千
书　　号：ISBN 978-7-113-23501-7
定　　价：30.00 元

前　言

从工程角度来说,最优化就是寻求工程设计的最优方案。通常是在满足一定约束条件下,使设计达到预定的目标,如产品成本最低,利润最大;或重量最轻,用料最省,等等。在生产组织和管理、产品设计、资源分配、交通运输生产调度等领域广泛存在着最优化问题,而最优化理论本身也已发展成为数学的一个分支。

优化设计既是一种设计方法也是一种设计理念。在知识经济时代,行业的竞争更多地依赖于技术进步和科技创新,优化设计在其中扮演着重要角色。优化设计渗透在机械、化工、建筑、环境、动力、航空、经济等众多领域,从事相关领域技术工作的专业人员急需通过轻松、快捷的方式掌握优化设计方面的理论知识,以提高产品设计水平。无论是从学习的角度还是从应用、研究的角度来说,科技工作者都希望通过轻松、友好、快捷的方式学习、速掌和运用优化设计理论。

学习的目的不是为了简单地拥有知识,而是要灵活地运用知识,并有所创新。现有的关于优化设计或数学规划方面的书籍,在编程语言上或选择 Fortran 这样的高级语言,或直接运用 Matlab 优化设计工具箱的函数,对读者来说这两种方式都存在一定的缺陷。前者因变量结构以单个元素为基础,编写出的程序冗长、复杂,程序调试困难、周期长,令读者望而生畏;而后者虽使读者能快速运用函数求解问题,但总不免有"只知其然,不知其所以然"之嫌,或读者并不满足于"傻瓜化"、"黑箱式"的便捷,更想发挥自己的创造能力,编出更灵活,更实用的程序。

Matlab 语言继承了目前众多高级语言的优点,同时充分考虑了各行业数值计算和仿真的需要,提供了从数学到工程,从经济到生物的各种专用函数和工具箱,以编程环境的集成性、灵活性、开放性、仿真模块和工具箱的多样性和专业性受到高校师生、科研人员和工程技术人员的钟爱。Matlab 语言基于向量和矩阵的数据结构,集成化开发环境,给运用者提供了编写篇幅小巧、结构清晰,结果表达方式丰富的程序的条件。

面对潮水般涌来的新知识、新理论、新技术,如何能在较短的时间内掌握所需的知识,并用于实际工作中,发挥"生产力"的威力,既是科技工作者要考虑的问题,也是作者要考虑的问题。本书宗旨:以清晰、简洁、完整的基本理论为基础;以实用、多角度的工程实例为对象；以方便、快速、功能强大的Matlab语言为工具，以轻松、友好的方式，介绍优化设计的理论及应用。

本书内容包括10章，其中第1章介绍优化设计的基本模型知识；第2章至第7章介绍经典或传统优化设计方法，包括一维搜索、无约束优化方法和有约束优化；第8章介绍多目标优化设计；第9章介绍章Matlab优化工具箱函数及应用；第10章介绍优化算法的工程应用。

本书由陈玉英统稿，张永恒审核，陈玉英（兰州交通大学）、严军（西北师范大学）、许凤（兰州交通大学）、张红兵（兰州交通大学）编写。其中第4章、第5章、第9章第7节、第8节、第10章第1节、第2节、第5节由陈玉英编写；第6章、第9章第1节~第6节由严军编写；第2章、第3章、第10章第3节、第4节及习题由许凤编写；第1章、第7章、第8章、第10章第6节由张红兵编写。在编写过程中张鹏、刘金平、程明、周志勇完成了部分程序的调试工作在此表示感谢。在编写过程中参考了网络中有关作者的资料在此一并表示感谢。

由于作者水平有限，书中错误和缺点也在所难免，敬请广大读者提出宝贵意见。

编　者

2017年6月

目　录

第1章　绪　　论

1.1　最优化问题的提出

优化的概念来源于求某一设计(广义的设计)的最优结果,用数学观点来说就是求解某一个或几个目标函数的最大值或最小值。针对设计建立数学模型,通过解析或数值计算寻找到求解优化设计的依据,用以指导设计的实施。如某设计的模型可用一元函数 $f(x)$ 来表示,求最优设计就是求一元函数的最大值或最小值。如果一元函数是单调函数,则函数的最大值或最小值会在变量 x 的边界上取得;如果一元函数是二次函数,则函数的极值在函数曲线的顶点上取得;如果一元函数是高次函数,函数曲线有多个极值点,则求函数的最大或最小值问题就变得复杂起来,对多元函数的极值问题更是如此,需要用到后续章节介绍的局部或全局优化算法来求解。

线性规划问题是目标函数和限制条件都是线性函数的问题,在生产和生活中很多问题都可抽象为线性规划问题,下面以示例子说明优化设计问题的提出、建模及求解的全过程。

【例 1-1】　资源分配问题是线性规划中的一类问题。这里所说的资源其含义广泛,可以是一般的物质资源,也可以是人力资源。资源分配问题可描述为生产若干种产品(广义的产品)需要几种不同的资源,如原料消耗量、设备使用量、人力需求量等。各种资源供应量有一定限制,所生产的产品有不同的利润或花费不同的费用。所求问题是在所消耗资源和资源供给量限制的条件下,求生产不同的产品的数量,使收益最大或费用最低。如下面的问题。

某工厂要生产两种规格的电冰箱,分别用Ⅰ和Ⅱ表示。生产电冰箱需要两种原材料 A 和 B,另外需设备 C。生产两种电冰箱所需原材料、设备台时、资源供给量及两种产品可获得的利润如表 1-1 所示。问工厂应分别生产Ⅰ、Ⅱ型电冰箱多台,才能使工厂获利最多?

表 1-1　资源需求与限制

资　源	Ⅰ	Ⅱ	资源限制
设备	1	1	1 200 台时
原料 A	2	1	1 800 kg
原料 B	0	1	1 000 kg
单位产品获利	220 元	250 元	求最大收益
产品Ⅰ用原料限制	≤800 kg		

解:设生产Ⅰ、Ⅱ两种产品的数量分别为 x_1, x_2。则可获得的最大收益为

$$\max f(\boldsymbol{x}) = 220x_1+250x_2, \boldsymbol{x} \in \boldsymbol{R}^2$$

$$\text{s. t. } x_1+x_2 \leqslant 1\ 200$$

$$2x_1+x_2 \leqslant 1\ 800$$

$$x_1 \leqslant 800$$

$$x_2 \leqslant 1\ 000$$
$$x_1, x_2 \geqslant 0$$

Matlab 求解程序如下：

```
%li_1_1
clc;
close all;
f=-[220 250];
A=[1 1;2 1;1 0;0 1];
b=[1200;1800;800;1000];
xl=[0 0];
[x,fval]=linprog(f,A,b,[],[],xl)
x1=[0:1800];
x2=[0:2000];
[xm1,xm2]=meshgrid(x1,x2);
x21=1200-x1;
x22=1800-2*x1;
x23=(-fval-220*x1)/250;
plot(x1,x21,x1,x22,[0:1:1000],1000,800,[0:1:1500],x1,x23,'r')
axis([0,1400,0,2000])
xlabel('x1');
ylabel('x2');
hold on
z=200*xm1+250*xm2;
[C,h]=contour(xm1,xm2,z);
text_handle=clabel(C,h);
set(text_handle,'BackgroundColor',[1 1.6],'Edgecolor',[.7.7.7]);
hold off
```

计算结果为：

```
x=200.0000
  1000.0000
fval=
  -2.9400e+005
```

目标函数等值线和约束函数曲线如图 1-1 所示。

通过例子我们初步了解了优化设计求解的过程，以及优化设计的“威力”。

在【例 1-1】的求解中使用了标准化的优化数学模型，而优化问题数学模型的一般描述为

$$\min(\max) f(\boldsymbol{x}) = f(x_1, x_2, \cdots, x_n), \boldsymbol{x} \in \boldsymbol{R}^n$$
$$\text{s. t. } g_u(\boldsymbol{x}) \leqslant (\geqslant) 0, (u=1,2,\cdots,L)$$
$$h_v(\boldsymbol{x}) = 0, (v=1,2,\cdots,M) \tag{1-1}$$

其中，$\boldsymbol{R}^n$ 表示 n 维实欧氏空间；s. t. 是 subject to 或 so that 的缩写，意为“受限于”或“满足于”。需要说明的是，Matlab 中求线性规划问题的函数 linprog( ) 将约束条件统一为小于或等于类型的约束条件。

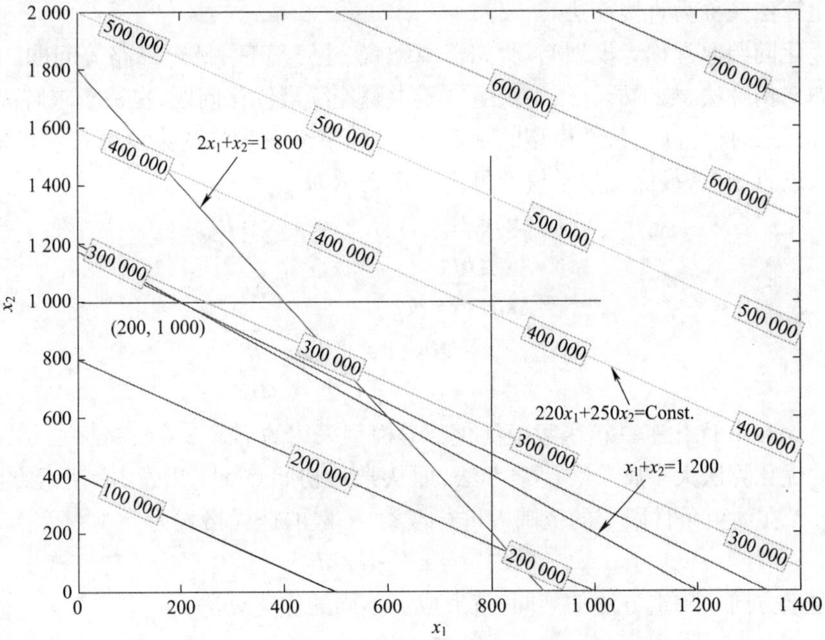

图 1-1 【例 1-1】约束函数曲线及目标函数等值线

1.2 最优化问题的分类

工程实际问题有多种类型,相应地对于不同类型的问题有其不同的解法。例如根据问题的性质,可将问题分为静态问题、动态问题、确定性问题、随机性问题、模糊问题等。求解时首先要根据问题遵循的基本定律建立相应的数学模型,通过实验法、解析法或数值方法来达到求解的目的。随着计算机技术及各种数值方法的发展,利用计算机进行数值求解的发展更加普遍。常遇到的工程问题其数学模型一种是代数模型,如【例 1-1】所示的模型;另一种是用常微分或偏微分方程表示的模型,如边界层微分方程。有限元法是求解偏微分方程非常有效的方法,其理论基础就是求能量函数或泛函的极值。这里主要讨论代数模型求极值的方法。

对于优化设计问题来说,若目标函数和约束函数都是线性函数,则这样的问题就是线性规划问题,否则就是非线性优化问题。

有些优化问题有约束条件,而有些优化问题没有约束条件,据此可以将最优化问题分为无约束优化问题和有约束优化问题。无约束优化问题在经典优化设计中占有重要地位,其求解方法是某些约束优化问题求解的基础。

此外,目标函数中的变量(称为设计变量)可能只含有一个,也可能含有多个,相应的优化问题就分别称为单变量问题和多变量问题。单变量优化问题的解法称为一维搜索方法。经典多变量优化算法中确定搜索方向最佳步长的问题就是一维搜索问题。因此,一维搜索算法是多变量优化算法的基础。

根据目标函数的多少最优化问题又可分为单目标函数问题和多目标函数问题。

根据优化变量取值是否连续,最优化问题又可分为连续优化问题和离散优化问题。

根据求解算法是否含有导数运算可分为含导数的优化算法和不含导数的优化算法,不含导数的优化算法又称为直接算法。

离散优化问题通常称为规划问题,如资源配置,生产管理,最短邮路等问题。一些启发式优化算法如遗传算法、粒子群算法不仅适合于求解连续最优化问题,也适于求解离散最优化问题。式(1-1)是最优化问题数学模型的一般形式,如果进一步将约束函数按线性和非线性、等式和非等式进行分类,最优化数学模型可进一步表示为

$$\begin{aligned} &\min f(\boldsymbol{x})=f(x_1,x_2,\cdots,x_n),\boldsymbol{x}\in\boldsymbol{R}^n \\ &\text{s.t.}\ \boldsymbol{Ax}\leqslant\boldsymbol{b} \\ &\qquad \boldsymbol{Aeq}\cdot\boldsymbol{x}=\boldsymbol{beq} \\ &\qquad g_u(\boldsymbol{x})\leqslant 0,(u=1,2,\cdots,L) \\ &\qquad h_v(\boldsymbol{x})=0,(v=1,2,\cdots,M) \end{aligned} \tag{1-2}$$

这也是 Matlab 优化工具箱函数中优化数学模型采用的形式。

经典的优化算法大多属于线搜索方法,即从某一初始点 $\boldsymbol{x}^{(0)}$ 出发,沿搜索方向 $\boldsymbol{d}^{(0)}$,按一定的步长 $\alpha^{(k)}$ 在约束条件限定的范围内进行搜索,一般的迭代格式为

$$\boldsymbol{x}^{(k+1)}=\boldsymbol{x}^{(k)}+\alpha^{(k)}\boldsymbol{d}^{(k)}$$

根据搜索方向 $\boldsymbol{d}$ 构造方法的不同,就形成了不同的优化算法。

1.3 优化模型的图形表示

由图 1-1 可知,设计变量的取值被限定在约束函数规定的区域内,满足约束条件的最优解位于约束函数曲线的交点上。通过将优化模型用图形表示就是优化问题的图解法。Matlab 有方便、灵活的绘图函数,对一些二维或三维优化问题应用绘图函数可以帮助了解定目标函数形状。对一些实际问题,通过图形表示可以了解设计变量的取值范围,也可以通过图解直接得出优化问题的解。下面先介绍 Matlab 常用的绘图函数,然后通过典型优化问题的分析了解基于 Matlab 的图解法。

Matlab 绘图函数包括平面曲线绘图函数 plot( )、三维曲线绘图函数 plot3( )、三维曲面绘图函数 mesh( ),surf( ),以及将三维曲面投影到平面上的取等值线函数 contour( )。要绘制较完美的图形还要对曲线线型(如点画线、虚线等)、线宽、线的颜色、绘图点标记的形状,标记边框颜色、标记填充颜色等进行定义,此外还要对坐标轴刻线、坐标轴名称、坐标轴取值范围、曲线图例等进行说明,对所绘图形修饰性的说明或定义也可在图形绘制完成后在图形显示窗口通过编辑命令来完成。坐标点及网格点生成函数在介绍有关函数时一并介绍。下面分别对 plot( ),plot3( ),mesh,contour( )函数进行说明。

plot( )函数是在直角坐标系中绘制平面曲线的基本函数,要求输入的参数是横坐标 x 和纵坐标 y 的值。x 和 y 用行向量或列向量来表示。

【例 1-2】 绘制下面函数的曲线。

$$y(x)=2\sin(x)+\ln(x)$$

解:应用 plot( )函数绘制该函数曲线的程序如下:

```
%li_1_2
f=inline('2*sin(x)+log(x)','x')
x=linspace(0.1,2*pi,15);
```

```
y=feval(f,x);
plot(x,y,'-rs','LineWidth',2,'MarkerEdgeColor','k','MarkerFaceColor','g','MarkerSize',10)
xlabel('0.1\leq \Theta \leq 2\pi')
ylabel('2sin(\Theta)+ln(\Theta)');
title('Plot of 2sin(\Theta)+ln(\Theta)')
text(pi/4,sin(-pi/4),'\leftarrow 2sin(\Theta)+ln(\Theta)','HorizontalAlignment','left')
legend('-')
grid on
```

所的函数曲线如图 1-2 所示。

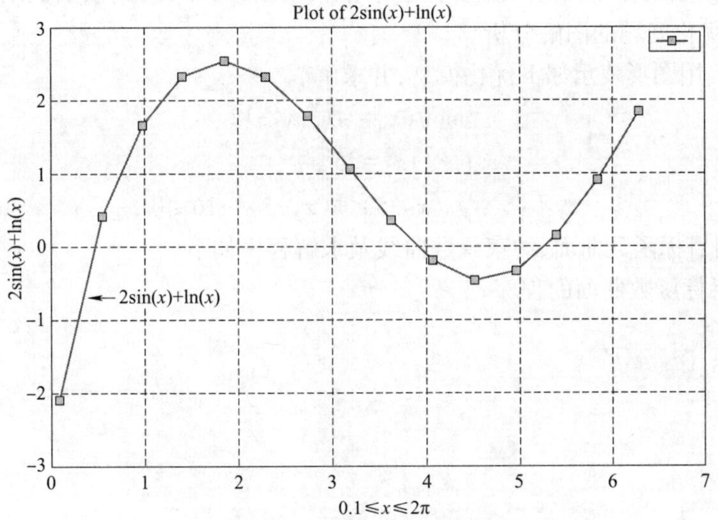

图 1-2 【例 1-2】函数曲线

【例 1-2】中用到的有关函数有内置函数定义函数 inline(),坐标点生成函数 linspace(),函数取值函数 feval()。坐标点生成函数 linspace()用于生成等距点,该函数有 3 个输入参数,前两个参数说明坐标的起止点,第 3 个参数表示生成的离散点数,总的点数包括两个端点。若不指定第三个参数,则自动认为生成 100 个点。生成等距坐标点的另一种方法是用分隔符来实现,如 $x=1:0.1:10$,结果是从 1 开始,按增量 0.1 递增,直到小于或等于终点。除可生成等距点外,还可生成对数分隔点,所用函数为 logspace(),该函数也有 3 个输入参数,其中前两个参数是以 10 为底的指数,第 3 个参数与 linspace()函数相同。绘图时,函数内向量元素的个数要相等,计算向量长度,矩阵维数的函数分别是 length()和 size()。

二维绘图函数还有简洁绘图函数 ezplot,绘直方图函数 bar,在图形加上误差带数 errorbar,用给定精度绘图的函数 fplot,绘极坐标图函数 polar,绘统计分布图函数 hist,绘台阶图函数 stairs,绘极坐标统计分布图函数 rose,绘火柴杆图函数 stem,绘图区填充函数 fill,绘矢量场图函数 quiver 等。

plot3()函数用来绘制三维曲线,它有 3 个输入参数,分别对应直角坐标系中的 x,y,z 方向的坐标点,各坐标点以向量表示。

mesh()函数用来绘制网格状三维曲面,它有 3 个输入参数,每个参数都是二维矩阵,它们分别是与平面矩形区域网格点对应的 x,y,z 坐标值。因此,要绘制三维曲面首先要在 xy 平面

上根据 x,y 的取值范围划分网格，然后再计算网格点上与 x,y 对应的 z 坐标值。网格坐标生成函数为 meshgrid( )，该函数根据 x,y 方向的两个一维向量生成平面网格。

三维曲面等值线函数为 contour( )。该函数有如下几种常用格式：

contour(z)：根据矩阵 z 绘制三维曲面，x,y 坐标用矩阵行、列的序号表示；

contour(z,n)：绘制 n 条等值线；

contour(z,v)：按增量 v 绘制等值线，v 为向量；

contour(x,y,z)：用给定的 x,y 坐标在 xy 平面上绘制 z 等值线；

contour(x,y,z,n)，contour(x,y,z,v)，其中的参数 n,v 含义同上。

contour( )函数既可用在三维图形中也可用在二维图形中，应用该函数结合优化问题的约束条件可进行优化问题的图解分析。

【例 1-3】 用图形表示如下优化模型，并求解。

$$\min f(x)=4x_1^3-x_2^2-12$$

$$\text{s. t. } x_1^2+x_2^2=25$$

$$(x_1-5)^2+(x_2-5)^2-16\leqslant 0$$

解：该绘制目标函数曲面、约束函数曲线及求解程序如下：

(1)绘制目标函数曲面的程序

```
%li_1_3_1
functionli_1_3_1()
clc;
clear all;
close all;
n=20;
x1=linspace(0,2,n);
x2=linspace(0,6,n);
[xm1,xm2]=meshgrid(x1,x2);
for i=1:n
for j=1:n
xx=[xm1(i,j),xm2(i,j)];
zm(i,j)=fun_obj(xx);
end
end
figure(1)
meshc(xm1,xm2,zm)
xlabel('x1');
ylabel('x2');
zlabel('zm')
```

(2)绘制约束函数曲线及求解的程序

```
%li_1_3_2
functionli_1_3_2()
clc;
clear all;
```

```
close all;
x0=[1,1];
[x,fval,exitflag,output]=fmincon(@fun_obj,x0,[],[],[],[],[],[],@fun_cons)
n=20;
x1=linspace(0,6,n);
x2=linspace(0,10,n);
[xm1,xm2]=meshgrid(x1,x2);
for i=1:n
for j=1:n
xx=[xm1(i,j),xm2(i,j)];
zm(i,j)=fun_obj(xx);
end
end
figure(1)
f1=inline('sqrt(25-x.^2)','x');
f2=inline('sqrt(16-(x-5).^2)+5','x');
y1=feval(f1,x1);
y2=feval(f2,x1);
y3=sqrt((4*x1.^3)-12-fval+0.01)
plot(x1,y1,x1,y2);
hold on
plot(x1(1:8),y3(1:8),'--r')
hold on
[c,h]=contour(xm1,xm2,zm,20);
clabel(c,h);
xlabel('x1');
ylabel('x2');
function f=fun_obj(x)
f=4*x(1)^3-x(2)^2-12;
function [c,ceq]=fun_cons(x)
c=[x(1)^2+x(2)^2-10*x(1)-10*x(2)+34
  -x(1)
  -x(2)];
ceq=[x(1)^2+x(2)^2-25];
```

目标函数曲面及目标函数等值线和约束函数曲线分别示于图 1-3 和图 1-4。

从图 1-4 可以看出,约束函数曲线在点(1,5)处相交,该点就是目标函数满足约束条件的解。应用 Matlab 优化工具箱函数 fmincon()得出的结果为 $x=[1.0013\ 4.8987]$。通过图解分析可对优化问题的几何性质有更清晰的认识,从而可得出更为精确的解。

三维绘图函数中 surf 函数和 riobbon 函数也很有用,它们分别用来绘制带阴影的三维曲面以及用条带表示的三维曲面或曲线。

除可利用 Matlab 进行函数曲线绘制和分析外,其他的一些数学软件也能轻松完成类似的工作做,其中应用较广的是 Maple、MathCAD 和 Mathematica。它们与 c 语言、C++、Visual Basic

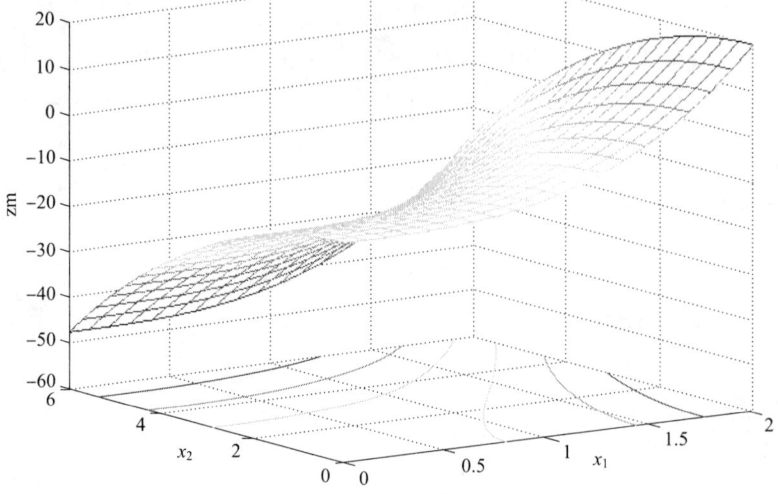

图 1-3 【例 1-3】目标函数曲面

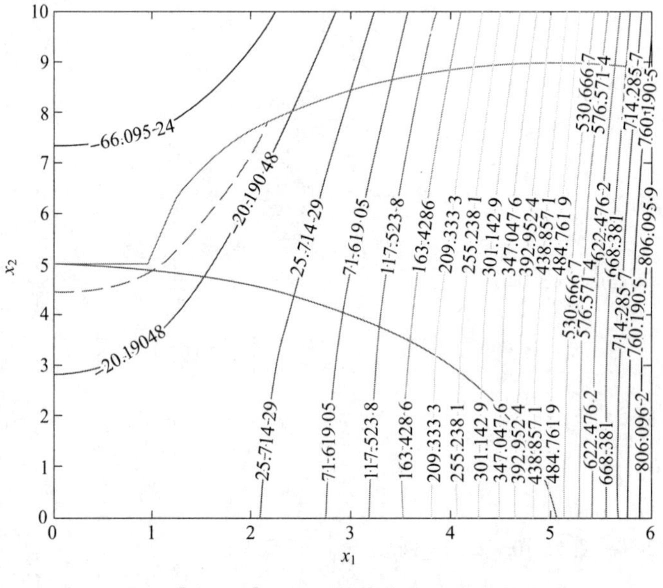

图 1-4 【例 1-3】目标函数等值线约束函数曲线

等结构化数值计算语言最大的区别是可完成代数运算，如多项式因式分解、因式展开、求极限、求导数、求积分等，同时它们也可完成数值计算，显示图形等。这些数学软件交互功能强，易学易用，自带大量数学函数，便于多学科数学问题的求解，与其他高级语言接口方便，因而受到数学及工程科技工作者的欢迎。如 Maple 软件不但具有精确的数值处理功能，而且具有强大的符号计算功能。Maple 的符号计算功能还是 MathCAD 和 Matlab 等软件符号处理的核心。Maple 提供了 2000 余种数学函数，涉及范围包括：初等数学、高等数学、线性代数、数论、离散数学、图形学。它还提供了一套内置的编程语言，用户可以开发自己的应用程序。Maple 采用字符行输入方式，输出则可以选择字符方式和图形方式，产生的图形结果可以很方便地剪贴到 Windows 应用程序内。

第2章　线性规划

线性规划问题是最优化理论的重要分支,也是最基本的内容,许多实际问题抽象成数学模型后,都可以归结为线性规划问题。自从 1947 年 G. B. Dantzig 提出求解线性规划的单纯形方法以来,线性规划在理论上趋向成熟,在实用中日益广泛与深入。特别是随着计算机技术及数值计算方法的发展,线性规划的应用领域更为广泛。

2.1　线性规划的标准形式

第 1 章中【例 1-1】数学模型的特点是目标函数和约束条件均为线性,设计变量非负。例子中的约束条件仅含"≤"的约束条件。归纳起来线性规划问题的一般形式为

目标函数 $$\max(\min) f(\boldsymbol{x}) = c_1x_1+c_2x_2+\cdots+c_nx_n$$

约束条件
$$\begin{aligned} &a_{11}x_1+a_{12}x_2+\cdots+a_{1n}x_n \leqslant (=,\geqslant) b_1 \\ &a_{21}x_1+a_{22}x_2+\cdots+a_{2n}x_n \leqslant (=,\geqslant) b_2 \\ &\cdots\cdots \\ &a_{m1}x_1+a_{m2}x_2+\cdots+a_{mn}x_n \leqslant (=,\geqslant) b_m \\ &x_j \geqslant 0 \quad j=1,2,\cdots,n(m<n) \end{aligned}$$

线性规划问题的常规求解方法是利用矩阵的初等变换,求解时引进非负的松弛变量(对"≥"的约束称为剩余变量)将不等式约束转化为等式约束,也就是将线性规划问题的一般形式变为标准形式。因此线性规划问题数学模型的标准形式为线性目标函数加上等式及变量非负的约束条件。用数学表达式表述为

$$\begin{aligned} &\min(\max) c_1x_1+c_2x_2+\cdots+c_nx_n \\ &\text{s. t. } a_{11}x_1+a_{12}x_2+\cdots+a_{1n}x_n=b_1 \\ &a_{21}x_1+a_{22}x_2+\cdots+a_{2n}x_n=b_2 \\ &\cdots\cdots \\ &a_{m1}x_1+a_{m2}x_2+\cdots+a_{mn}x_n=b_m \\ &x_j \geqslant 0, \quad j=1,2,\cdots,n(m<n) \end{aligned}$$

用矩阵表示为

$$\begin{aligned} &\min(\max) \boldsymbol{c}^{\mathrm{T}}\boldsymbol{x} \\ &\text{s. t. } \boldsymbol{A}\boldsymbol{x}=\boldsymbol{b} \\ &x_j \geqslant 0 \quad j=1,2,\cdots,n \end{aligned} \tag{2-1}$$

【例 1-1】的模型化成标准形为

$$\begin{aligned} &\max f(\boldsymbol{x}) = 220x_1+250x_2+0x_3+0x_4+0x_5+0x_6 \\ &\text{s. t. } x_1+x_2+x_3=1\ 200 \\ &2x_1+x_2+x_4=1\ 800 \end{aligned}$$

$$x_1+x_5=800$$

$$x_2+x_6=1\,000$$

$$x_j \geqslant 0,\quad j=1,2,\cdots,6$$

2.2 单纯形法

在学习单纯形法之前需要了解以下三个基本概念：

凸集：对于一个点集（或区域），如果连接其中任意两点 $\boldsymbol{x}_1,\boldsymbol{x}_2$ 的线段都全部包含在该集合内，就称该点集为凸集，否则为非凸集。

极点：若凸集 $\boldsymbol{S}$ 中的点 $\boldsymbol{x}$，不能成为 $\boldsymbol{S}$ 中任何线段的内点，则称 $\boldsymbol{x}$ 为 $\boldsymbol{S}$ 的极点。

单纯形：若一个凸集仅包含有限个极点，则称此凸集为单纯形。

单纯形法是求解线性规划问题的有效方法。线性规划问题的可行域是 n 维向量空间 $\boldsymbol{R}^n$ 中的多面凸集，如果存在最优解则最优解必在该凸集的某极点处达到。极点所对应的可行解称为基本可行解。单纯形法的基本思想是：先找出一个基本可行解，对它进行鉴别，看是否是最优解；若不是，则按照一定法则转换到另一改进的基本可行解，再鉴别；若仍不是，则再转换，按此重复进行。因基本可行解的个数有限，故经有限次转换必能得出问题的最优解。如果问题无最优解也可用此法判别。

2.2.1 基本解与基本可行解

在绪论中提到过如果目标函数是一元线性函数 $f(x)$，$x\in[a,b]$，则 $f(x)$ 的最大值（或最小值）必在 x 的端点上取得，而对多元线性规划问题来说，这一结论也是成立的，即 $f(\boldsymbol{x})$ 的最大值或最小值在由约束条件构成的求解域的顶点上取得。线性规划问题属于有约束优化（规划）问题，约束条件由等式线性约束和变量非负条件构成。基本解是只满足线性约束条件的解，而基本可行解是既满足等式线性约束又满足变量非负要求的解。因此线性规划问题的解可通过求解线性等式约束方程来获得。

下面先通过一个例子来说明单纯性法的基本原理及求解过程。

【例 2-1】 用单纯形法求解下面的线性规划问题。

$$\max f(x)=2x_1+x_2-2x_3$$

$$\text{s.t. } x_1+x_2+2x_3\leqslant 5$$

$$x_1+3x_2-x_3\leqslant 3$$

$$x_1,x_2,x_3\geqslant 0$$

解：

（1）先用 Matlab 线性规划函数求解，其计算程序如下：

```
%ch2_li1
clc;
close all;
f=-[2 1-2];
A=[1 1 2;1 3-1];
b=[5 3];
```

```
xl=[0 0 0];
[x,fval]=linprog(f,A,b,[],[],xl)
```

计算结果为：

```
x=
     3.4696
     0.0000
     0.4696
fval=
     -6.0000
```

(2)手算求解

引入松弛变量,将所给问题化成线性规划标准形式。

$$\max f(x)=2x_1+x_2-2x_3+0x_4+0x_5$$
$$\text{s. t. } x_1+x_2+2x_3+x_4+0x_5\leqslant 5$$
$$x_1+3x_2-x_3+0x_4+x_5\leqslant 3$$
$$x_1,x_2,x_3,x_4,x_5\geqslant 0$$

将上式约束方程用矩阵表示：

$$\begin{bmatrix}1&1&2&1\\1&3&-1&0\end{bmatrix}\begin{bmatrix}x_1\\x_2\\x_3\\x_4\\x_5\end{bmatrix}=\begin{bmatrix}5\\3\end{bmatrix} \tag{2-2}$$

由于方程个数少于变量个数,因此有无穷多个解。但若取其中3个变量的解为零,则可得到确定的解,并且按这种取法得到的解是有限的,对本问题来说可有10个不同的解。应用Matlab编程检索这10解的部分结果如下：

```
----------l=1-----j=1,k=2------------
x(1,2)=6.000000,-1.000000
A=1      1
  1      3
y=11
----------l=2-----j=1,k=3------------
x(1,3)=3.666667,0.666667
AA=1      2
   1      -1
y=6.0000
----------l=3-----j=1,k=4------------
x(1,4)=3.000000,2.000000
AA=1      1
   1      0
y=6
----------l=4-----j=1,k=5------------
x(1,5)=5.000000,-2.000000
```

```
AA=1    0
   1    1
y=10
```

从中可以看出，虽然这些解都是基本解，但并不都是基本可行解。并且 $x_1=3.6667, x_3=0.6667$ 和 $x_1=3.0, x_4=2.0$ 都是最优基本可行解。挑选基本解的程序如下：

```
%ch2_li1_1
clc;
clear all;
b=[5 3]';
A1=[1 1  2 1 0
    1 3-1 0 1];
f=[2 1-2 0 0];
l=0;
for j=1:5
for k=1:5
if(j~=k&&j<k)
AA=[A1(1,j),A1(1,k)
    A1(2,j),A1(2,k)];
if det(AA)~=0
    l=l+1;
    x=inv(AA)*b;
fprintf('----------l=%d-----j=%d,k=%d------------\n x(%d,%d)=%f,%f',l,j,k,j,k,x(1),x(2))
    AA
    y=f(j)*x(1)+f(k)*x(2)
end
end
end
end
```

下面通过初等变换或消元法求解【例 2-1】。如果约束条件中变量的系数组成的矩阵是满秩的，则对应的变量为基本变量，其系数矩阵称为基矩阵。求解时应选择选择基本变量和基矩阵进行初等变换。由式(2-2)可知，选择松弛变量 x_4, x_5 为基本变量，对应的系数组成的矩阵为基矩阵将会带来很大方便。

令非基本变量 x_1, x_2, x_3 均为零，则得到 $x_4=5, x_5=3$。将该结果带入目标函数中，得

$$f(x)=2\times0+1\times0-2\times0+0\times5+0\times3=0$$

这一结果似乎没有带来什么益处，因为对目标函数没有丝毫影响。但是通过观察可以发现，如果将变量 x_1 由 0 变成正值，用其替换其中一个基本变量，则目标函数增加最多，因为变量 x_1 的系数最大。这是将非基本变量选进基本变量的一个原则，接下来的问题是将原来的基本变量 x_4, x_5 中的那一个换出，使其成为非基本变量。解决这一问题要借助约束条件，如果仍旧保持 x_2, x_3 为零，并去掉方程中非基本变量 x_2, x_3 及其系数，则约束方程为

$$\begin{bmatrix}1 & 1 & 0\\1 & 0 & 1\end{bmatrix}\begin{bmatrix}x_1\\x_4\\x_5\end{bmatrix}=\begin{bmatrix}5\\3\end{bmatrix} \tag{2-3}$$

分别选 x_1,x_4 和 x_1,x_5 为基本变量考察解的情况。以 x_1,x_4 为基本变量，同时令 $x_5=0$，结果为 $x_1=3,x_4=2,f=6$；再以 x_1,x_5 为基本变量，同时令 $x_4=0$，结果为 $x_1=5,x_5=-2,f=10$。第二种方案是不可取的，因为解 $x_1=5,x_5=-2$ 不是基本可行解，只是基本解。也就是说应该选择变量 x_5 出基本变量表。为了说明进基变量的系数列向量元素与右端项元素的关系，将 x_1 分别替换 x_4 和 x_5 的情况用下面的模型进行分析。用 x_1 替换 x_4 的约束方程为

$$\begin{bmatrix} a_{11} & 0 \\ a_{21} & 1 \end{bmatrix}\begin{bmatrix} x_1 \\ x_5 \end{bmatrix}=\begin{bmatrix} b_1 \\ b_2 \end{bmatrix}$$

选 a_{11} 为消元主元，结果为

$$\begin{bmatrix} 1 & 0 \\ 0 & 1 \end{bmatrix}\begin{bmatrix} x_1 \\ x_5 \end{bmatrix}=\begin{bmatrix} b_1/a_{11} \\ b_2-a_{21}\dfrac{b_1}{a_{11}} \end{bmatrix}$$

从而得
$$x_1=b_1/a_{11},x_5=b_2-a_{21}\frac{b_1}{a_{11}} \tag{2-4}$$

用 x_1 替换 x_4 的约束方程为

$$\begin{bmatrix} 1 & a_{11} \\ 0 & a_{21} \end{bmatrix}\begin{bmatrix} x_4 \\ x_1 \end{bmatrix}=\begin{bmatrix} b_1 \\ b_2 \end{bmatrix} \tag{2-5}$$

选 a_{21} 为消元主元，结果为

$$\begin{bmatrix} 1 & 0 \\ 0 & 1 \end{bmatrix}\begin{bmatrix} x_4 \\ x_1 \end{bmatrix}=\begin{bmatrix} b_1-a_{11}\dfrac{b_2}{a_{21}} \\ \dfrac{b_2}{a_{21}} \end{bmatrix} \tag{2-6}$$

从而得
$$x_5=b_1-a_{11}\frac{b_2}{a_{21}},x_1=b_2/a_{21} \tag{2-7}$$

观察式(2-4)和式(2-7)注意到，当

$$x_1=\min\left\{\frac{b_i}{a_{i\ 1}}\right\}=\min\left\{\frac{5}{1},\frac{3}{1}\right\}=\frac{b_2}{a_{21}}=\frac{3}{1}=3 \tag{2-8}$$

时，可得到基本可行解，否则 x_1 的取值不能使所有基本变量的取值成为基本可行解，见式(2-4)。出基变量与式(2-8)有着必然的联系。式(2-8)中最小比值对应的右端项元素或系数行下标对应的基本变量就是出基变量，且比值分母系数下标就是进基变量对应的主消元元素。验证式(2-3)可知，变量 x_5 为被替换出的变量，与计算结果一致。由此可见目标函数与约束条件配合，约束方程求解完成后，将基本变量结果带入目标函数中，通过比较非基本变量系数大小决定进基变量(此时认为非基本变量取值不为零)。对求最大值问题，系数较大的非基本变量为进基变量；对于最小值问题，系数较小的非基本变量为进基变量，确定了进基变量后，则计算右端项与进基变量在约束方程中列系数向量对应元素的比值，比值小者的行下标对应的基本变量为出基变量。

下面对单纯形法进行更一般的说明。将式(2-1)中的约束矩阵 $\boldsymbol{A}$ 按列表示

$$\boldsymbol{A}=[\boldsymbol{p}_1,\boldsymbol{p}_2,\cdots,\boldsymbol{p}_n]$$

$\boldsymbol{p}_i,(i=1,2,\cdots,n)$ 是 $m\times1$ 的向量，$\boldsymbol{p}_i$ 的分量是各约束方程中与设计变量 x_i 对应的系数。

设矩阵 $\boldsymbol{A}$ 的秩为 m，将设计变量 $\boldsymbol{x}$ 分解为基本变量和非基本变量，即 $\boldsymbol{x}=[\boldsymbol{x}_E,\boldsymbol{x}_N]^{\mathrm{T}}$，相应地系数矩阵 $\boldsymbol{A}$ 也分解为两部分，一部分为基矩阵，用 $\boldsymbol{E}$ 表示；另一部分为非基矩阵，用 $\boldsymbol{N}$ 表示。于是 $\boldsymbol{A}=[\boldsymbol{E},\boldsymbol{N}]$，$\boldsymbol{E}=[\boldsymbol{p}_1,\boldsymbol{p}_2,\cdots,\boldsymbol{p}_m]$，$N=[\boldsymbol{p}_{m+1},\boldsymbol{p}_{m+2},\cdots,\boldsymbol{p}_n]$。式(2-1)中的约束条件重新表示为

$$[\boldsymbol{E},\boldsymbol{N}]\begin{bmatrix}\boldsymbol{x}_E\\ \boldsymbol{x}_N\end{bmatrix}=\boldsymbol{b} \tag{2-9}$$

即

$$\boldsymbol{E}\boldsymbol{x}_E+\boldsymbol{N}\boldsymbol{x}_N=\boldsymbol{b}$$

上式两端左乘 $\boldsymbol{E}^{-1}$ 并移项，得

$$\boldsymbol{x}_E=\boldsymbol{E}^{-1}\boldsymbol{b}-\boldsymbol{E}^{-1}\boldsymbol{N}\boldsymbol{x}_N \tag{2-10}$$

$\boldsymbol{x}_N$ 的分量为非基本变量，它们取不同的值，就会使方程组得到不同的解。如果令 $x_N=0$，则得到解

$$\boldsymbol{x}=\begin{bmatrix}\boldsymbol{x}_E\\ \boldsymbol{x}_N\end{bmatrix}=\begin{bmatrix}\boldsymbol{E}^{-1}\boldsymbol{b}\\ 0\end{bmatrix} \tag{2-11}$$

称解 $\boldsymbol{x}$ 为方程组 $\boldsymbol{A}\boldsymbol{x}=\boldsymbol{b}$ 的一个基本解。如果 $\boldsymbol{E}^{-1}\boldsymbol{b}\geqslant 0$，则称

$$\boldsymbol{x}=\begin{bmatrix}\boldsymbol{x}_E\\ \boldsymbol{x}_N\end{bmatrix}=\begin{bmatrix}\boldsymbol{E}^{-1}\boldsymbol{b}\\ 0\end{bmatrix}$$

为满足约束条件的基本可行解（非负的基本解）。

2.2.2 基本可行解的转换

基本可行解的转换就是在得到了某组基本可行解后，如何进一步改进获得更好的解，最终达到最优基本可行解。从 2.2.1 的分析可知，获得改进的解是在满足约束条件的前提下使目标函数值增加（对于最大值问题）或使目标函数减小（对于最小值问题）的解。设已经获得一组基本可行解

$$\boldsymbol{x}^{(0)}=\begin{bmatrix}\boldsymbol{E}^{-1}\boldsymbol{b}\\ 0\end{bmatrix}$$

其对应的目标函数值记为 f_0。设 $\boldsymbol{x}=\begin{bmatrix}\boldsymbol{x}_E\\ \boldsymbol{x}_N\end{bmatrix}$ 是另一组基本可行解，将其代入目标函数中，得

$$\begin{aligned}
f&=\boldsymbol{c}^{\mathrm{T}}\boldsymbol{x}=[\boldsymbol{c}_E^{\mathrm{T}}\quad \boldsymbol{c}_N^{\mathrm{T}}]\begin{bmatrix}\boldsymbol{x}_E\\ \boldsymbol{x}_N\end{bmatrix}\\
&=\boldsymbol{c}_E^{\mathrm{T}}\boldsymbol{x}_E+\boldsymbol{c}_N^{\mathrm{T}}\boldsymbol{x}_N=\boldsymbol{c}_E^{\mathrm{T}}(\boldsymbol{E}^{-1}\boldsymbol{b}-\boldsymbol{E}^{-1}\boldsymbol{N}\boldsymbol{x}_N)+\boldsymbol{c}_N^{\mathrm{T}}\boldsymbol{x}_N\\
&=\boldsymbol{c}_E^{\mathrm{T}}\boldsymbol{E}^{-1}\boldsymbol{b}+(\boldsymbol{c}_N^{\mathrm{T}}-\boldsymbol{c}_E^{\mathrm{T}}\boldsymbol{E}^{-1}\boldsymbol{N})\boldsymbol{x}_N\\
&=f_0+\sum_{j=m+1}^{n}(c_j-\boldsymbol{c}_E^{\mathrm{T}}\boldsymbol{E}^{-1}\boldsymbol{p}_j)x_j\\
&=f_0+\sum_{j=m+1}^{n}(c_j-z_j)x_j
\end{aligned} \tag{2-12}$$

如果每次将一个非基本变量转换为基本变量，并假定求目标函数的最大值，那么由式(2-12)可知，选择求和项中系数 $c_j-z_j>0$ 最大者对应的非基本变量进入基本变量，当该变量取正值时，可使目标函数增加最多。如果所有非基本变量的系数 c_j-z_j 不再有正值，则说明，非基本变量的进基运算不会再使目标函数增加，此时就终止计算，输出最优结果。非基本变量转换为基

本变量后，则要将上一轮迭代中的一个基本变量转换为非基本变量，判断出基本变量表的条件由约束方程的消元计算格式给出。

设 x_k 为进基本变量，不失一般性，认为 x_k 替换 x_r，在约束方程中相应地用 $\boldsymbol{p}_k$ 替换 $\boldsymbol{p}_r$，$\boldsymbol{p}_k=[a'_{1k}a'_{2k}\cdots a'_{mk}]^{\mathrm{T}}$，$\boldsymbol{p}_r=[a'_{1r}a'_{2r}\cdots a'_{mr}]^{\mathrm{T}}$，新的基矩阵为 $\boldsymbol{E}_{(1)}$，为表示清楚起见，将 $\boldsymbol{p}_k$ 标记为 $\boldsymbol{p}_r^{(k)}$，其元素相应地表示为 $\boldsymbol{p}_r^{(k)}=[a'^{(k)}_{1r}\ a'^{(k)}_{2r}\cdots a'^{(k)}_{mr}]^{\mathrm{T}}$。因此基矩阵 $\boldsymbol{E}_{(1)}$ 表示为

$$\boldsymbol{E}_{(1)}=[p_1p_2\cdots p_r^{(k)}\cdots p_m]$$

$$=\begin{bmatrix} 1 & 0 & \cdots & a'^{(k)}_{1r} & \cdots & 0 \\ 0 & 1 & \cdots & a'^{(k)}_{2r} & \cdots & 0 \\ \vdots & \vdots & & \vdots & & \vdots \\ \vdots & \vdots & \cdots & a'^{(k)}_{rr} & \cdots & 0 \\ \vdots & \vdots & & \vdots & & \vdots \\ 0 & 0 & \cdots & a'^{(k)}_{mr} & \cdots & 1 \end{bmatrix}$$

变量 x_k 由零变为正值后，新的方程组的解为

$$\boldsymbol{x}'_{\boldsymbol{E}}=\boldsymbol{E}^{-1}_{(1)}\boldsymbol{b}' \tag{2-13}$$

其中基矩阵 $\boldsymbol{E}_{(1)}$ 的逆阵为

$$E^{-1}_{(1)}=\begin{bmatrix} 1 & 0 & \cdots & -\dfrac{a'^{(k)}_{1r}}{a'^{(k)}_{rr}} & \cdots & 0 \\ 0 & 1 & \cdots & -\dfrac{a'^{(k)}_{2r}}{a'^{(k)}_{rr}} & \cdots & 0 \\ \vdots & \vdots & & \vdots & & \vdots \\ \vdots & \vdots & \cdots & \dfrac{1}{a'^{(k)}_{rr}} & \cdots & 0 \\ \vdots & \vdots & & \vdots & & \vdots \\ 0 & 0 & \cdots & -\dfrac{a'^{(k)}_{mr}}{a'^{(k)}_{rr}} & \cdots & 1 \end{bmatrix} \tag{2-14}$$

这里认为初始基矩阵为单位阵。在基矩阵中用 $\boldsymbol{p}_k$ 替换 $\boldsymbol{p}_r$，就是将 $\boldsymbol{p}_k$ 放在第 r 列的位置上。对于式(2-14)这样的矩阵，其逆矩阵只有第 r 列的元素发生变化，对角线上的元素为相应元素的倒数，该列上其他元素等于原来的元素取反再除以对角线上的元素。式(2-13)的解为

$$x_r^{(k)}=\frac{b'_r}{a'^{(k)}_{rr}} \tag{2-15}$$

$$x_i^{(k)}=b'_i-\frac{a'^{(k)}_{ir}\,b'_r}{a'^{(k)}_{rr}}=b'_i-a'^{(k)}_{ir}\,x_r^{(k)},i=1,2,\cdots,m,i\neq r \tag{2-16}$$

由于设计变量非负，并假设设计变量在约束方程中的系数和右端项元素均大于零，因此 $x_r^{(k)}\geqslant 0$ 自然满足；而式(2-16)中变量非负意味着

$$b'_i-\frac{a'^{(k)}_{ir}\,b'_r}{a'^{(k)}_{rr}}\geqslant 0$$

即
$$\frac{b'_i}{a'^{(k)}_{ir}}-\frac{b'_r}{a'^{(k)}_{rr}}\geqslant 0 \tag{2-17}$$

当
$$\theta=x_k=\frac{b'_r}{a'^{(k)}_{rr}}=\min\left\{\frac{b'_i}{a'^{(k)}_{ir}},a'^{(k)}_{ir}>0\right\} \tag{2-18}$$

时，则能保证用 x_k 替换 x_r 使所有基本变量非负。在线性规划中，通常称

$$\sigma_j=c_j-z_j \tag{2-19}$$

为判别数或检验数。对极小化问题，进基变量 x_k 的下标与 $\sigma_k=c_k-z_k=\min\limits_j(c_j-z_j)$ 项下标"k"对应，非基本变量 x_k 的引入使目标函数 $f=f_0+\sum\limits_{j=m+1}^{n}\sigma_j x_j$ 增加最多(最大值问题)，或减少最多(最小值问题)。出基变量 x_{E_r} 下标与 $\theta=\dfrac{b'_r}{a'_{rk}}=\min\left\{\dfrac{b'_i}{a'_{ik}},a'_{ik}>0\right\}$ 项下标"r"对应。式(2-18)，式(2-19)是单纯形法求解线性规划问题重要的判别式和检验规则。

2.2.3 单纯形法计算步骤

应用单纯形法求解时，首先要了解怎样求得初始基本可行解，又怎样从一个基本可行解转到邻近的另一个基本可行解，又怎样检验得到的基本可行解是不是最优解。下面通过【例 2-2】说明这些问题。

【例 2-2】
$$\min z=-6x_1+3x_2-2x_3$$
$$\text{s. t. } 2x_1+x_2+x_3\leqslant 6$$
$$x_1+x_3\leqslant 2$$
$$x_1,x_2,x_3\geqslant 0$$

解：首先引入松弛变量 x_4,x_5，把数学模型化为标准形式：
$$\min z=-6x_1+3x_2-2x_3+0\cdot x_4+0\cdot x_5$$
$$\text{s. t. } 2x_1+x_2+x_3+x_4+0\cdot x_5=6$$
$$x_1+0\cdot x_2+x_3+0\cdot x_4+x_5=2$$
$$x_1,x_2,x_3,x_4,x_5\geqslant 0$$

引入松弛变量后，变量总数 $n=5$，约束方程数 $m=2$(不含变量大于等于零的约束)，因此有 $n-m=3$ 个非本基变量，并令其为零进行求解。一个简单的做法就是选松弛变量 x_4,x_5 为基本变量，因为其系数列向量为单位基向量 $\boldsymbol{E}=[\boldsymbol{P}_4,\boldsymbol{P}_5]=\begin{bmatrix}1&0\\0&1\end{bmatrix}$。将基本变量用右端列向量和非基本变量来表示，得

$$x_4=6-2x_1-x_2-x_3$$
$$x_5=2-x_1-x_3$$

令非基本变量 $x_1=x_2=x_3=0$，则基本解为

$$x_4=6,x_5=2$$

记初始基本解为
$$\boldsymbol{x}^{(0)}=(0,0,0,6,2)^{\mathrm{T}}$$

此解又满足式 $x_j\geqslant 0,j=1,2,\cdots,5$，因此，$\boldsymbol{x}^{(0)}$ 是基本可行解，它对应着凸可行域的一个顶点。一般来说，对于约束条件全为"$\leqslant b_i$"形式($i=1,2,\cdots,m$)的线性规划问题，通过引入松弛

变量,可较容易地找到一个初始基本可行解。

下一步,将初始基本可行解 $\boldsymbol{x}^{(0)}=(0,0,0,6,2)^{\mathrm{T}}$ 代入目标函数表达式中,得

$$z=-6\times0+3\times0-2\times0+0\times6+0\times2=0$$

非基本变量 $x_1=x_2=x_3=0$ 对应的目标函数值 $z=0$,为找出进基变量,将 x_4,x_5 代入原式得

$$\begin{aligned}
z &=-6x_1+3x_2-2x_3+c_4(6-2x_1-x_2-x_3)+c_5(2-x_1-x_3)\\
&=6c_4+2c_5+(-6-2\times c_4-c_5)x_1+(3-c_4)x_2+(-2-c_4-c_5)x_3\\
&=[c_4 \quad c_5]\begin{bmatrix}1&0\\0&1\end{bmatrix}\begin{bmatrix}6\\2\end{bmatrix}+\left\{[-6 \quad 3 \quad -2]-[c_4 \quad c_5]\begin{bmatrix}1&0\\0&1\end{bmatrix}\begin{bmatrix}2&1&1\\1&0&1\end{bmatrix}\right\}\begin{bmatrix}x_1\\x_2\\x_3\end{bmatrix}\\
&=\boldsymbol{c}_E^{\mathrm{T}}E^{-1}b+(\boldsymbol{c}_N^{\mathrm{T}}-\boldsymbol{c}_E^{\mathrm{T}}E^{-1}N)\boldsymbol{x}_N\\
&=-6x_1+3x_2-2x_3
\end{aligned}$$

由上式看出,x_1 增加 1 个单位,目标函数值 z 下降 6 个单位。x_2 增加 1 个单位,z 增加 3 个单位,x_3 增加 1 个单位,z 值下降 2 个单位。如果使 x_1 和 x_3 成为正值,都能使目标函数向极小方向改善,因此当前解不是最优解。

选择的进基变量应是使目标函数改善最大的非基变量进基。由前面的分析看到,在目标函数中,应选择有负系数,且负系数绝对值最大的非基变量进基。【例 2-2】中,目标函数里 x_1 系数为-6,所以 x_1 应选为进基变量。这是因为当 x_1 由当前的零变为正值时,使目标函数下降最大。

出基变量的选择也不是任意的,原则是要保证变量满足非负条件。为此,要考察约束条件式。这两个方程均有变量 x_1 要从 0 上升为正值,要从 x_4 和 x_5 这两个变量中,选择一个出基(即从当前值下降到 0),而另两个非基变量 x_2 和 x_3 还要保持为零。

由式

$$x_4=6-2x_1-x_2-x_3$$
$$x_5=2-x_1-x_3$$

得

$$x_4=6-2x_1$$
$$x_5=2-x_1$$

x_1 从 0 变为正值时,x_4 和 x_5 可从当前值下降为 0,但不能成为负值(因为变量要满足非负条件)。由上式可以看出,x_1 取 $x_1=\theta_{\min}=\min(\dfrac{b_i}{a_{i1}})=\dfrac{2}{1}=2$ 时,x_4 和 x_5 均为非负($x_4=2>0,x_5=0$),且 $\theta_{\min}$ 使 $x_5=0$,因此选 x_5 为出基变量。

已经确定了进基变量 x_1 和出基变量 x_5,就可进行新的消元求解,继续求解下面的方程。

$$0\cdot x_5+x_2+x_3+x_4+2x_1=6$$
$$x_5+0\cdot x_2+x_3+0\cdot x_4+x_1=2$$

此时,令非基变量 $x_2=x_3=x_5=0$,求 x_1 和 x_4 的解。为了下面便于说明建立单纯形表的过程,用初等变换(消元)求解上面的方程,结果为

$$-2x_5+x_2-x_3+x_4+0\cdot x_1=2$$
$$x_5+0\cdot x_2+x_3+0\cdot x_4+x_1=2$$

解得:

$$x_1=2,x_4=2$$

再将 x_1 和 x_4 用约束方程的非基本变量表示，得

$$x_4=2-x_2+x_3+2x_5$$

$$x_1=2-x_3-x_5$$

将其代入目标函数，得

$$z=-6(2-x_3-x_5)+3x_2-2x_3+c_4(2-x_2+x_3+2x_5)+c_5x_5$$

整理得

$$z=-6\cdot 2+c_4\cdot 2+(3-c_4)x_2+(-2+6+c_4)x_3+(c_5+6+2c_4)x_5$$

由于所有非基本变量的系数均为非负，没有进一步可使目标函数可以减少的非基本变量，因此迭代结束，最优解为 $x_1=2,x_2=0,x_3=0,f=-12$。

根据本书 2.2.2 的介绍及上面的计算，单纯形法的一般步骤可归纳为：

(1)把线性规划问题的约束方程组表达成标准形方程组，然后找出一个基本可行解作为初始基本可行解。对等式约束或"$\geqslant b_i$"形式的约束如果不易得出初始基本可行解，则需用辅助方法得出，如大 M 法、两段法等。

(2)若基本可行解不存在，即约束条件有矛盾，则问题无解。

(3)若基本可行解存在，则从初始基本可行解作为起点，根据判别数 σ(式(2-19))及 θ 规则(式(2-20))，引入非基变量取代某一基变量，找出使目标函数值更优的另一基本可行解。

(4)按步骤 3 进行迭代，直到对应检验数满足最优性条件(这时目标函数值不能再改善)，即得到问题的最优解。

(5)若迭代过程中发现问题的目标函数值无界，则终止迭代。

2.3 单纯形法的 Matlab 程序及实例

应用单纯形法手工求解线性规划问题不但计算量大，且易出错，不适于较多变量的求解，应用计算机进行求解则方便快捷。Matlab 提供了求解线性规划问题的函数 linprog()，下面根据单纯形法的计算步骤，给出适于学习用的单纯形法程序。

程序清单如下：

```
function [x,fmax]=linear_pro_max(cf,cb,A,b,indexb1)
n=length(cf);
max_sigma=1;
m=length(cb);
indexb=indexb1;
theta=zeros(size(m,1));
while max_sigma>0
for j=1:n
sigma(j)=cf(j)-sum(cb(:).*A(:,j));
end
max_sigma=max(sigma);
if(max_sigma>0)
pvj=find(sigma==max_sigma);
theta=b./A(:,pvj);
```

```
min_theta=min(theta);
max_sigma
min_theta
pvi=find(theta==min_theta);
cb(pvi)=cf(pvj);
indexb(pvi)=pvj;
pvi
pvj
cb
cf
for i=1:m
if(i~=pvi)
for j=1:n
AA(i,j)=A(i,j)-A(i,pvj)*A(pvi,j)/A(pvi,pvj);
end
bb(i)=b(i)-A(i,pvj)*b(pvi)/A(pvi,pvj);
else
AA(i,:)=A(i,:)/A(pvi,pvj);
bb(i)=b(i)/A(pvi,pvj);
end
end
end
A=AA;b=bb';
end
s=1:n;
x=zeros(n,1);
for i=1:m
k=find(s==indexb(i));
if(k~=0)
x(k)=b(i);
end
end
fmax=cf*x;
```

【例 2-3】 用单纯形法 Matlab 程序求解【例 1-1】。

解:为方便起见,重新列出所给问题线性规划的标准形:

$$\max f(\boldsymbol{x})=220x_1+250x_2+0x_3+0x_4+0x_5+0x_6$$
$$\text{s. t. } x_1+x_2+x_3=1\ 200$$
$$2x_1+x_2+x_4=1\ 800$$
$$x_1+x_5=800$$
$$x_2+x_6=1\ 000$$
$$x_j\geqslant 0,j=1,2,\cdots,6$$

编写用户程序。$\boldsymbol{c}_f$ 为目标函数中变量系数行向量;$\boldsymbol{c}_b$ 为初选基变量行向量;indexb1 为初始基变量下标索引;$\boldsymbol{A}$ 为等式约束方程系数矩阵;$\boldsymbol{b}$ 为等式约束方程右端项。应户程序为:

```
function linear_pro_max_test1
clc
clear all;
cf=[220 250 0 0 0 0];
cb=[cf(3),cf(4),cf(5),cf(6)];
indexb1=[3 4 5 6];
A=[1 1 1 0 0 0
   2 1 0 1 0 0
   1 0 0 0 1 0
   0 1 0 0 0 1];
b=[1200;1800;800;1000];
[x,fmax]=linear_pro_max(cf,cb,A,b,indexb1)
```

计算结果为:

x=[200 1000]。

习　题

1. 某工厂需要 A、B、C 三种规格的钢板,现有两种尺寸不同的钢板原材,每张钢板可同时截得三种规格的小钢板的块数如下表所示:

规格类型 钢板类型	A 规格	B 规格	C 规格
第一种钢板	2	1	1
第二种钢板	1	2	3

现需要 A、B、C 三种规格的成品分别为 15、18、27 块,问最多需要两种钢板各多少张可得所需三种规格的成品?

2. 求解线性规划问题。

$$
\begin{aligned}
&\min z=6x_1+4x_2\\
&\text{s. t. }\ 2x_1+x_2\geqslant 1\\
&3x_1+4x_2\geqslant 1.5\\
&x_1,x_2\geqslant 0
\end{aligned}
$$

3. 用 Matlab 程序求解下列线性规划问题。

$$
\begin{aligned}
&\min z=2x_1+3x_2+x_3\\
&\text{s. t. }\ x_1+4x_2+2x_3\geqslant 8\\
&3x_1+2x_2\geqslant 6\\
&x_1,x_2,x_3\geqslant 0
\end{aligned}
$$

第 3 章　一维搜索方法

一维搜索方法是指求解一维目标函数 $f(x)$ 的极小点和极小值的数值迭代方法，可归结为单变量函数的极小化问题。虽然优化设计中的大部分问题是多维问题，一维问题的情况较少，但是一维搜索方法是优化方法中最基本的方法，在数值迭代过程中都要进行一维搜索，另外很多多维优化问题最终可归结为一维优化问题来处理。

如果确定迭代点 $\boldsymbol{x}^{(k)}$ 及其搜索方向 $\boldsymbol{d}^{(k)}$ 后，迭代所得的新点 $\boldsymbol{x}^{(k+1)}$ 将取决于步长 $\alpha^{(k)}$，即

$$\boldsymbol{x}^{(k+1)}=\boldsymbol{x}^{(k)}+\alpha^{(k)}\boldsymbol{d}^{(k)},k=0,1,2,\cdots \tag{3-1}$$

由式(3-1)可知，不同的步长 $\alpha^{(k)}$ 会得到不同的迭代点 $\boldsymbol{x}^{(k+1)}$ 和不同的目标函数值 $f(\boldsymbol{x}^{(k+1)})$，如图 3-1 所示。一维优化问题的目的是在既定的迭代点 $\boldsymbol{x}^{(k)}$ 和搜索方向 $\boldsymbol{d}^{(k)}$ 下寻求最优步长 $\alpha^{(k)}$，使迭代产生的新点 $\boldsymbol{x}^{(k+1)}$ 的函数值最小，即

$$\min f[\boldsymbol{x}^{(k)}+\alpha^{(k)}\boldsymbol{d}^{(k)}]$$

在初始迭代点 $\boldsymbol{x}^{(k)}$ 和搜索方向 $\boldsymbol{d}^{(k)}$ 确定之后，就把求解多维优化问题的极小值变成求解一个自变量即最佳步长 α 的最优值的一维问题了。即求一元函数

$$f(\boldsymbol{x}^{(k+1)})=f(\boldsymbol{x}^{(k)}+\alpha\boldsymbol{d}^{(k)})=\varphi(\alpha) \tag{3-2}$$

的极值问题。

一维搜索的优化方法很多，本章主要介绍常用的黄金分割法和二次插值法。

一维搜索法一般分两步：

(1) 确定初始搜索区间 $[a,b]$，即最佳步长 α 所在的区间 $[a,b]$，搜索区间应为单峰区间，并且在区间内目标函数应只有一个极小值；

(2) 在搜索区间 $[a,b]$ 内寻找最佳步长 α，使目标函数式(3-2)达到极小值。

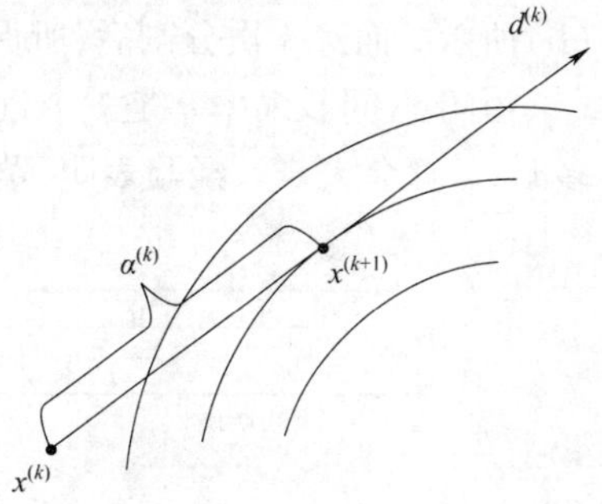

图 3-1　一维搜索方法

3.1　黄金分割法

3.1.1　黄金分割法的基本原理

黄金分割法又称 0.618 法，它是通过不断缩短搜索区间的长度来寻求一维函数 $f(x)$ 的极小点。对于单峰函数 $f(x)$，在其极值存在的某个区间 $[a,b]$ 内取若干个点，计算这些点的函数值并进行比较，总可以找到极值存在的更小区间。在这更小区间内增加计算点，又可以将区间逐步缩小。当区间足够小，即满足精度要求时，就可以用该区间内任意一点的函数值来近似表达函数的极值。

设单变量函数 $f(x)$ 在区间 $[a,b]$ 上有定义，若存在一点 $x^*\in(a,b)$，使得 $f(x)$ 在区间 $[a,

x^*]上严格单调减，$f(x)$在区间[x^*,b]上严格单调增，则称$f(x)$是区间[a,b]上的（下）单峰函数。显然x^*是$f(x)$在区间[a,b]上的唯一的极小值点。

根据（下）单峰函数所具有的性质，对在某区间[a,b]上的（下）单峰函数$f(x)$可采用黄金分割法进行搜索其在区间[a,b]内的极小值点。该方法只需计算函数值，用途很广。

3.1.2 黄金分割法的计算方法

设区间[a,b]的长度为L，在区间内取点λ_1，从而将区间分割为两部分，线段$a\lambda_1$的长度记作λ，如图3-2(a)所示。并满足：

$$\frac{\lambda}{L}=\frac{L-\lambda}{\lambda}=q \text{ 且 } \lambda>L-\lambda$$

由上式有$\lambda^2+L\lambda-L^2=0$，两边同除L^2，

即
$$q^2+q-1=0$$

则有$q=\dfrac{-1\pm\sqrt{5}}{2}$，取正根有$q=\dfrac{\sqrt{5}-1}{2}\approx0.6180339887$。$q$称为区间收缩率，它表示每次缩小所得的新区间长度与缩小前区间长度之比。这种分割称为黄金分割法。

将黄金分割法用于一维搜索时，在区间内取两对称点λ_1,λ_2，并满足

$$q=\frac{\lambda_2}{L}=\frac{\lambda_1}{\lambda_2}=\frac{L-\lambda_2}{\lambda_2}\approx0.618$$

显然，经一次分割后，所保留的极值存在的区间要么是[a,λ_2]，要么是[λ_1,b]，如图3-2(b)所示。而经k次分割后，所保留的区间的长度为：$\lambda^k=q^kL=0.618^kL$。

由于区间收缩率q是一个近似值，每次分割必定带来一定的舍入误差。因此，分割次数太多时，计算会失真。经验表明，黄金分割的次数应限制在$k=11$内。

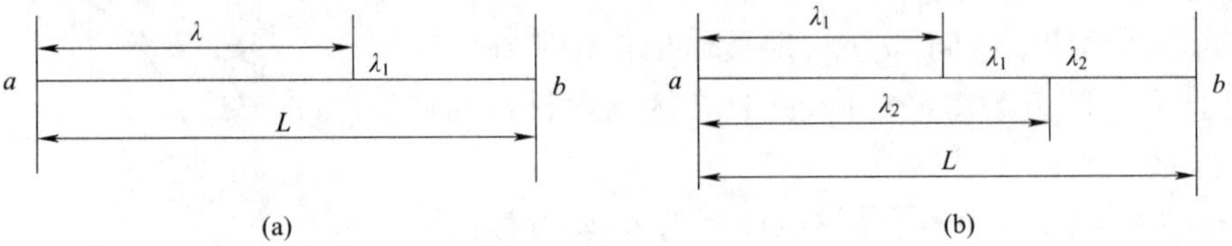

图3-2 黄金分割法

3.1.3 黄金分割法的计算框图和 Matlab 程序

1. 黄金分割法的计算框图

图3-3是黄金分割法的计算框图。图中ε_1,ε_2为给定的任意小的精度，k为区间缩短的次数。

2. Matlab 程序

```
% golden_search
function [xo,fo]=golden_search(f,a,b,r,TolX,TolFun,k)
kk=1;
while kk>0
```

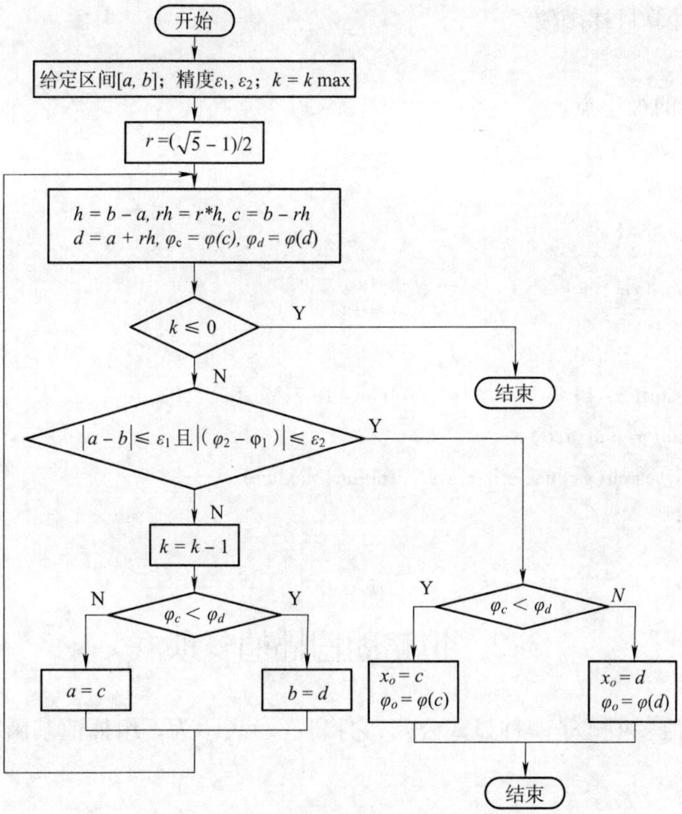

图 3-3　黄金分割法程序框图

```
h=b-a;rh=r * h;c=b-rh;d=a+rh;
fc=feval(f,c);fd=feval(f,d);
if k <=0 || abs(h)< TolX && abs(fc-fd)<TolFun
if fc <=fd
xo=c;fo=fc;
kk=0;
else
xo=d;fo=fd;
kk=0;
end
if k==0;fprintf('达到计算次数');kk=0;end
else
if fc < fd
b=d;k=k-1;
else
a=c;k=k-1;
end
end
end
```

【例 3-1】 计算目标函数

$$f(x)=2+x^2$$

在区间[-2,2]内的极小点。

解:用户程序如下:

```
%golden_s_test1.m
function golden_s_test1
clc;
clear all;
gs_fun=inline('2+x^2','x');
a=-2;b=2;r=(sqrt(5)-1)/2;TolX=1e-7;TolFun=1e-7;MaxIter=50;
[xo,fo]=fminbnd(gs_fun,a,b)
[xo,fo]=golden_search(gs_fun,a,b,r,TolX,TolFun,MaxIter)
```

计算结果为:

xo=-5.55e-17;fo=2

3.2 拉格朗日插值多项式

拉格朗日插值多项式是一种显式公式,它将 $p_n(x)$ 表示为一组插值基函数的线性组合。

3.2.1 线性插值

设函数 $y=f(x)$ 在给定的互异节点 x_0,x_1 上的函数值分别为 $y_0=f(x_0),y_1=f(x_1)$,若能构造一个函数

$$p_1(x)=a+bx \tag{3-3}$$

使它满足 $p_1(x_0)=y_0,p_1(x_1)=y_1$,则式(3-3)所示的插值问题称为线性插值。

线性插值的几何意义是过曲线 $y=f(x)$ 上的两点 $(x_0,y_0),(x_1,y_1)$ 作一直线 $p_1(x)$,用 $p_1(x)$ 来近似地替代 $f(x)$。

对于给定的两点 (x_0,y_0) 和 (x_1,y_1),则某一点 $x(x_0<x<x_1)$ 处的函数值 $f(x)$ 可近似表示为

$$p_1(x)=y_0+\frac{y_1-y_0}{x_1-x_0}(x-x_0) \tag{3-4}$$

$$=\frac{x-x_1}{x_0-x_1}y_0+\frac{x-x_0}{x_1-x_0}y_1$$

记

$$l_0(x)=\frac{x-x_1}{x_0-x_1},l_1(x)=\frac{x-x_0}{x_1-x_0}$$

$l_0(x)$ 和 $l_1(x)$ 称为线性插值基函数。

线性插值的解可以表示为插值基函数 $l_0(x)$ 和 $l_1(x)$ 的线性组合,其组合系数为 y_0 和 y_1,即

$$p_1(x)=y_0l_0(x)+y_1l_1(x)$$

3.2.2　二次函数插值

二次函数插值法又称抛物线法。它的基本思路是:利用目标函数在若干点的信息和函数值,构造一个与目标函数相接近的低次插值多项式,然后求该多项式的最优解作为原函数的近似最优解。随着区间的逐次缩小,多项式的最优点与原函数最优点之间的距离逐渐缩小,直到满足一定精度要求时终止迭代。

1. 二次函数插值法的基本原理

设目标函数$f(x)$在三点$x_1<x_2<x_3$上的函数值分别为$f_1=f(x_1)$,$f_2=f(x_2)$,$f_3=f(x_3)$,且满足$f_1>f_2<f_3$,即满足函数值呈“大—小—大”的趋势。于是可通过原函数曲线上的 3 个点$p_1(x_1,f_1)$、$p_2(x_2,f_2)$、$p_3(x_3,f_3)$作一条二次曲线(抛物线),如图 3-4 所示。此二次插值多项式为$p(x)=a+bx+cx^2$。

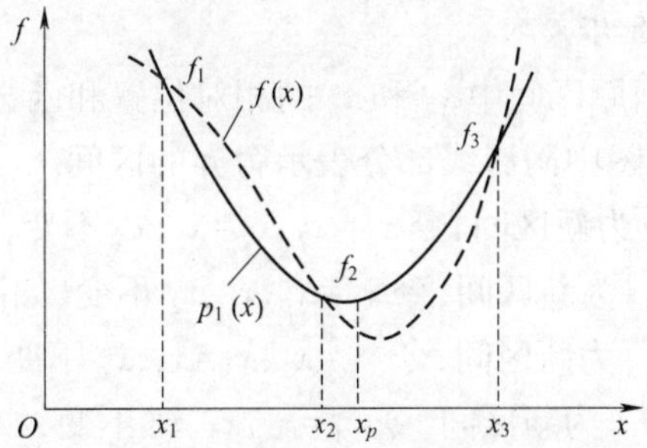

图 3-4　二次插值函数逼近极值点的情况

为了求解$p(x)$的极小值,对$p(x)$求导数,并令其为零,即

$$p'(x)=b+2cx=0$$

解得二次函数极小点

$$x_p=-\frac{b}{2c} \tag{3-5}$$

b 和 c 为待定参数。

根据插值条件,插值函数$p(x)$与原函数$f(x)$在插值点p_1、p_2、p_3处函数值相等,得

$$p(x_1)=a+bx_1+cx_1^2=f_1$$
$$p(x_2)=a+bx_2+cx_2^2=f_2$$
$$p(x_3)=a+bx_3+cx_3^2=f_3$$

求得a,b,c后即得二次插值函数极小点x_p的计算公式

$$x_p=\frac{1}{2}\left[\frac{(x_2^2-x_3^2)f_1+(x_3^2-x_1^2)f_2+(x_1^2-x_2^2)f_3}{(x_2-x_3)f_1+(x_3-x_1)f_2+(x_1-x_2)f_3}\right] \tag{3-6}$$

为便于计算,将式(3-6)改写为

$$x_p=0.5\left(x_1+x_3-\frac{C_1}{C_2}\right) \tag{3-7}$$

式中

$$C_1=\frac{f_3-f_1}{x_3-x_1}$$

$$C_2=\frac{(f_2-f_1)/(x_2-x_1)-C_1}{x_2-x_3}$$

此时求得的 x_p 作为函数极小点 x^* 的近似解往往达不到精度要求，为此需缩短区间，进行多次插值计算，使 x_p 不断逼近原函数的极小点 x^*。

2. 二次函数插值法的迭代过程与程序框图

二次函数插值法的迭代过程如下。

(1)给定初始搜索区间 $[a,b]$ 和精度 ε。

(2)在区间 $[a,b]$ 内取 3 点：$x_1=a$, $x_2=0.5(a+b)$, $x_3=b$，并计算函数值 $f_1=f(x_1)$, $f_2=f(x_2)$, $f_3=f(x_3)$，构成 3 个插值点 $p_1(x_1,f_1)$、$p_2(x_2,f_2)$、$p_3(x_3,f_3)$。

(3)按式(3-7)计算二次插值函数的极小点 x_p，并计算 $f_p=f(x_p)$。若本步骤为第一次插值或 x_2 点仍为初始给定点时，说明 x_2 和 x_p 不代表前后两次插值函数的极小点，不能进行终止判断，故进行第 4 步，否则转第 5 步。

(4)缩短搜索区间。根据原区间中 x_2 和 x_p 的相对位置和函数值 f_2 和 f_p 的比较，区间缩短有 4 种情况，如图 3-5 所示。图中阴影线部分表示舍弃的区间。

①$x_p>x_2$, $f_2>f_p$，以 $[x_2,x_3]$ 为新区间，令 $x_1=x_2$, $x_2=x_p$, x_3 不变，如图 3-5(a)；

②$x_p>x_2$, $f_2\leqslant f_p$，以 $[x_1,x_p]$ 为新区间，令 $x_3=x_p$, x_1、x_2 不变，如图 3-5(b)；

③$x_p\leqslant x_2$, $f_2>f_p$，以 $[x_1,x_2]$ 为新区间，令 $x_3=x_2$, $x_2=x_p$, x_1 不变，如图 3-5(c)；

④$x_p\leqslant x_2$, $f_2\leqslant f_p$，以 $[x_p,x_3]$ 为新区间，令 $x_1=x_p$, x_2、x_3 不变，如图 3-5(d)。

对新区间的 3 个新点作如上的一般处理后，计算函数值 $f_1=f(x_1)$, $f_2=f(x_2)$, $f_3=f(x_3)$，返回第 3 步。

(5)判断是否满足精度要求。

当满足 $|x_p-x_2|\leqslant\varepsilon$ 时，停止迭代，把 x_2 与 x_p 中原函数值较小的点作为极小点；否则返回第 4 步，再次缩短搜索区间，直到满足精度要求为止。

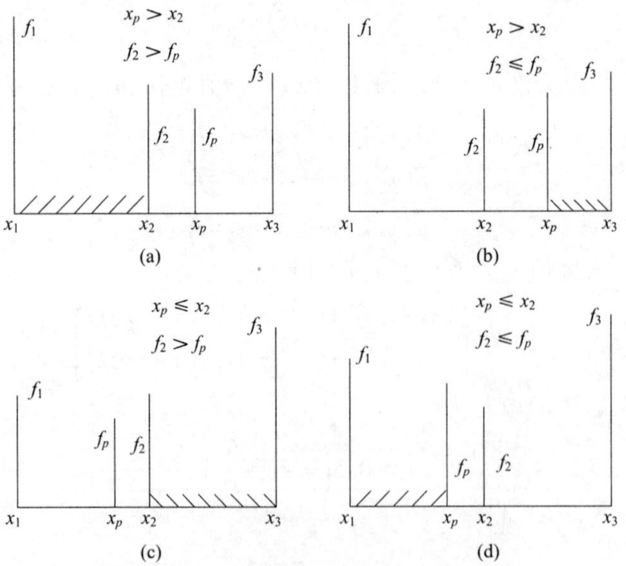

图 3-5 二次函数插值法区间缩短的四种情况

按上述步骤设计的二次插值函数法的程序框图如图3-6所示。根据程序框图编写的Matlab程序如下。

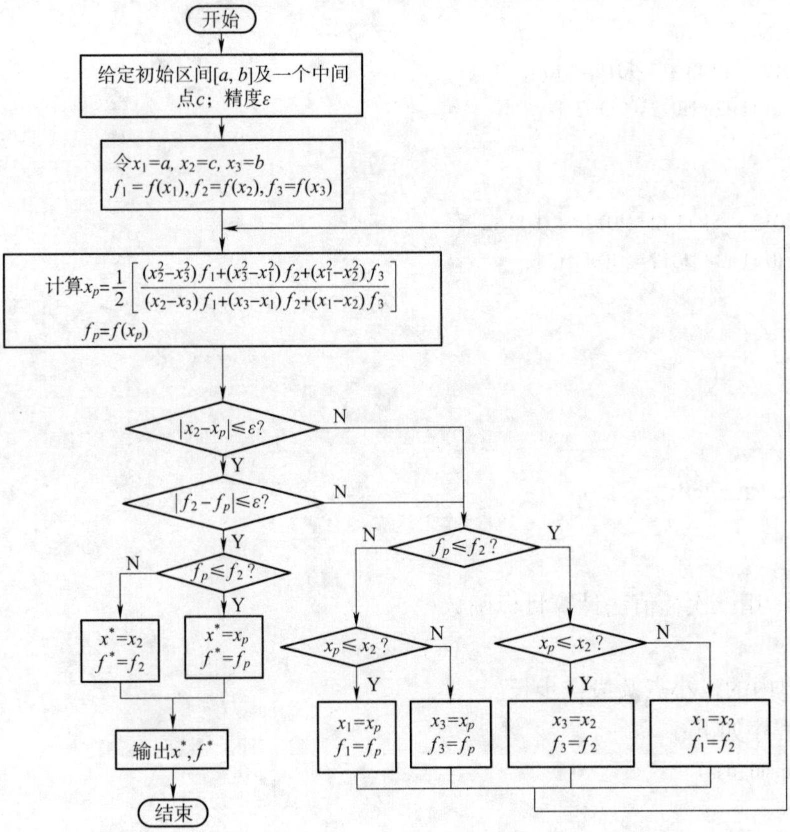

图3-6　二次插值法程序框图

Matlab 程序如下：

```
function [ opt_step,fo,xo] = opt_step_quad2( f,xk0,dir0,th,TolX,TolFun,MaxIter)
%opt_step_quad. m
[ t012,fo,xx] = opt_range_serach1( f,xk0,dir0,th) ;
%search for the optimum step corresponding to minimum f( x) by quadratic approximation method
k = MaxIter;
while k>0
k = k-1;
t0 = t012( 1) ;t1 = t012( 2) ;t2 = t012( 3) ;
x0 = xk0+t012( 1) * dir0;x1 = xk0+t012( 2) * dir0;x2 = xk0+t012( 3) * dir0;
f0 = feval( f,x0) ;f1 = feval( f,x1) ;f2 = feval( f,x2) ;
nd = [ f0-f2 f1-f0 f2-f1] * [ t1 * t1 t2 * t2 t0 * t0;t1 t2 t0]' ;
t3 = nd( 1)/2/nd( 2) ;x3 = xk0+t3 * dir0;f3 = feval( f,x3) ;
if k <= 0 | abs( t3-t1)< TolX | abs( f3-f1)< TolFun
opt_step = t3;
xo = xk0+opt_step * dir0;
```

```
fo=f3;
return
else
if t3 < t1
if f3 < f1,t012=[t0 t3 t1];f012=[f0 f3 f1];
else t012=[t3 t1 t2];f012=[f3 f1 f2];
end
else
if f3 <=f1,t012=[t1 t3 t2];f012=[f1 f3 f2];
else t012=[t0 t1 t3];f012=[f0 f1 f3];
end
end
end
end
opt_step=t3;
xo=xk0+opt_step * dir0;
fo=f3;
end
```

【例 3-2】 用二次插值法计算目标函数

$$f(x)=2+x^2$$

在区间[-2,2]内的极小点及最佳步长。

解:用户程序如下:

```
%opt_step_quad_test1
clc;
f=inline('2+x^2','x');
xk0=2;th=0.5;dir0=1;TolX=1e-4;TolFun=1e-4;MaxIter=50;
[opt_step,fo,xx]=opt_step_quad2(f,xk0,dir0,th,TolX,TolFun,MaxIter)
```

计算结果为:

```
opt_step=[-2]
xo=[0]
fo=[2]
```

3.2.3 *n* 次拉格朗日插值多项式

1. 插值多项式的存在唯一性

所谓插值多项式就是要构造一个不超过 n 次的多项式

$$p_n(x)=a_0+a_1x+\cdots+a_nx^n$$

使其满足插值条件(3-8)。

即

$$\begin{cases} a_0+a_1x_0+\cdots+a_nx_0^n=y_0 \\ \cdots\cdots \\ a_0+a_1x_n+\cdots+a_nx_n^n=y_n \end{cases} \tag{3-8}$$

式(3-8)是一个关于待定参数 $a_0,a_1,\cdots,a_n$ 的 $n+1$ 阶线性方程组,其系数矩阵行列式为:

$$V_n\begin{vmatrix}1 & x_0 & \cdots & x_0^n\\ 1 & x_1 & \cdots & x_1^n\\ \vdots & \vdots & & \vdots\\ 1 & x_n & \cdots & x_n^n\end{vmatrix}=\prod_{0\leqslant j\leqslant i\leqslant n}(x_i-x_j)$$

称为 Vandermonde(范德蒙)行列式。当 $x_i\neq x_j(i\neq j)$ 时,则有 $V_n\neq 0$。于是,当 $x_0,x_1,\cdots,x_n$ 为互不相同的节点时,满足条件(3-8)的插值多项式存在且唯一。

2. n 次拉格朗日插值多项式

直接通过解线性方程组(3-8)来确定插值多项式的系数,一般计算工作量较大,且得出的多项式不便于应用。因此常用其他一些方法来构造插值多项式。下面我们采用所谓插值基函数的方法来构造一种具有一定特点的插值多项式。

对于给定的 $n+1$ 个互异点 $x_i(i=0,1,\cdots,n)$ 处的数据 $f(x_i)=y_i(i=0,1,\cdots,n)$,

令

$$l_i(x)=\frac{(x-x_0)(x-x_1)\cdots(x-x_{i-1})(x-x_{i+1})\cdots(x-x_n)}{(x_i-x_0)(x_i-x_1)\cdots(x_i-x_{i-1})(x_i-x_{i+1})\cdots(x_i-x_n)}$$

$$=\prod_{\substack{j=0\\ j\neq i}}^{n}\frac{x-x_j}{x_i-x_j}(i=0,1,\cdots,n)$$

称 $l_i(x)$ 为关于节点 x_i 的 n 次插值基函数,且 $l_i(x)$ 满足

$$l_i(x_i)=\begin{cases}0 & j\neq i\\ 1 & j=i\end{cases}(i,j=0,1,\cdots,n) \tag{3-9}$$

再令

$$p_n(x)=L_n(x)=y_0l_0(x)+y_1l_1(x)+\cdots+y_nl_n(x)=\sum_{i=0}^{n}y_i\prod_{\substack{j=0\\ j\neq i}}^{n}\frac{x-x_j}{x_i-x_j} \tag{3-10}$$

$L_n(x)$ 称为 n 次 Lagrange 插值多项式。可见,一个 n 次 Lagrange 插值多项式要由 $n+1$ 个 n 次 Lagrange 插值基函数组合而成,其组合系数恰好是节点上的函数值。

【例 3-3】　已知 $x_0=3,x_1=-1,x_2=4,f(x_0)=5,f(x_1)=-3,f(x_2)=2$,求 $L_2(x)$。

解:节点基函数为

$$l_0(x)=\frac{(x-x_1)(x-x_2)}{(x_0-x_1)(x_0-x_2)}=\frac{(x+1)(x-4)}{(3+1)(3-4)}=-\frac{(x+1)(x-4)}{4}$$

$$l_1(x)=\frac{(x-x_0)(x-x_2)}{(x_1-x_0)(x_1-x_2)}=\frac{(x-3)(x-4)}{(-1-3)(-1-4)}=\frac{(x-3)(x-4)}{20}$$

$$l_2(x)=\frac{(x-x_0)(x-x_1)}{(x_2-x_0)(x_2-x_1)}=\frac{(x-3)(x+1)}{(4-3)(4+1)}=\frac{(x-3)(x+1)}{5}$$

由 n 次 Lagrange 插值多项式(3-10)得

$$L_2(x)=l_0(x)y_0+l_1(x)y_1+l_2(x)y_2$$

$$=-\frac{(x+1)(x-4)}{4}\times 5+\frac{(x-3)(x-4)}{20}\times(-3)+\frac{(x-3)(x+1)}{5}\times 2$$

$=-x^2+4x+2$

【例 3-4】 根据 Lagrange 插值公式，用 Matlab 编程计算 ln(x) 在 $x=1.5$ 的的值，差值区间 $x\in[1,20]$。

```
% int_lagrange
function int_lagrange
clc;
x=1:0.5:20;
y=log(x);
xx=1.5;
n=length(x);
ff=0;
for i=1:n
p=1;
for j=1:n
if j~=i
p=p*(xx-x(j))/(x(i)-x(j));
end
end
ff=ff+p*y(i);
end
[xx,ff]
log(1.5)
```

计算结果为：

x=1.5000,f(x)=0.5118。

3.3 插值与拟合的其他方法

Lagrange 插值多项式结构对称，使用方便，但公式不具备递推性，当需要增加插值节点时，计算要全部重新进行。这时采用牛顿(Newton)插值公式具有一定的优势。

3.3.1 牛顿(Newton)插值

设在 $x_0,x_1,\cdots,x_n$ 处，函数 $y=f(x)$ 的取值分别为 $f(x_0),f(x_1),\cdots,f(x_n)$，设有

$N_n(x_0)=a_0=f(x_0)$

$N_n(x_1)=a_0+a_1(x_1-x_0)=f(x_1)$

$N_n(x_2)=a_0+a_1(x_2-x_0)+a_2(x_2-x_0)(x_2-x_1)=f(x_2)$

……

$N_n(x_n)=a_0+a_1(x_n-x_0)+\cdots+a_n(x_n-x_0)(x_n-x_1)\cdots(x_n-x_{n-1})=f(x_n)$

这是关于未知数 $a_0,a_1,\cdots,a_n$ 的下三角形方程组，可以求得

$a_0=f(x_0)$

$$a_1=\frac{f(x_1)-f(x_0)}{x_1-x_0}=f[x_0,x_1]$$

$$a_2=\frac{f(x_2)-f(x_0)-a_1(x_2-x_0)}{(x_2-x_0)(x_2-x_1)}=\frac{f[x_0,x_2]-f[x_0,x_1]}{x_2-x_1}=f[x_0,x_1,x_2]$$

利用数学归纳法可以证明 $a_k=f[x_0,x_1,\cdots,x_k](k=1,2,\cdots,n)$，则有

$$N_n(x)=f(x_0)+f[x_0,x_1](x-x_0)+f[x_0,x_1,x_2](x-x_0)(x-x_1)+\cdots+f[x_0,x_1,\cdots,x_n](x-x_0)(x-x_1)\cdots(x-x_{n-1}) \tag{3-11}$$

式(3-11)称为 n 次牛顿(Newton)插值公式。

【例 3-4】利用牛顿插值法求解【例 3-3】。

解：$f[x_0]=f(x)=5$，$f[x_0,x_1]=\dfrac{f(x_1)-f(x_0)}{x_1-x_0}=\dfrac{-3-5}{-1-3}=2$，

$$f[x_1,x_2]=\frac{f(x_2)-f(x_1)}{x_2-x_1}=\frac{2+3}{4+1}=1$$

根据差商的性质，$f[x_0,x_1,x_2]=\dfrac{f[x_1,x_2]-f[x_0,x_1]}{x_2-x_0}=\dfrac{1-2}{4-3}=-1$

$$N_2(x)=f(x_0)+f[x_0,x_1](x-x_0)+f[x_0,x_1,x_2](x-x_0)(x-x_1)$$
$$=5+2(x-3)+(-1)(x-3)(x+1)=-x^2+4x+2$$

3.3.2　曲线拟合的最小二乘法

最小二乘法应用广泛，其原理是建立某种误差的平方和，通过使误差平方和最小，求出问题的解。下面通过求解超定方程组，来说明最小二乘法的原理。

已知一超定方程组

$$2x_1+4x_2=1$$
$$3x_1-5x_2=3$$
$$x_1+2x_2=6$$
$$2x_1+x_2=7$$

用最小二乘法进行求解。

解：建立下面的误差方方程

$$Q=(2x_1+4x_2-1)^2+(3x_1-5x_2-3)^2+(x_1+2x_2-6)^2+(x_1+x_2-7)^2$$

通过将误差平方和 Q 对 x_1,x_2 求一阶导数，并令其为零，得到两个关于 x_1,x_2 的线性方程，通过求解该线性方程组，可得到超定方程的解。用 Maple 求解该问题，程序如下：

```
y1:=2x+4y-1;
y2:=3x-5y-3;
y3:=x+2y-6;
y4:=2x+y-7;
Q:=y1^2+y2^2+y3^2+y4^2;
x1:=diff(Q,x);
x2:=diff(Q,y)
solve({x1=0,x2=0},[x,y])
```

程序运行结果如下：

$$2x+4y-1$$

$$3x-5y-3$$

$$x+2y-6$$

$$2x+y-7$$

$$(2x+4y-1)^2+(3x-5y-3)^2+(x+2y-6)^2+(2x+y-7)^2$$

$$36x-6y-62$$

$$-6x+92y-16$$

$$\left[x=\frac{1\ 450}{819},y=\frac{79}{273}\right]$$

最小二乘法数据拟合可叙述为，对于一组观测数据 $(x_i,y_i)(i=0,1,\cdots,n)$，要求出自变量 x 与因变量 y 的函数关系 $y=p(x,a_0,a_1,\cdots,a_m)$，其中 $a_k(k=0,1,2,\cdots,m)$ 为待定参数，使给定点 x_i 上的误差 $\delta_i=f(x_i)-y_i$ 的平方和 $\sum\limits_{i=0}^{n}\delta_i^2$ 最小，即

求一多项式

$$p(x)=a_0\varphi_0(x)+a_1\varphi_1(x)+\cdots+a_m\varphi_m(x),m<n \tag{3-12}$$

使

$$\begin{aligned} I(a_0,a_1,\cdots,a_m) &= \sum_{i=0}^{n}\rho_i\left[p(x_i)-y_i\right]^2 \\ &= \sum_{i=0}^{n}\rho_i\left[a_0\varphi_0(x_i)+a_1\varphi_1(x_i)+\cdots+a_m\varphi_m(x_i)-y_i\right]^2 \end{aligned} \tag{3-13}$$

为最小。这就是最小二乘逼近，得到的拟合曲线为 $\tilde{y}=p(x)$，这种方法称为曲线拟合的最小二乘法。由极值必要条件，可得

$$\begin{aligned} \frac{\partial I}{\partial a_k} &= 2\sum_{i=0}^{n}\rho_i\left[a_0\varphi_0(x_i)+a_1\varphi_1(x_i)+\cdots+a_m\varphi_m(x_i)-y_i\right]\varphi_k(x_i) \\ &= 0,k=0,1,\cdots,m \end{aligned} \tag{3-14}$$

根据带权值的内积定义，有

$$\begin{cases} (\varphi_j,\varphi_k) = \sum\limits_{i=0}^{n}\rho_i\varphi_j(x_i)\varphi_k(x_i) \\ (y,\varphi_k) = \sum\limits_{i=0}^{n}\rho_i y_i\varphi_k(x_i) = \sum\limits_{i=0}^{n}\rho_i f(x_i)\varphi_k(x_i) \end{cases}$$

则式(3-14)可改写为

$$(\varphi_0,\varphi_k)a_0+(\varphi_1,\varphi_k)a_1+\cdots+(\varphi_m,\varphi_k)a_m=(y,\varphi_k),k=0,1,\cdots,m$$

这是关于参数 $a_0,a_1,\cdots,a_m$ 的线性方程组，用矩阵表示为

$$\begin{bmatrix} (\varphi_0,\varphi_0) & (\varphi_0,\varphi_1) & \cdots & (\varphi_0,\varphi_m) \\ (\varphi_1,\varphi_0) & (\varphi_1,\varphi_1) & \cdots & (\varphi_1,\varphi_m) \\ \vdots & \vdots & & \vdots \\ (\varphi_m,\varphi_0) & (\varphi_m,\varphi_1) & \cdots & (\varphi_m,\varphi_m) \end{bmatrix} \begin{bmatrix} a_0 \\ a_1 \\ \vdots \\ a_m \end{bmatrix} = \begin{bmatrix} (y,\varphi_0) \\ (y,\varphi_1) \\ \vdots \\ (y,\varphi_m) \end{bmatrix} \tag{3-15}$$

式(3-15)称为法方程。

记式(3-15)的解为 $a_k=a_k^*(k=0,1,\cdots,m)$，并代入式(3-12)，从而得到最小二乘拟合曲线为

$$y=p^*(x)=a_0^*\varphi_0(x)+a_1^*\varphi_1(x)+\cdots+a_m^*\varphi_m(x) \tag{3-16}$$

3.4　一元及多元非线性方程求根

在工程实际和生产过程中经常可以遇到求代数方程根的问题,如线性方程组,非线性方程(或方程组)的求解,在非线性方程中常见的有高次多项式方程和含有三角函数、指数函数等的方程。例如

$$x^3-x-1=0$$
$$xe^x-\sin(x)=0$$

由于这类方程的求解比较困难,而在实际问题中,人们只需获得满足一定精度的近似解就可以了,所以研究适用的求近似解的数值方法具有重要的现实意义。

3.4.1　一元非线性方程求根

1. 牛顿迭代法

1)牛顿迭代法原理

牛顿迭代法是借助于对函数 $f(x)$ 作泰勒展开而构造的一种迭代格式。对 $f(x)=0$,在初始点 $x^{(0)}$ 上作泰勒展开

$$f(x)=f(x^{(0)})+f'(x^{(0)})(x-x^{(0)})+\frac{f''(x^{(0)})}{2!}(x-x^{(0)})^2+o(\Delta x^2)$$

取展开式的线性部分作为 $f(x)\approx 0$ 的近似值,则有

$$f(x^{(0)})+f'(x^{(0)})(x-x^{(0)})\approx 0$$

设 $f'(x^{(0)})\neq 0$,则可求得该近似方程的解为

$$x^{(1)}=x^{(0)}-\frac{f(x^{(0)})}{f'(x^{(0)})} \tag{3-17}$$

由于式(3-17)是原方程的近似方程,为了得到较精确的解,以 $x^{(1)}$ 作为初值代入式(3-17)中,得到下一个近似解

$$x^{(2)}=x^{(1)}-\frac{f(x^{(1)})}{f'(x^{(1)})}$$

如此下去得到函数序列 $\{x^{(k)}\}$

$$x^{(k+1)}=x^{(k)}-\frac{f(x^{(k)})}{f'(x^{(k)})}\quad k=0,1,2,\cdots$$

此即所谓的牛顿迭代格式,由此确定的方法称为牛顿迭代法。

牛顿迭代法对单根收敛速度很快,且算法简单,是迭代中较好者。缺点是:(1)对重根收敛速度较慢;(2)初值 $x^{(0)}$ 不能偏离 x^* 太大,否则可能不收敛。针对这两点作如下改进。

(1)当 x^* 是 $f(x)=0$ 的 m 重根时,其牛顿迭代格式修改为

$$x^{(k+1)}=x^{(k)}-m\frac{f(x^{(k)})}{f'(x^{(k)})}\quad k=0,1,2,\cdots$$

(2)当函数 $f(x)$ 形式比较复杂时,牛顿迭代的初值 $x^{(0)}$ 不容易确定,为了在一定程度上解决这一问题,将牛顿迭代格式改为

$$x^{(k+1)}=x^{(k)}-\lambda\frac{f(x^{(k)})}{f'(x^{(k)})},k=0,1,2,\cdots$$

该迭代格式称为牛顿下山法，λ 叫下山因子。

引入下山因子 λ 的作用是通过调整下山因子 λ 使计算过程中得到的序列$\{|f(x^{(k)})|\}$是单调递减的，这样就易于保证迭代的收敛。

2）牛顿迭代法的几何意义

牛顿迭代法有明显的几何解释。牛顿迭代法的几何意义是以$f'(x^{(0)})$为斜率作过$(x^{(0)},f(x^{(0)}))$点的切线，即作$f(x)$在$x^{(0)}$点的切线方程$y-f(x^{(0)})=f'(x^{(0)})(x-x^{(0)})$。令$y=0$，则得此切线与$x$轴的交点$x^{(1)}$，再作$f(x)$在$(x^{(1)},f(x^{(1)}))$处的切线，得交点$x^{(2)}$，逐步逼近方程的根。如图 3-7 所示。

这样各个近似点是通过对$f'(x)$作切线求得与x轴的交点而找到的，所以牛顿迭代法又称作切线法。

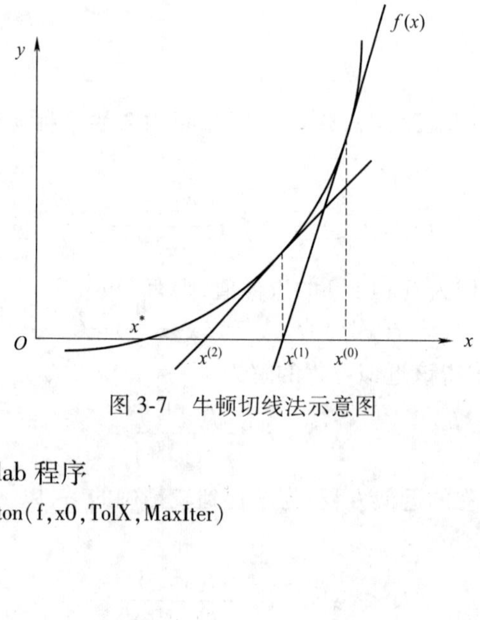

图 3-7　牛顿切线法示意图

3）牛顿迭代法的 Matlab 程序

```
function [x,fx]=root_newton(f,x0,TolX,MaxIter)
%root_newton.m
TolFun=eps;
xx=x0;fx=feval(f,x0)
for k=1:MaxIter
dfdx=fun_dff1(f,xx)%numerical drv
dx=-fx/dfdx;
xx=xx+dx;
fx=feval(f,xx);
if norm(fx)<TolFun |norm(dx)< TolX,break;end
end
x=xx;
if k==MaxIter,fprintf('达到最大迭代次数'),end
function g=fun_dff1(f,x,dh)
if nargin < 3,dh=1e-4;end
h2=2*dh;M=length(f);N=length(x(1,:));I=eye(N);
```

```
for n=1:N
g(:,n)=(feval(f,x+I(n,:)*dh)-feval(f,x-I(n,:)*dh))/h2;
end
```

2. 改进的牛顿迭代法

改进的牛顿法由 Broyden 给出，常用的算法是 Broyden 秩 1 拟牛顿法。其迭代格式为：

$$x^{(k+1)}=x^{(k)}-[\boldsymbol{A}^{(k)}]^{-1}f(x^{(k)}) \tag{3-18}$$

其中（下面的公式有修改）

$$\boldsymbol{A}^{(k+1)}=\boldsymbol{A}^{(k)}+\frac{\{y^{(k)}-\boldsymbol{A}^{(k)}[\delta^{(k)}]\}[\delta^{(k)}]^T}{[\delta^{(k)}]^T[\delta^{(k)}]},[\delta^{(k)}]^T=x^{(k+1)}-x^{(k)}$$

初始迭代时，可取 $\boldsymbol{A}^{(0)}=\boldsymbol{I}$，$\boldsymbol{I}$ 为单位阵。

改进的牛顿迭代法的 Matlab 程序如下。

```
function [xk1,fk1]=root_broyden(f,x0,TolX,MaxIter)
%root_broyden.m to minimize an objective ftn f(x) by the broyden method.
N=length(x0(1,:));
TolFun=TolX;
ak=eye(N);
n=0;
while n<=MaxIter
n=n+1;
fk=feval(f,x0);
xk1=x0-fk/ak;
sk=xk1-x0;
fk1=feval(f,xk1);
yk=fk1-fk;
deltak=(yk'-ak*sk')*sk/(sk*sk'+1e-7);
ak1=ak+deltak;
ak=ak1;
x0=xk1;
if norm(fk1)<TolFun |norm(sk)< TolX,break;end
n=n+1;
end
if n==MaxIter,fprintf('The best in %d iterations\n',MaxIter),end
end
```

3. 对分法求根

对分法（或称二分法）是求方程近似解的一种简单直观的方法。设函数 $f(x)$ 在 $[a,b]$ 上连续，且 $f(a)\cdot f(b)<0$，则 $f(x)$ 在 $[a,b]$ 上至少有一零点，这是微积分中的介值定理，也是使用对分法的前提条件。计算中通过对分区间，缩小区间范围来搜索零点的位置。

1）计算步骤

计算 $f(x)=0$ 的一般计算步骤如下。

（1）输入求根区间 $[a,b]$ 和误差控制量 ε，定义函数 $f(x)$。

（2）当 $|a-b|\geqslant\varepsilon$ 时：

①计算中点 $x=(a+b)/2$ 以及 $f(x)$ 的值;

②分情况处理

如果 $|f(x)|<\varepsilon$,则停止计算 $x^*=x$,转向步骤(4);否则按下面两种情况执行

若 $f(a)\cdot f(x)<0$,修正区间为 $[a,x]\rightarrow[a,b]$;

若 $f(a)\cdot f(x)>0$,修正区间为 $[x,b]\rightarrow[a,b]$;

(3)$x^*=(a+b)/2$,转第(2)步。

(4)输出近似根 x^*。

对分法的几何表示如图 3-8 所示。

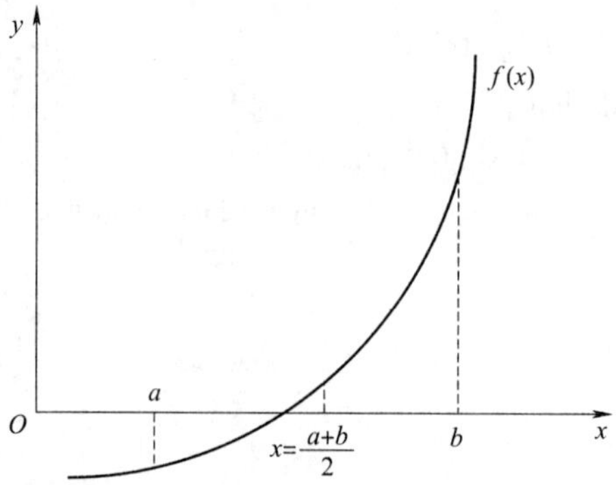

图 3-8 对分法示意图

对分法的算法简单,然而,若 $f(x)$ 在 $[a,b]$ 有几个零点时,只能算出其中一个零点。另一方面,即使 $f(x)$ 在 $[a,b]$ 上有零点,也未必存在 $f(a)\cdot f(b)<0$。这就限制了对分法的使用范围。对分法只能计算方程 $f(x)$ 的实根。

2)对分法的 Matlab 程序

对分法的 Matlab 程序如下。

```
function [alpha,fc]=root_bisect(f,a,b,x0,dir,TolFun)
% root_bisect.m
a1=x0+a*dir;b1=x0+b*dir;
fa=feval(f,a1);fb=feval(f,b1);
while norm(fb-fa)>TolFun
fa=feval(f,a1);fb=feval(f,b1);
c1=(a1+b1)/2;
fc=feval(f,c1);
if fa*fc<0
b1=c1;
else
a1=c1;
end
end
alpha=(c1(1)-x0(1))/dir(1);
```

3.4.2　多元非线性方程组求根

非线性方程组的一般形式为

$$f_i(\boldsymbol{x})=0(i=1,2,\cdots,n) \tag{3-19}$$

1. 牛顿迭代法求非线性方程组的根

对非线性方程组(3-19),在点 $\boldsymbol{x}^{(0)}$ 按泰勒公式展开,

即

$$\boldsymbol{F}(\boldsymbol{x})\approx\boldsymbol{F}(\boldsymbol{x}^{(0)})+[\nabla\boldsymbol{F}(\boldsymbol{x}^{(0)})]^T[\boldsymbol{x}-\boldsymbol{x}^{(0)}] \tag{3-20}$$

其中

$$\boldsymbol{x}=\begin{bmatrix}x_1\\x_2\\\vdots\\x_n\end{bmatrix},\boldsymbol{x}^{(0)}=\begin{bmatrix}x_1^{(0)}\\x_2^{(0)}\\\vdots\\x_n^{(0)}\end{bmatrix},\boldsymbol{F}(\boldsymbol{x})=\begin{bmatrix}f_1(\boldsymbol{x})\\f_2(\boldsymbol{x})\\\vdots\\f_n(\boldsymbol{x})\end{bmatrix},\boldsymbol{J}(\boldsymbol{x})=\nabla\boldsymbol{F}(\boldsymbol{x})=\begin{bmatrix}\dfrac{\partial f_1}{\partial x_1}&\cdots&\dfrac{\partial f_1}{\partial x_n}\\\vdots&\ddots&\vdots\\\dfrac{\partial f_n}{\partial x_1}&\cdots&\dfrac{\partial f_n}{\partial x_n}\end{bmatrix}$$

$\nabla\boldsymbol{F}(\boldsymbol{x})$称为向量函数 $\boldsymbol{F}(\boldsymbol{x})$在点 $\boldsymbol{x}$ 处的雅克比(Jacobi)矩阵,用 $\boldsymbol{J}(\boldsymbol{x})$表示。

根据式(3-19)和式(3-20),可得出牛顿迭代的一般公式

$$\boldsymbol{x}^{(k+1)}=\boldsymbol{x}^{(k)}-[\nabla\boldsymbol{F}(\boldsymbol{x}^{(k)})]^{-1}\boldsymbol{F}(\boldsymbol{x}^{(k)})=\boldsymbol{x}^{(k)}-[J(\boldsymbol{x}^{(k)})]^{-1}\boldsymbol{F}(\boldsymbol{x}^{(k)}) \tag{3-21}$$

2. 改进的牛顿法求非线性方程组的根

用改进的牛顿法求非线性方程组的根的迭代计算式仍然用式(3-21),Matlab 计算程序 root_broyden. m 仍然适用。下面举例说明。

【例 3-5】　求方程组$\begin{cases}2x_1-x_2-e^{-x_1}=0\\-x_1+2x_2-e^{-x_2}=0\end{cases}$的极小值,初始点 $\boldsymbol{x}^{(0)}=[1,1]$。

解:根据给定方程组编写如下用户程序:

```
%root_broyden_test1. m to minimize an objective f(x) by the broyden method.
clc;
clear all;
fsys=inline('[x(1)-x(2)-exp(-x(1))-x(1)+2*x(2)-exp(-x(2))]','x');
x0=[1   1],TolX=1e-6;TolFun=1e-6;MaxIter=50;
[xo,fo]=root_broyden(fsys,x0,TolX,MaxIter)
```

计算结果为:

```
xo=[0.5671 0.5671],fo=1.0e-008 *[ 0.1124   0.1124]
```

习　题

1. 用黄金分割法求 $f(x)=x^2+2x$ 在区间 $-3\leqslant x\leqslant 5$ 上的极小点,收敛精度为 $\varepsilon=0.01$。

2. 试用二次插值法求函数 $f(x)=8x^3-2x^2-7x+3$ 的最优解,初始搜索区间为[0,2],迭代精度 $\varepsilon=0.01$。

3. 用二次插值法求非二次函数 $f(x)=e^{x+1}-5(x+1)$ 的最优解,初始区间为 $a=-0.5,b=2.5$,精度要求 $\varepsilon=0.005$。

第 4 章　无约束优化问题的导数解法

优化设计问题的求解都必须以一定的数学模型为基础,根据数学模型有无约束条件可以分为无约束最优化问题和约束最优化问题,工程上的许多实际问题都属于有约束最优化问题,但无约束优化问题是约束优化问题求解的基础。一般无约束优化问题的求解方法即无约束优化方法可以分为两类:一类是导数解法,即利用目标函数的一阶或二阶导数进行搜索,如最速下降法、牛顿法、共轭梯度法和变尺度法等;另一类是直接解法,如坐标轮换法、鲍威尔方法等,直接解法将在第 5 章介绍。

4.1　最速下降法

最速下降法(也称为梯度法)属于解析法的一种。函数的值在某一点上升速度最快的方向是该点的梯度方向,同样也可以说,函数值下降最快的方向是沿这一点的负梯度方向,因此可以利用函数的负梯度方向作为搜索方向。

无约束优化问题可描述为:

$$\min f(\boldsymbol{x}),\boldsymbol{x}\in \boldsymbol{R}^n$$

4.1.1　最速下降法的基本原理

1. 基本原理

n 元函数 $f(x_1,x_2,\cdots,x_n)$ 在点 $\boldsymbol{x}^{(0)}=[x_1^{(0)}x_2^{(0)}\cdots x_n^{(0)}]^{\mathrm{T}}$ 处沿 $\boldsymbol{d}$ 方向的方向导数为

$$\left.\frac{\partial f}{\partial \boldsymbol{d}}\right|_{x^{(0)}}=\sum_{i=1}^{n}\left.\frac{\partial f}{\partial x_i}\right|_{x^{(0)}}\cos\alpha_i=[\nabla f(\boldsymbol{x})^{\mathrm{T}}]\cdot\boldsymbol{d}$$

其中,$\nabla f(\boldsymbol{x})=\left[\frac{\partial f}{\partial x_1},\frac{\partial f}{\partial x_2},\cdots,\frac{\partial f}{\partial x_n}\right]^{\mathrm{T}}$,$\boldsymbol{d}=\begin{bmatrix}\cos\alpha_1\\ \cos\alpha_2\\ \cdots\\ \cos\alpha_n\end{bmatrix}$

当$\nabla f(\boldsymbol{x})$与 $\boldsymbol{d}$ 方向一致时,$\frac{\partial f}{\partial \boldsymbol{d}}$最大;当$\nabla f(\boldsymbol{x})$与 $\boldsymbol{d}$ 反向时,$\frac{\partial f}{\partial \boldsymbol{d}}$最小;也就是函数沿内法线方向或负梯度方向下降的最快

$$\boldsymbol{d}=-\nabla f(\boldsymbol{x})=-\left[\frac{\partial f(\boldsymbol{x})}{\partial x_1},\frac{\partial f(\boldsymbol{x})}{\partial x_2},\cdots,\frac{\partial f(\boldsymbol{x})}{\partial x_n}\right]^{\mathrm{T}}$$

因此,搜索方向沿目标函数负梯度方向的优化算法称为最速下降法。

最速下降法的迭代格式为

$$\boldsymbol{x}^{(k+1)}=\boldsymbol{x}^{(k)}+\alpha^{(k)}\boldsymbol{d}^{(k)}=\boldsymbol{x}^{(k)}-\alpha^{(k)}\nabla f(\boldsymbol{x}^{(k)})$$

$$k=0,1,2,\cdots \tag{4-1}$$

步长 $\alpha^{(k)}$ 满足

$$\min_{\alpha} f[\boldsymbol{x}^{(k)}-\alpha\nabla f(\boldsymbol{x}^{(k)})]=\min\varphi(\alpha)$$

$$f(\boldsymbol{x}^{(k+1)})=f[\boldsymbol{x}^{(k)}-\alpha^{(k)}\nabla f(\boldsymbol{x}^{(k)})]$$

根据一元函数取极值的必要条件和多元复合函数求导公式,得

$$\varphi'(\alpha)=-\{\nabla f[\boldsymbol{x}^{(k)}-\alpha\nabla f(\boldsymbol{x}^{(k)})]\}^{\mathrm{T}}\nabla f(\boldsymbol{x}^{(k)})=0$$

即

$$[\nabla f(\boldsymbol{x}^{(k+1)})]^{\mathrm{T}}\nabla f(\boldsymbol{x}^{(k)})=0$$

或写成

$$[\boldsymbol{d}^{(k+1)}]^{\mathrm{T}}\cdot\boldsymbol{d}^{(k)}=0 \tag{4-2}$$

由此可知,在最速下降法中,相邻两个迭代点上的函数梯度相互垂直。

对于二次函数

$$f(\boldsymbol{x})=\frac{1}{2}\boldsymbol{x}^{\mathrm{T}}\boldsymbol{G}\boldsymbol{x}+\boldsymbol{b}^{\mathrm{T}}\boldsymbol{x}+c \tag{4-3}$$

式中:$\boldsymbol{G}\in\boldsymbol{R}^{n}$ 为对称正定矩阵。

当 $n=2$ 时,函数 $f(x_1,x_2)$ 的等值线是平面上的一簇椭圆,从某点出发按最速下降法迭代,轨迹如图 4-1 所示。迭代点向函数极小点靠近的过程中沿一条“锯齿”形路线搜索。

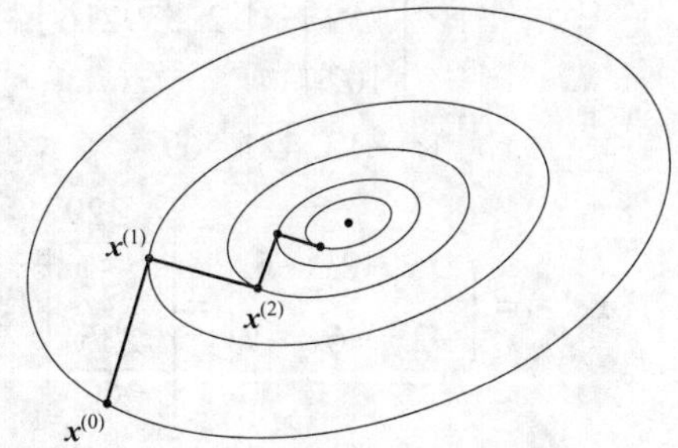

图 4-1　最速下降法搜索路径

可以想象,如果椭圆簇越长、越扁,锯齿现象就愈明显,而且越靠近极值点迭代收敛速度就越慢。因此,该方法可以进一步改进。

2. 最速下降法的计算步骤

最速下降法的计算步骤为:

(1)输入 $\boldsymbol{x}^{(0)}$,误差 $\varepsilon_1,\varepsilon_2,\varepsilon_3$;

(2)取 $\boldsymbol{d}^{(k)}=-\nabla f(\boldsymbol{x}^{(k)})$;

(3)根据 $\min f(\boldsymbol{x}^{(k)}+\alpha\boldsymbol{d}^{(k)})=\min\varphi(\alpha)$ 计算最佳步长;

(4)计算新的迭代点 $\boldsymbol{x}^{(k+1)}=\boldsymbol{x}^{(k)}+\alpha^{(k)}\boldsymbol{d}^{(k)}$;

(5)若 $\|\nabla f(\boldsymbol{x}^{(k+1)})\|\leqslant\varepsilon_1$,且 $|f(\boldsymbol{x}^{(k+1)})-f(\boldsymbol{x}^{(k)})|\leqslant\varepsilon_2$,或 $|\boldsymbol{x}^{(k+1)}-\boldsymbol{x}^{(k)}|\leqslant\varepsilon_3$,则置 $x^{*}=x^{(k+1)}$,$f_{\min}=f(\boldsymbol{x}^{*})$,结束迭代,否则转第(6)步;

(6)置 $k=k+1$,转步骤(2)。

【例 4-1】　求目标函数 $f(x_1,x_2)=x_1(x_1-2x_2-5)+x_2(3x_2-7)$ 的极小值。

解:(1)取初始点

$$\boldsymbol{x}^{(0)}=[0,0]^{\mathrm{T}},f(\boldsymbol{x}^{(0)})=0$$

$$\nabla f(\boldsymbol{x}^{(0)})=\begin{bmatrix}2x_1-2x_2-5\\-2x_1+6x_2-7\end{bmatrix}=\begin{bmatrix}-5\\-7\end{bmatrix}$$

(2)沿梯度方向进行一维搜索

$$x^{(1)}=x^{(0)}-\alpha^{(0)}\nabla f(x^{(0)})$$

$$=\begin{bmatrix}0\\0\end{bmatrix}-\alpha^{(0)}\begin{bmatrix}-5\\-7\end{bmatrix}=\begin{bmatrix}5\alpha^{(0)}\\7\alpha^{(0)}\end{bmatrix}$$

$$f(x^{(1)})=\min_{\alpha}[x^{(0)}-\alpha\nabla f(x^{(0)})]$$

(3)求目标函数在点 $x^{(0)}=[0,0]^{T}$ 的最优步长

$$\min_{\alpha}[5\alpha(5\alpha-2\cdot7\alpha-5)+7\alpha(3\cdot7\alpha-7)]=\min_{\alpha}\varphi(\alpha)$$

$$\varphi'(\alpha)=204\alpha-74=0$$

解得最优步长

$$\alpha^{(0)}=\frac{37}{102}=0.362745$$

由搜索表达式解得

$$x^{(1)}=\begin{bmatrix}5\alpha^{(0)}\\7\alpha^{(0)}\end{bmatrix}=\begin{bmatrix}\frac{185}{102}\\\frac{259}{102}\end{bmatrix}=\begin{bmatrix}1.813725\\2.539216\end{bmatrix}$$

$$f(x^{(1)})=-13.421569$$

$$\nabla f(x^{(1)})=\begin{bmatrix}2x_1-2x_2-5\\-2x_1+6x_2-7\end{bmatrix}=\begin{bmatrix}-\frac{329}{51}\\\frac{235}{51}\end{bmatrix}$$

进行第二次搜索。

(4)沿梯度方向进行一维搜索

$$x^{(2)}=x^{(1)}-\alpha^{(1)}\nabla f(x^{(1)})$$

$$=\begin{bmatrix}\frac{185}{102}\\\frac{259}{102}\end{bmatrix}-\alpha^{(1)}\begin{bmatrix}-\frac{329}{51}\\\frac{235}{51}\end{bmatrix}=\begin{bmatrix}\frac{185}{102}+\alpha^{(1)}\frac{329}{51}\\\frac{259}{102}-\alpha^{(1)}\frac{235}{51}\end{bmatrix}$$

$$f(x^{(2)})=\min_{\alpha}[x^{(1)}-\alpha\nabla f(x^{(1)})]$$

(5)求目标函数在点 $x^{(1)}=\begin{bmatrix}\frac{185}{102} & \frac{259}{102}\end{bmatrix}^{T}$ 的最优步长

$\min_{\alpha}x_1^{(2)}(x_1^{(2)}-2x_2^{(2)}-5)+x_2^{(2)}(3x_2^{(2)}-7)=\min_{\alpha}\varphi(\alpha)$ 由

$$\varphi'(\alpha)=-\frac{163466}{2601}+\frac{857092}{2601}\alpha=0$$

解得最优步长 $\alpha^{(1)}=\frac{37}{194}=0.4048$

(6)由搜索表达式得

$$x^{(2)}=\begin{bmatrix}\frac{185}{102}+\alpha^{(1)}\frac{329}{51}\\ \frac{259}{102}-\alpha^{(1)}\frac{235}{51}\end{bmatrix}=\begin{bmatrix}\frac{15059}{4947}\\ \frac{2738}{1649}\end{bmatrix}$$

$$f(x^{(2)})=-\frac{4898282}{252297}=-19.414745$$

$$\nabla f(x^{(2)})=\begin{bmatrix}2x_1-x_2-4\\ -x_1+2x_2-1\end{bmatrix}=\begin{bmatrix}-\frac{11045}{4947}\\ -\frac{15463}{4947}\end{bmatrix}$$

因为 $\|\nabla f(x^{(2)})\|_2=3.841224$，不满足小于等于 ε 的要求，继续进行迭代。最终得到最优解为 $x=[5.5\ 3.0]^T$；最优值为−24.25。

4.1.2 最速下降法的 Matlab 程序

根据最速下降法步骤，编制下面的 Matlab 程序。

```
% opt_grad.m
function [xo,fo]=opt_grad(f,x0,TolX,TolFun,alpha0,MaxIter)
x=x0;fx0=feval(f,x0);fx=fx0;
alpha=alpha0;kmax1=25;
flag1=0;
for k=1:MaxIter
g=fun_dff1(f,x0);dir0=g/norm(g);%梯度行向量
%求最优步长,最优步长对应的设计变量及函数值
[opt_step,fx,xx]=opt_step_quad2(f,x0,dir0,alpha,TolX,TolFun,MaxIter);
if(norm(xx-x0)< TolX&abs(fx-fx0)< TolFun),break;end
x0=xx;fx0=fx;
end
xo=xx;fo=fx;
if k==MaxIter,fprintf('达到最大迭代次数',MaxIter),end

%数值计算一阶导数
function g=fun_dff1(f,x,dh)
h2=2*dh;M=length(f);N=length(x(1,:));I=eye(N);
for n=1:N
g(:,n)=(feval(f,x+I(n,:)*dh)-feval(f,x-I(n,:)*dh))/h2;
end
```

【例 4-2】 求函数 $f(x_1,x_2)=x_1(x_1-2x_2-5)+x_2(3x_2-7)$ 的极小值，$x^{(0)}=[0,0]$。

解：用户程序为：

```
%opt_grad_test1
clc;
clear all;
```

```
fun_obj=inline('x(1)*(x(1)-2*x(2)-5)+x(2)*(3*x(2)-7)','x');
x0=[0 0];TolX=1e-6;TolFun=1e-6;alpha0=0.1;MaxIter=50;
[xo,fo]=opt_grad(fun_obj,x0,TolX,TolFun,alpha0,MaxIter)
fprintf('results by fminsearch are')
[x1,f1]=fminsearch(fun_obj,x0)
```

计算结果为:

xo=[5.5,3],fo=-24.25。

4.2 牛 顿 法

4.2.1 牛顿法的基本原理

对于一元函数 $f(x)$,$x=x_0+\Delta x$,假定已给出极小点 x^* 附近的近似点 x_0。将 $f(x)$ 在 x_0 处按泰勒级数展开,得

$$f(x)=f(x_0)+f'(x_0)\Delta x+\frac{1}{2}f''(x_0)\Delta x^2+O(\Delta x^2)$$

取展开式的前三项,得到关于 x 的二次多项式 $\varphi(x)$,该二次多项式取极值的必要条件为

$$f'(x)\approx\varphi'(x)=\left(f(x_0)+f'(x_0)\Delta x+\frac{1}{2}f''(x_0)\Delta x^2\right)'=0$$

$$f'(x)\approx f'(x_0)+f''(x_0)\Delta x=0$$

即

$$f'(x_0)+f''(x_0)(x-x_0)=0$$

$$x=x_0-\frac{f'(x_0)}{f''(x_0)} \tag{4-4}$$

对多元函数 $f(\boldsymbol{x})$,其极小值点 $\boldsymbol{x}^*$ 的近似点 $\boldsymbol{x}^{(k)}$ 的泰勒展开式为

$$f(\boldsymbol{x})=f(\boldsymbol{x}^{(k)})+[\nabla f(\boldsymbol{x}^{(k)})]^{\mathrm{T}}[\boldsymbol{x}-\boldsymbol{x}^{(k)}]+\frac{1}{2}[\boldsymbol{x}-\boldsymbol{x}^{(k)}]^{\mathrm{T}}\cdot\nabla^2 f(\boldsymbol{x}^{(k)})\cdot[\boldsymbol{x}-\boldsymbol{x}^{(k)}]+O(\Delta\boldsymbol{x}^{\mathrm{T}}\Delta\boldsymbol{x})$$

取前三项近似表示 $f(\boldsymbol{x})$,得

$$f(\boldsymbol{x})\approx\varphi(\boldsymbol{x})=f(\boldsymbol{x}^{(k)})+[\nabla f(\boldsymbol{x}^{(k)})]^{\mathrm{T}}[\boldsymbol{x}-\boldsymbol{x}^{(k)}]+\frac{1}{2}[\boldsymbol{x}-\boldsymbol{x}^{(k)}]^{\mathrm{T}}\cdot\nabla^2 f(\boldsymbol{x}^{(k)})\cdot[\boldsymbol{x}-\boldsymbol{x}^{(k)}]$$

并令 $\varphi'(\boldsymbol{x})=0$,有表达式

$$\boldsymbol{x}=\boldsymbol{x}^{(k)}-[\nabla^2 f(\boldsymbol{x}^{(k)})]^{-1}\nabla f(\boldsymbol{x}^{(k)})$$

成立。

若设 $\boldsymbol{x}^{(k+1)}$ 为极小值点 $\boldsymbol{x}^*$ 的下一个近似点,则根据一般迭代格式 $x^{(k+1)}=\boldsymbol{x}^{(k)}+\alpha^{(k)}\boldsymbol{d}^{(k)}$,当 $\alpha=1$ 时,则有搜索方向 $\boldsymbol{d}^{(k)}$ 的表达式为

$$\boldsymbol{d}^{(k)}=-[\nabla^2 f(\boldsymbol{x}^{(k)})]^{-1}\nabla f(\boldsymbol{x}^{(k)}) \tag{4-5}$$

【例 4-3】 用牛顿法求 $f(x_1,x_2)=x_1^2+x_2^2-x_1x_2-2x_1$ 的极小值。

解:目标函数的梯度

$$\nabla f(\boldsymbol{x})=\begin{bmatrix}2x_1-x_2-2\\2x_2-x_1\end{bmatrix}$$

取初始点 $\boldsymbol{x}^{(0)}=[2,2]^{\mathrm{T}}$，得

$$\nabla^2 f(\boldsymbol{x}^{(0)})=\begin{bmatrix}2 & -1\\ -1 & 2\end{bmatrix},\ [\nabla^2 f(\boldsymbol{x}^{(0)})]^{-1}=\begin{bmatrix}\frac{2}{3} & \frac{1}{3}\\ \frac{1}{3} & \frac{2}{3}\end{bmatrix}$$

$$\boldsymbol{x}^{(1)}=\boldsymbol{x}^{(0)}-[\nabla^2 f(\boldsymbol{x}^{(0)})]^{-1}\nabla f(\boldsymbol{x}^{(0)})=\begin{bmatrix}2\\2\end{bmatrix}-\begin{bmatrix}\frac{2}{3} & \frac{1}{3}\\ \frac{1}{3} & \frac{2}{3}\end{bmatrix}\begin{bmatrix}0\\2\end{bmatrix}=\begin{bmatrix}\frac{4}{3}\\ \frac{2}{3}\end{bmatrix}$$

$$\nabla f(\boldsymbol{x}^{(1)})=\begin{bmatrix}2x_1-x_2-2\\ 2x_2-x_1\end{bmatrix}=\begin{bmatrix}0\\0\end{bmatrix}$$

目标函数在 $\boldsymbol{x}^{(1)}$ 处的梯度为零，Hessian 矩阵大于零，因此 $\boldsymbol{x}^{(1)}$ 是目标函数的极小值点，极小值为 $-4/3$。用 Matlab 符号运算求解此题的程序如下：

```
%基于符号运算的 Newton 法
clc;
clear all;
syms x1 x2 fx1 fx2
f='x1^2+x2^2-x1*x2-2*x1';
ff=inline(f,'x1','x2');
k=1;
x0=[2,2]';
fx1=diff(f,x1)
fx2=diff(f,x2)
fxx1=diff(fx1,x1)
fxx2=diff(fx2,x2)
fx12=diff(fx1,x2)
G=[fxx1 fx12
   fx12 fxx2];
gx1=inline(fx1)
gx2=inline(fx2)
G1=inv(G)
k=1;
while k>0
g=[feval(gx1,x0(1),x0(2));feval(gx2,x0(1),x0(2))]
if g==0,k=0;break;end
x=x0-G1*g
x0=x;
end
x0
feval(ff,x0(1),x0(2))
```

4.2.2 阻尼牛顿法

对于二次函数,如果 Hessian 矩阵正定,则牛顿法是很有效的。但对于非二次函数,由于不能保证二阶导数矩阵正定,因此牛顿法有可能失效。为此提出对牛顿法的改进,改进的方法是增加搜索步长因子,并在每一步迭代中根据牛顿法给出的搜索方向进行最佳步长的一维搜索,这就是"阻尼牛顿法",其中的步长因子称为阻尼因子。

按一般的迭代格式对牛顿法进行改造。

$$\boldsymbol{x}^{(k+1)}=\boldsymbol{x}^{(k)}+\alpha^{(k)}\boldsymbol{d}^{(k)}=\boldsymbol{x}^{(k)}-\alpha^{(k)}[\nabla^2 f(\boldsymbol{x}^{(k)})]^{-1}\nabla f(\boldsymbol{x}^{(k)})\ (k=0,1,2,\cdots)$$

搜索方向为

$$\boldsymbol{d}^{(k)}=-[\nabla^2 f(\boldsymbol{x}^{(k)})]^{-1}\nabla f(\boldsymbol{x}^{(k)})$$

搜索步长 $\alpha^{(k)}$ 由下式确定

$$\min_{\alpha} f(\boldsymbol{x}^{(k)}+\alpha\boldsymbol{d}^{(k)})$$

阻尼牛顿法步骤为:

(1)给定 $\boldsymbol{x}^{(0)}$,ε,置 $k=0$;

(2)计算 $\nabla f(\boldsymbol{x}^{(k)})$,$\nabla^2 f(\boldsymbol{x}^{(k)})$,$[\nabla^2 f(\boldsymbol{x}^{(k)})]^{-1}$,$\boldsymbol{d}^{(k)}=-[\nabla^2 f(\boldsymbol{x}^{(k)})]^{-1}\nabla f(\boldsymbol{x}^{(k)})$;

(3)根据 $\min_{\alpha} f(\boldsymbol{x}^{(k)}+\alpha\boldsymbol{d}^{(k)})$ 求出最佳步长;

(4)计算下一迭代点:$\boldsymbol{x}^{(k+1)}=\boldsymbol{x}^{(k)}+\alpha^{(k)}\boldsymbol{d}^{(k)}$;

(5)若 $\|\boldsymbol{x}^{(k+1)}-\boldsymbol{x}^{(k)}\|<\varepsilon$,令 $\boldsymbol{x}^{(k)}=\boldsymbol{x}^{(k+1)}$,迭代结束;否则令 $k=k+1$,返回第(2)步。

4.2.3 阻尼牛顿法的 Matlab 程序

阻尼牛顿法 Matlab 程序清单如下。

```
function [x1,fx1]=opt_damped_newton(f,x0,dh,TolX,TolFun,MaxIter)
%opt_r_newton.m
% x0:初始迭代点
%dh:一维搜索步长
% TolX:给定的设计变量误差精度,|x(k)-x(k-1)|
% MaxIter:最大迭代次数
%x1,fx1:最优解
fx=feval(f,x0);
for k=1:MaxIter
[g,h]=fun_dff12(f,x0,dh);%计算一阶导数和二阶导数
d=-g/h(:,:,1);
[opt_step,fx1,x1]=opt_step_quad2(f,x0,d,dh,TolX,TolFun,MaxIter);
if norm(fx1-fx)<TolFun |norm(x1-x0)< TolX,return;end
fx=fx1;x0=x1;
end
if k==MaxIter,fprintf('The best in %d iterations\n',MaxIter),end
```

函数 fun_dff12()用于计算梯度和海塞矩阵,一阶、二阶导数采用中心差分计算。对解析函数其一阶、二阶导数也可用函数导数的表达式计算。

```
function [g,h]=fun_dff12(f,x,dh)
```

```
if nargin < 3,dh=1e-4;end
h2=2*dh;M=length(f);N=length(x(1,:));I=eye(N);
for n=1:N
g(:,n)=(feval(f,x+I(n,:)*dh)…
-feval(f,x-I(n,:)*dh))/h2;
end
for j=1:N
for k=1:N
h(j,k,:)=(feval(f,x+0.5*I(j,:)*dh+0.5*I(k,:)*dh)…
-feval(f,x-0.5*I(j,:)*dh+0.5*I(k,:)*dh)…
-feval(f,x+0.5*I(j,:)*dh-0.5*I(k,:)*dh)…
+feval(f,x-0.5*I(j,:)*dh-0.5*I(k,:)*dh))/dh^2;
end
end
```

【例 4-4】 用阻尼牛顿法求下面函数的极小值。

函数 1　$f(x_1,x_2)=(1.5-x_1(1-x_2))^2+(2.25-x_1(1-x_2^2))^2+(2.625-x_1(1-x_2^3))^2, x^{(0)}=[5, 0.5]$

函数 2　$f(x_1,x_2)=x_1(x_1-2x_2-5)+x_2(3x_2-7), x^{(0)}=[0\quad 0]$

解:用户程序

```
%opt_ damped_newton_test1.m
clc;
clear all;
fun_obj1=inline('(1.5-x(1)*(1-x(2)))^2+(2.25-x(1)*(1-x(2)^2))^2+(2.625-x(1)*(1-x(2)^3))^2','x');
fun_obj2=inline('x(1)*(x(1)-2*x(2)-5)+x(2)*(3*x(2)-7)','x');
x10=[5,.5];TolX=1e-7;TolFun=1e-7;MaxIter=50;
x20=[0 0];
dh=0.5;
[xo1,fo1]=opt_r_newton(fun_obj1,x10,dh,TolX,TolFun,MaxIter)
[xo2,fo2]=opt_r_newton(fun_obj2,x20,dh,TolX,TolFun,MaxIter)
```

计算结果为:

xo1=[2.9594,0.4938],fo1=6.3473e-004;xo2=[5.5,3],fo1=-24.25。

4.3　共轭梯度法

梯度法的搜索方向是沿着目标函数的负梯度方向,数学概念明确,搜索方向构造比较简单,但收敛速度慢;而牛顿法收敛速度虽快,但对函数光滑性要求较高且计算量也较大。本节介绍的共轭梯度法综合了梯度法和牛顿法的优点,是目前应用较广的一种方法。

4.3.1　共轭方向的概念

对于一个二次函数

$$f(\boldsymbol{x})=\frac{1}{2}\boldsymbol{x}^{\mathrm{T}}\boldsymbol{G}\boldsymbol{x}+\boldsymbol{b}^{\mathrm{T}}\boldsymbol{x}+c,(\boldsymbol{G}\text{ 为对称正定矩阵})$$

如果有两个向量 $\boldsymbol{d}^{(1)}$ 和 $\boldsymbol{d}^{(2)}$，使 $[\boldsymbol{d}^{(1)}]^{\mathrm{T}}\boldsymbol{G}\boldsymbol{d}^{(2)}=0$，则称 $\boldsymbol{d}^{(1)}$ 和 $\boldsymbol{d}^{(2)}$ 对矩阵 $\boldsymbol{G}$ 共轭。若有一组非零向量 $\boldsymbol{d}^{(1)},\boldsymbol{d}^{(2)},\cdots,\boldsymbol{d}^{(n)}$，满足 $[\boldsymbol{d}^{(i)}]^{\mathrm{T}}\boldsymbol{G}\boldsymbol{d}^{(j)}=0,(i\neq j)$，则这组向量对 $\boldsymbol{G}$ 共轭。当 $\boldsymbol{G}$ 为单位矩阵时，则有 $[\boldsymbol{d}^{(i)}]^{\mathrm{T}}\boldsymbol{d}^{(j)}=0,(i\neq j)$。

共轭向量具有如下性质：

(1)若 n 维非零向量组 $\boldsymbol{d}^{(i)},i=1,2,\cdots,n$ 对矩阵 $\boldsymbol{G}$ 共轭，则这 n 个向量线性无关；

(2)若向量组 $\boldsymbol{d}^{(i)},i=1,2,\cdots,n$ 是对 $\boldsymbol{G}\in\boldsymbol{R}^{n}$ 共轭的 n 个向量，则对于二次函数，从任意点 $\boldsymbol{x}^{(0)}$ 出发，依次沿这 n 个方向进行一维搜索，最多 n 次即可以达到该二次函数的极小点；

(3)从任意两个点 $\boldsymbol{x}_0^{(k)}$ 和 $\boldsymbol{x}_0^{(k+1)}$ 出发，分别沿同一方向 $\boldsymbol{d}^{(j)}$ 进行两次一维搜索，得到两个极小点 $\boldsymbol{x}^{(k)}$ 和 $\boldsymbol{x}^{(k+1)}$，连接此两点构成的向量 $\boldsymbol{d}^{(k)}=\boldsymbol{x}^{(k+1)}-\boldsymbol{x}^{(k)}$ 与原方向 $\boldsymbol{d}^{(j)}$ 关于该函数的二阶导数矩阵共轭。

4.3.2 共轭方向与函数极值的关系

下面以二元二次函数为例来说明共轭方向与函数极小值的关系。任选初始点 $\boldsymbol{x}^{(0)}$ 和某个下降方向 $\boldsymbol{d}^{(0)}$（如沿函数在点 $\boldsymbol{x}^{(0)}$ 的负梯度方向或沿某一坐标轴方向）作一维搜索，得 $\boldsymbol{x}^{(1)}$

$$\boldsymbol{x}^{(1)}=\boldsymbol{x}^{(0)}+\alpha^{(0)}\boldsymbol{d}^{(0)}$$

如果 $\alpha^{(0)}$ 是沿 $\boldsymbol{d}^{(0)}$ 方向搜索的最佳步长，则函数 $\varphi(\alpha)=f(\boldsymbol{x}^{(0)}+\alpha\boldsymbol{d}^{(0)})$ 的一阶导数为零。也就是

$$\frac{d\varphi}{d\alpha}=[\nabla f(x^{(1)})]^{\mathrm{T}}\boldsymbol{d}^{(0)}=0$$

这说明最佳步长搜索点 $\boldsymbol{x}^{(1)}$ 处的梯度 $\nabla f(\boldsymbol{x}^{(1)})$ 与搜索方向 $\boldsymbol{d}^{(0)}$ 垂直，或者说 $\boldsymbol{d}^{(0)}$ 与函数 $f(\boldsymbol{x})$ 过点 $\boldsymbol{x}^{(1)}$ 的等值线相切，如图 4-2 所示。设下一次迭代点 $\boldsymbol{x}^{*}=\boldsymbol{x}^{(1)}+\alpha^{(1)}\boldsymbol{d}^{(1)}$ 是沿 $\boldsymbol{d}^{(1)}$ 方向搜索得到的极小点，则在极小点处需满足的必要条件为

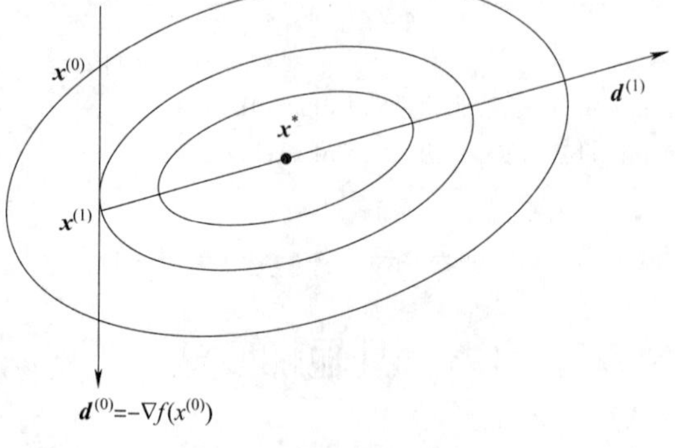

图 4-2 沿共轭方向搜索

$$\nabla f(\boldsymbol{x}^{*})=\boldsymbol{b}+\boldsymbol{G}\boldsymbol{x}^{*}=0$$

即

$$\begin{aligned}\nabla f(\boldsymbol{x}^{*})&=\boldsymbol{b}+\boldsymbol{G}\boldsymbol{x}^{*}=\boldsymbol{b}+\boldsymbol{G}(\boldsymbol{x}^{(1)}+\alpha^{(1)}\boldsymbol{d}^{(1)})\\&=\boldsymbol{b}+\boldsymbol{G}\boldsymbol{x}^{(1)}+\alpha^{(1)}\boldsymbol{G}\boldsymbol{d}^{(1)}\\&=\nabla f(\boldsymbol{x}^{(1)})+\alpha^{(1)}\boldsymbol{G}\boldsymbol{d}^{(1)}\\&=0\end{aligned}$$

将上式两边乘以 $[\boldsymbol{d}^{(0)}]^{\mathrm{T}}$，得

$$[\boldsymbol{d}^{(0)}]^{\mathrm{T}}\nabla f(\boldsymbol{x}^{*})=[\boldsymbol{d}^{(0)}]^{\mathrm{T}}\nabla f(\boldsymbol{x}^{(1)})+\alpha^{(1)}[\boldsymbol{d}^{(0)}]^{\mathrm{T}}\boldsymbol{G}\boldsymbol{d}^{(1)}=0$$

因为 $[\nabla f(\boldsymbol{x}^{(1)})]^{\mathrm{T}}\boldsymbol{d}^{(0)}=0$,可以得出

$$[\boldsymbol{d}^{(0)}]^{\mathrm{T}}\boldsymbol{G}\boldsymbol{d}^{(1)}=0,(\alpha^{(0)}\neq 0) \tag{4-6}$$

上面的分析说明沿着与 $\boldsymbol{d}^{(0)}$ 共轭的方向搜索便能更快地找到函数的极小值点。对多元二次函数,沿给定的方向按最佳步长搜索,相邻两次搜索的方向也满足式(4-6),即相邻两次搜索的方向关于矩阵 $\boldsymbol{G}$ 共轭。由共轭方向的性质可知,沿共轭方向搜索不但能保证搜索方向线性无关,而且能很快找到极小值点。

通常,把从初始点出发,依次沿某组共轭方向进行一维搜索来求解无约束最优化问题的方法,称为共轭方向法。

4.3.3　共轭梯度法的两种形式

共轭方向法是无约束优化算法中的一类方法,根据共轭方向选取的不同有几种不同形式,但一般是以函数的负梯度方向为基础构造与上一个搜索方向共轭的搜索方向,因此又称为共轭梯度法。

下面根据搜索迭代的算法和共轭的概念推导两种共轭梯度算法的迭代计算式。

1. 共轭梯度法之一:共轭方向法

以梯度法为基础构造搜索迭代格式

$$\boldsymbol{x}^{(k+1)}=\boldsymbol{x}^{(k)}+\alpha^{(k)}\boldsymbol{d}^{(k)}$$

$$\boldsymbol{d}^{(k)}=-\nabla f(\boldsymbol{x}^{(k)})$$

$\alpha^{(k)}$ 满足　$\min\limits_{\alpha} f(\boldsymbol{x}^{(k+1)})=\min\limits_{\alpha} f(\boldsymbol{x}^{(k)}+\alpha\boldsymbol{d}^{(k)})=\min\varphi(\alpha)$

设新产生的方向为

$$\boldsymbol{d}^{(k+1)}=-\nabla f(\boldsymbol{x}^{(k+1)})+\beta^{(k)}\boldsymbol{d}^{(k)} \tag{4-7}$$

该式表示 $\boldsymbol{d}^{(k+1)}$ 是 $\boldsymbol{d}^{(k)}$ 与 $-\nabla f(\boldsymbol{x}^{(k+1)})$ 的线性组合。现要求 $\boldsymbol{d}^{(k+1)}$ 与 $\boldsymbol{d}^{(k)}$ 满足共轭条件,即

$$[\boldsymbol{d}^{(k+1)}]^{\mathrm{T}}\boldsymbol{G}\boldsymbol{d}^{(k)}=0$$

对于一个二元正定二次函数而言,只要沿两共轭方向 $\boldsymbol{d}^{(k)}$ 和 $\boldsymbol{d}^{(k+1)}$ 分别进行一维搜索,就可以求得目标函数的极小点 $\boldsymbol{x}^{*}$,下面进行 $\alpha^{(k)}$ 和 $\beta^{(k)}$ 的求解。

由表达式 $\boldsymbol{x}^{(1)}=\boldsymbol{x}^{(0)}+\alpha^{(0)}\boldsymbol{d}^{(0)}$ 得:$\boldsymbol{d}^{(0)}=\dfrac{\boldsymbol{x}^{(1)}-\boldsymbol{x}^{(0)}}{\alpha^{(0)}}$,由于 $\alpha^{(0)}$ 是沿 $\boldsymbol{d}^{(0)}$ 搜索的最佳步长,因而有 $[\boldsymbol{d}^{(0)}]^{\mathrm{T}}\nabla f(\boldsymbol{x}^{(1)})=0$。

对于二次函数,将 $\nabla f(\boldsymbol{x}^{(1)})=\boldsymbol{G}\boldsymbol{x}^{(1)}+\boldsymbol{b}$ 代入上式,得

$$[\boldsymbol{d}^{(0)}]^{\mathrm{T}}(\boldsymbol{G}\boldsymbol{x}^{(1)}+\boldsymbol{b})=[\boldsymbol{d}^{(0)}]^{\mathrm{T}}(\boldsymbol{G}(\boldsymbol{x}^{(0)}+\alpha^{(0)}\boldsymbol{d}^{(0)})+\boldsymbol{b})=0$$

解得

$$\alpha^{(0)}=-\frac{[\boldsymbol{d}^{(0)}]^{\mathrm{T}}\nabla f(\boldsymbol{x}^{(0)})}{[\boldsymbol{d}^{(0)}]^{\mathrm{T}}\boldsymbol{G}\boldsymbol{d}^{(0)}}$$

一般地有

$$\alpha^{(k)}=-\frac{[\boldsymbol{d}^{(k)}]^{\mathrm{T}}\nabla f(\boldsymbol{x}^{(k)})}{[\boldsymbol{d}^{(k)}]^{\mathrm{T}}\boldsymbol{G}\boldsymbol{d}^{(k)}} \tag{4-8}$$

步长 $\alpha^{(k)}$ 也可按一维搜索算法求出。

设存在正定矩阵 $\boldsymbol{G}$,$\boldsymbol{d}^{(k+1)}$ 和 $\boldsymbol{d}^{(k)}$ 对 $\boldsymbol{G}$ 共轭,则有

$$[\boldsymbol{d}^{(k+1)}]^{\mathrm{T}}\boldsymbol{G}\boldsymbol{d}^{(k)}=[-\nabla f(\boldsymbol{x}^{(k+1)})]^{\mathrm{T}}\boldsymbol{G}\boldsymbol{d}^{(k)}+\beta^{(k)}[\boldsymbol{d}^{(k)}]^{\mathrm{T}}\boldsymbol{G}\boldsymbol{d}^{(k)}=0$$

解得
$$\beta^{(k)}=\frac{[\nabla f(\boldsymbol{x}^{(k+1)})]^{\mathrm{T}}\boldsymbol{G}\boldsymbol{d}^{(k)}}{[\boldsymbol{d}^{(k)}]^{\mathrm{T}}\boldsymbol{G}\boldsymbol{d}^{(k)}} \tag{4-9}$$

共轭方向法的计算步骤为：

(1)给定初始点 $\boldsymbol{x}^{(0)}$ 和计算精度 ε，取初始方向 $\boldsymbol{d}^{(0)}=-\nabla f(\boldsymbol{x}^{(0)})$；

(2)若 $\|\nabla f(\boldsymbol{x}^{(0)})\|\leqslant\varepsilon$，输出 $\boldsymbol{x}^{*}=\boldsymbol{x}^{(0)}$，终止计算，否则进行下一步；

(3)根据 $\min\limits_{\alpha} f(\boldsymbol{x}^{(k)}+\alpha\boldsymbol{d}^{(k)})$ 求出最佳步长；

(4)计算下一迭代点：$\boldsymbol{x}^{(k+1)}=\boldsymbol{x}^{(k)}+\alpha^{(k)}\boldsymbol{d}^{(k)}$；

(5)按式 $\boldsymbol{d}^{(k+1)}=-\nabla f(\boldsymbol{x}^{(k+1)})+\beta^{(k)}\boldsymbol{d}^{(k)}$ 和式(4-9)计算下一轮搜索方向 $\boldsymbol{d}^{(k+1)}$，返回第(2)步。

2. 共轭梯度法之二：弗莱彻-里伍斯法(Fletcher-Reeves)

弗莱彻-里伍斯法通过一组共轭向量构造新的共轭搜索方向，下面给出其算法的推导过程。

(1)设初始点为 $\boldsymbol{x}^{(0)}$，第一个搜索方向取函数在 $\boldsymbol{x}^{(0)}$ 点的负梯度方向 $-\nabla f(\boldsymbol{x}^{(0)})$，这里记成 $\boldsymbol{d}^{(0)}=-\nabla f(\boldsymbol{x}^{(0)})=-\boldsymbol{g}^{(0)}$，则下一迭代点为

$$\boldsymbol{x}^{(1)}=\boldsymbol{x}^{(0)}+\alpha^{(0)}\boldsymbol{d}^{(0)}$$

式中：$\boldsymbol{x}^{(1)}$ 是 $\boldsymbol{d}^{(0)}$ 方向切线的切点。设 $\boldsymbol{g}^{(1)}$ 是 $\boldsymbol{x}^{(1)}$ 点的梯度，则 $\boldsymbol{g}^{(1)}$ 与 $\boldsymbol{d}^{(0)}$ 垂直也就是 $\boldsymbol{g}^{(1)}$ 与 $\boldsymbol{g}^{(0)}$ 垂直。

(2)在 $\boldsymbol{d}^{(0)}$，$\boldsymbol{g}^{(1)}$ 坐标系中求 $\boldsymbol{d}^{(0)}$ 的共轭方向 $\boldsymbol{d}^{(1)}$

设
$$\boldsymbol{d}^{(1)}=-\boldsymbol{g}^{(1)}+\beta_0^{(1)}\boldsymbol{d}^{(0)}$$

要求选取的系数 β 使相邻两次搜索的方向与矩阵 G 共轭，即

$$[\boldsymbol{d}^{(0)}]^{\mathrm{T}}\boldsymbol{G}\boldsymbol{d}^{(1)}=0$$

将 $\boldsymbol{d}^{(1)}$ 的表达式代入上式，得

$$[\boldsymbol{d}^{(0)}]^{\mathrm{T}}\boldsymbol{G}(-\boldsymbol{g}^{(1)}+\beta_0^{(1)}\boldsymbol{d}^{(0)})=0$$

注意到式 $\boldsymbol{d}^{(0)}=\dfrac{\boldsymbol{x}^{(1)}-\boldsymbol{x}^{(0)}}{\alpha^{(0)}}$，则

$$\frac{(\boldsymbol{x}^{(1)}-\boldsymbol{x}^{(0)})^{\mathrm{T}}}{\alpha^{(0)}}\boldsymbol{G}(-\boldsymbol{g}^{(1)}+\beta_0^{(1)}\boldsymbol{d}^{(0)})=0 \tag{4-10}$$

相邻两次迭代点之差 $\boldsymbol{x}^{(1)}-\boldsymbol{x}^{(0)}$ 可用该两点处梯度之差来表示

$$g^{(1)}-g^{(0)}=(Gx^{(1)}+b)-(Gx^{(0)}+b)=G(x^{(1)}-x^{(0)}))$$

将上式带入式(4-10)得

$$(g^{(1)}-g^{(0)})^{\mathrm{T}}(g^{(1)}-\beta_0^{(1)}d^{(0)})\text{，(认为 }\boldsymbol{G}\text{ 为对称矩阵)}$$

将该式展开得

$$(g^{(1)})^{\mathrm{T}}g^{(1)}-g^{(0)\mathrm{T}}g^{(1)}-\beta_0^{(1)}(g^{(1)})^{\mathrm{T}}\boldsymbol{d}^{(0)}+\beta_0^{(1)}(g^{(0)})^{\mathrm{T}}\boldsymbol{d}^{(0)})=0$$

由于 $g^{(0)\mathrm{T}}g^{(1)}=(g^{(1)})^{\mathrm{T}}\boldsymbol{d}^{(0)}=0$，得

$$\beta_0^{(1)}=\frac{[\boldsymbol{g}^{(1)}]^{\mathrm{T}}\boldsymbol{g}^{(1)}}{[\boldsymbol{g}^{(0)}]^{\mathrm{T}}\boldsymbol{g}^{(0)}}=\frac{\|\boldsymbol{g}^{(1)}\|^2}{\|\boldsymbol{g}^{(0)}\|^2} \tag{4-11}$$

进而求得

$$\boldsymbol{d}^{(1)}=-\boldsymbol{g}^{(1)}+\frac{\|\boldsymbol{g}^{(1)}\|^2}{\|\boldsymbol{g}^{(0)}\|^2}\boldsymbol{d}^{(0)} \tag{4-12}$$

接下来通过 $\boldsymbol{d}^{(0)}$、$\boldsymbol{d}^{(1)}$ 及 $-\boldsymbol{g}^{(2)}$ 的线性组合构造下一搜索方向

$$\boldsymbol{d}^{(2)}=-\boldsymbol{g}^{(2)}+\beta_0^{(2)}\boldsymbol{d}^{(0)}+\beta_1^{(2)}\boldsymbol{d}^{(1)}$$

其中选取系数 $\beta_0^{(2)}$、$\beta_1^{(2)}$ 使 $\boldsymbol{d}^{(0)}$、$\boldsymbol{d}^{(1)}$ 及 $\boldsymbol{d}^{(2)}$ 对矩阵 $\boldsymbol{G}$ 共轭。由 $[\boldsymbol{d}^{(0)}]^{\mathrm{T}}\boldsymbol{G}\boldsymbol{d}^{(2)}=0$，得 $\beta_0^{(2)}=0$，由 $[\boldsymbol{d}^{(1)}]^{\mathrm{T}}\boldsymbol{G}\boldsymbol{d}^{(2)}=0$，得

$$[\boldsymbol{d}^{(1)}]^{\mathrm{T}}\boldsymbol{G}(-\boldsymbol{g}^{(2)}+\beta_1^{(2)}\boldsymbol{d}^{(1)})=0$$

对该式进行类似推到，得

$$\beta_1^{(2)}=\frac{[\boldsymbol{g}^{(2)}]^{\mathrm{T}}\boldsymbol{g}^{(2)}}{[\boldsymbol{g}^{(1)}]^{\mathrm{T}}\boldsymbol{g}^{(1)}}=\frac{\|\boldsymbol{g}^{(2)}\|^2}{\|\boldsymbol{g}^{(1)}\|^2}$$

$$\boldsymbol{d}^{(2)}=-\boldsymbol{g}^{(2)}+\frac{\|\boldsymbol{g}^{(2)}\|^2}{\|\boldsymbol{g}^{(2)}\|^2}\boldsymbol{d}^{(1)}$$

更一般地，新的搜索方向表示为

$$\boldsymbol{d}^{(k+1)}=-\nabla f(\boldsymbol{x}^{(k+1)})+\sum_{j=0}^{k}\boldsymbol{\beta}_j^{(k+1)}d^{(j)}$$

用 $[\boldsymbol{d}^{(j)}]^{\mathrm{T}}\boldsymbol{G}$，$j=1,2,\cdots,k$，左乘上式两边，根据搜索方向及新迭代点梯度对矩阵 $\boldsymbol{G}$ 共轭的性质，得 $\boldsymbol{\beta}_j^{(k+1)}=0$，$j<k$，只有 $\boldsymbol{\beta}_k^{(k+1)}\neq 0$，如此得

$$(\boldsymbol{g}^{(k+1)}-\boldsymbol{g}^{(k)})^{\mathrm{T}}(\nabla f(\boldsymbol{x}^{(k+1)})-\boldsymbol{\beta}_k^{(k+1)}\boldsymbol{d}^{(k)})=0$$

展开上式，得

$$(\boldsymbol{g}^{(k+1)})^{\mathrm{T}}\boldsymbol{g}^{(k+1)}-\boldsymbol{g}^{(k)\mathrm{T}}\boldsymbol{g}^{(k+1)}-\boldsymbol{\beta}_k^{(k+1)}(\boldsymbol{g}^{(k+1)})^{\mathrm{T}}\boldsymbol{d}^{(k)}+\boldsymbol{\beta}_K^{(k+1)}(\boldsymbol{g}^{(k)})^{\mathrm{T}}\boldsymbol{d}^{(k)})=0$$

将 $\boldsymbol{d}^{(k)}$ 的表达式代入上式，并考虑到梯度间的垂直关系，就得到新的搜索方向的一般计算式

$$\boldsymbol{\beta}^{(k+1)}=\frac{\|\boldsymbol{g}^{(k+1)}\|^2}{\|\boldsymbol{g}^{(K)}\|^2}\tag{4-13}$$

$$\boldsymbol{d}^{(k+1)}=-\boldsymbol{g}^{(k+1)}+\frac{\|\boldsymbol{g}^{(k+1)}\|^2}{\|\boldsymbol{g}^{(k)}\|^2}\boldsymbol{d}^{(k)}\tag{4-14}$$

迭代搜索最佳步长按一维搜索算法计算，这样，迭代计算就避免了求函数的海赛矩阵。

【例 4-5】　设目标函数 $f(x)=x_1^2+4x_2^2+2x_1x_2+x_1-x_2$，初始点为 $\boldsymbol{x}^{(0)}=[0\quad 0]^{\mathrm{T}}$，试用共轭梯度法求极小点。

解：①第一次迭代

搜索方向 $\boldsymbol{d}^{(0)}=-\nabla f(\boldsymbol{x}^{(0)})=-\begin{bmatrix}2x_1+2x_2+1\\2x_1+8x_2-1\end{bmatrix}=\begin{bmatrix}-1\\1\end{bmatrix}$

下一个迭代点 $\boldsymbol{x}^{(1)}=\boldsymbol{x}^{(0)}+\alpha^{(0)}\begin{bmatrix}-1\\1\end{bmatrix}=\begin{bmatrix}-\alpha^{(0)}\\\alpha^{(0)}\end{bmatrix}=\begin{bmatrix}x_1^{(1)}\\x_2^{(1)}\end{bmatrix}$

步长因子 $\alpha^{(0)}$ 由下式确定

$$\begin{aligned}\min_{\alpha} f(x)&=\alpha^2+4\alpha^2-2\alpha^2-\alpha-\alpha\\&=3\alpha^2-2\alpha=\varphi(\alpha)\end{aligned}$$

$$\frac{\mathrm{d}\varphi(\alpha)}{\mathrm{d}\alpha}=0，得\ \alpha^*=\alpha^{(0)}=1/3$$

所以有 $$x^{(1)}=\begin{bmatrix}-\alpha^{(0)}\\\alpha^{(0)}\end{bmatrix}=\begin{bmatrix}-1/3\\1/3\end{bmatrix}$$

②第二次迭代

迭代方向为 $$\boldsymbol{d}^{(1)}=-\nabla f(\boldsymbol{x}^{(1)})+\beta^{(0)}\boldsymbol{d}^{(0)}$$

$$-\nabla f(\boldsymbol{x}^{(1)})=-\begin{bmatrix}2x_1+2x_2+1\\2x_1+8x_2-1\end{bmatrix}=\begin{bmatrix}-1\\-1\end{bmatrix}$$

$$\beta^{(0)}=\frac{\|\boldsymbol{g}^{(1)}\|^2}{\|\boldsymbol{g}^{(0)}\|^2}=\frac{\|\nabla f(\boldsymbol{x}^{(1)})\|^2}{\|\nabla f(\boldsymbol{x}^{(0)})\|^2}=\frac{(\sqrt{1+1})^2}{(\sqrt{1+1})^2}=1$$

所以有 $$\boldsymbol{d}^{(1)}=\begin{bmatrix}-1\\-1\end{bmatrix}+1\cdot\begin{bmatrix}-1\\1\end{bmatrix}=\begin{bmatrix}-2\\0\end{bmatrix}$$

$$\boldsymbol{x}^{(2)}=\boldsymbol{x}^{(1)}+\alpha^{(1)}\boldsymbol{d}^{(1)}=\begin{bmatrix}-1/3\\1/3\end{bmatrix}+\alpha^{(1)}\begin{bmatrix}-2\\0\end{bmatrix}=\begin{bmatrix}-1/3-2\alpha^{(1)}\\1/3\end{bmatrix}$$

$$\min_{\alpha} f(\boldsymbol{x})=(-1/3-2\alpha)^2+4/9-2/3(1/3+2\alpha)-(1/3+2\alpha)-1/3=\varphi(\alpha)$$

对上式求极值,得:$\alpha^{(1)}=1/4$

则有 $\boldsymbol{x}^{(2)}=\boldsymbol{x}^{(1)}+\alpha^{(1)}\boldsymbol{d}^{(1)}=\begin{bmatrix}-1/3\\1/3\end{bmatrix}+(1/4)\begin{bmatrix}-2\\0\end{bmatrix}=\begin{bmatrix}-5/6\\1/3\end{bmatrix}$

所以经过两次搜索即达到极小点 $\boldsymbol{x}^*=[-5/6\quad 1/3]^{\mathrm{T}}$。

4.3.4 共轭梯度法的 Matlab 程序

共轭梯度法的 Matlab 程序如下:

```
function [x1,fx1]=opt_conju_g(f,x0,th,TolX,TolFun,MaxIter)
%opt_conju_g to solve f(x)=0 by using conjugation direction method.
%input:f=ftn to be given as a string ¡¯f¡¯or defined in an M-file
% df=df(x)/dx(If not given,numerical derivative is used.)
% x0=the initial guess of the solution
% TolX=the upper limit of |x(k)-x(k-1)|
% MaxIter=the maximum # of iteration
%output:x,% fx=f(x(last))
for k=1:MaxIter
g0=fun_dff1(f,x0);%numerical drv
d0=-g0;
alpha=opt_step_quad2(f,x0,d0,th,TolX,TolFun,MaxIter);
x1=x0+alpha*d0;
fx=feval(f,x0);
fx1=feval(f,x1);
if norm(fx1-fx)<TolFun |norm(x1-x0)< TolX,return;end
g1=fun_dff1(f,x1);
beta=norm(g1)^2/norm(g0)^2;
d1=-g1+beta*d0;
x0=x1;
end
if k==MaxIter,fprintf('The best in %d iterations\n',MaxIter),end
```

【例 4-6】　应用共轭梯度法计算程序，求 $f(x_1,x_2)=3x_1^4+2x_1x_2+(1+5x_2)^2$ 的极小点。

解：编写用户程序：

```
%opt_conju_g_test1.m
clc;
clear all;
fun_obj=inline('3*x(1)^4+2*x(1)*x(2)+(1+5*x(2))^2','x');
x0=[0 0];TolX=1e-6;TolFun=1e-6;MaxIter=20;
th=.5;
[xo,fo]=opt_conju_g(fun_obj,x0,th,TolX,TolFun,MaxIter)
```

计算结果为：

```
xo=[ 0.3287,-0.2131],fo=-0.1008
```

4.4　变尺度法

变尺度法也是共轭方向法的一种，因其具有较好的收敛性，并且避免了计算二阶导数矩阵，所以是求解最优化问题的最有效方法之一。

4.4.1　变量的尺度

应用梯度法求解二次函数

$$f(\boldsymbol{x})=\frac{1}{2}\boldsymbol{x}^{\mathrm{T}}\boldsymbol{G}\boldsymbol{x}+\boldsymbol{b}^{\mathrm{T}}\boldsymbol{x}+c$$

极值时，迭代收敛的速率取决于矩阵 $\boldsymbol{G}$ 的性质，该性质可以用矩阵的条件数来表示

$$\mathrm{cond}(\|\boldsymbol{G}\|)=\|\boldsymbol{G}\|\ \|\boldsymbol{G}^{-1}\|\geqslant 1 \tag{4-15}$$

其中 $\|\boldsymbol{G}\|$ 表示矩阵的范数，可用矩阵的无穷范数来表示，则为 $\|\boldsymbol{G}\|=\max\limits_{1\leqslant i\leqslant n}\sum\limits_{j=1}^{n}|a_{ij}|$。

矩阵 $\boldsymbol{G}$ 的条件数越接近 1，则收敛速率越快。其特性可以通过改变变量的尺度来改变。对于二元二次函数，如果设 $\boldsymbol{x}=\boldsymbol{Q}\boldsymbol{y}$，则可将矩阵 $\boldsymbol{G}$ 变换为对角矩阵 $\tilde{\boldsymbol{G}}$，$\tilde{\boldsymbol{G}}=\boldsymbol{Q}^{\mathrm{T}}\boldsymbol{G}\boldsymbol{Q}$，再取 $\boldsymbol{y}=\boldsymbol{R}\boldsymbol{z}$，可将 $\boldsymbol{R}^{\mathrm{T}}\tilde{\boldsymbol{G}}\boldsymbol{R}=\boldsymbol{R}^{\mathrm{T}}\boldsymbol{Q}^{\mathrm{T}}\boldsymbol{G}\boldsymbol{Q}\boldsymbol{R}$ 变换为单位矩阵。矩阵 $\boldsymbol{R}$ 也为对角矩阵，其对角线的元素为矩阵 $\tilde{\boldsymbol{G}}$ 的对应对角线上元素开方的倒数。当为 n 元二次函数时，经过类似的变换也可将矩阵 $\boldsymbol{G}$ 变换为单位阵。这样对 n 维空间的极值问题，至多经过 n 次迭代就能收敛到极值点。下面通过例子进行说明。

二元二次函数 $f(x_1,x_2)=6x_1^2+2x_2^2-6x_1x_2-x_1-2x_2$ 可以写成如下的矩阵形式

$$f(x)=\boldsymbol{b}^{\mathrm{T}}\boldsymbol{x}+\frac{1}{2}\boldsymbol{x}^{\mathrm{T}}\boldsymbol{G}\boldsymbol{x}$$

其中

$$\boldsymbol{x}=\begin{bmatrix}x_1\\x_2\end{bmatrix},\boldsymbol{b}=\begin{bmatrix}-1\\-2\end{bmatrix},\boldsymbol{G}=\begin{bmatrix}12&-6\\-6&4\end{bmatrix}$$

将矩阵 $\boldsymbol{G}$ 变换为对角矩阵 $\tilde{\boldsymbol{G}}$，可通过求解特征值 λ_i 所对应的特征向量 $\boldsymbol{u}_i$ 求得。有

$$(\boldsymbol{G}-\lambda_i\boldsymbol{I})\boldsymbol{u}_i=\boldsymbol{0}$$

应用 Matlab 求解特征值和特征向量，程序如下：

```
clc;
syms lamda
G=[12-6-6 4]
b=[-1-2]';
%
E=eye(2);
C=det(lamda*E-G)
solve(C)
%
[P,D]=eig(G);
P(:,1)=P(:,1)/P(1,1);
P(:,2)=P(:,2)/P(1,2);
P,D
D1=P'*G*P;
R(1,1)=1/sqrt(D1(1,1));
R(2,2)=1/sqrt(D1(2,2));
T=P*R
b1=b'*T
T1=R'*P'*A*P*R
```

解得特征值为：

$$\lambda_1=15.2111,\lambda_2=0.7889$$

对应的特征向量为

$$\boldsymbol{u}_1=\begin{bmatrix}u_{12}\\u_{22}\end{bmatrix}=\begin{bmatrix}1.0\\1.8685\end{bmatrix},\boldsymbol{u}_2=\begin{bmatrix}u_{11}\\u_{21}\end{bmatrix}=\begin{bmatrix}1.0\\-0.5332\end{bmatrix}$$

由 $\boldsymbol{x}=\boldsymbol{P}\boldsymbol{y}=[\boldsymbol{u}_1\quad \boldsymbol{u}_2]\boldsymbol{y}=\begin{bmatrix}1 & 1\\1.8685 & -0.5332\end{bmatrix}\begin{bmatrix}y_1\\y_2\end{bmatrix}$ 得 $\begin{matrix}x_1=y_1+y_2\\x_2=1.8685y_1-0.5332y_2\end{matrix}$

对角矩阵 ***D1*** 为

$$\boldsymbol{D1}=\boldsymbol{P}^{\mathrm{T}}\boldsymbol{G}\boldsymbol{P}=\begin{bmatrix}3.5432 & 0.0\\0.0 & 19.5682\end{bmatrix}$$

原式变为

$$\begin{aligned}f(y_1,y_2)&=\boldsymbol{b}^{\mathrm{T}}\boldsymbol{P}\boldsymbol{y}+\frac{1}{2}\boldsymbol{y}^{\mathrm{T}}(\boldsymbol{D1})\boldsymbol{y}\\&=4.7370y_1-0.0704y_2+\frac{1}{2}(3.5432)y_1^2+\frac{1}{2}(19.5682)y_2^2\end{aligned}$$

继续将 ***D1*** 变换为单位阵，设 $\boldsymbol{y}=\boldsymbol{R}\boldsymbol{z}$。

$$\boldsymbol{R}=\begin{bmatrix}\dfrac{1}{\sqrt{19.5682}} & 0\\0 & \dfrac{1}{\sqrt{3.5432}}\end{bmatrix}=\begin{bmatrix}0.2262 & 0.0\\0.0 & 0.5313\end{bmatrix}$$

即 $\boldsymbol{x}=\boldsymbol{Q}\boldsymbol{y}=\boldsymbol{Q}\boldsymbol{R}\boldsymbol{z}=\boldsymbol{T}\boldsymbol{z}$

$$\boldsymbol{T}=\begin{bmatrix}1 & 1\\ 1.8685 & -0.5332\end{bmatrix}\begin{bmatrix}0.5313 & 0.0\\ 0.0 & 0.2262\end{bmatrix}=\begin{bmatrix}0.5313 & 0.2262\\ 0.9927 & -0.1211\end{bmatrix}$$，则有

$$x_1=0.5313z_1+0.2262z_2$$
$$x_2=0.9927z_1-0.1211z_2$$

则原式变为

$$f(z_1,z_2)=\boldsymbol{b}^{\mathrm{T}}\boldsymbol{Tz}+\frac{1}{2}\boldsymbol{z}^{\mathrm{T}}\boldsymbol{T}^{\mathrm{T}}\boldsymbol{GTz}$$

$$=-2.5167z_1+0.0159z_2+\frac{1}{2}z_1^2+\frac{1}{2}z_2^2$$

这是圆的函数表达式，它的梯度方向均指向圆心，用梯度法或最速下降法只需一步便可收敛于极小值点，这就是变换了原目标函数中变量的尺度的结果。梯度法具有初始点可以任取的优点，牛顿法具有收敛速度快的优点，而变尺度法综合了以上两种方法的优点。

用共轭梯度法计算程序 opt_conju_g 对变换前后的目标函数进行计算，用户程序和结果如下：

用户程序：

```
% opt_conju_g_test2. m
clc;
clear all;
fun_obj=inline('-2.5167*x(1)+0.0159*x(2)+0.5*x(1)^2+0.5*x(2)^2','x');
x0=[3,-0.1];TolX=1e-6;TolFun=1e-6;MaxIter=50;
th=1;
x0=[2,2];
[xo1,fo1]=opt_conju_g(fun_obj,x0,th,TolX,TolFun,MaxIter)
[xo3,fo4]=fminsearch(fun_obj,x0)
```

计算结果为：

xo=[2.5167,-0.0159],fo=-3.1670。

计算表明，该目标函数如不经尺度变换很难求出其极小值。

4.4.2　DFP 变尺度法

由上面的分析可知通过尺度矩阵的变换，新的变量使函数曲线形状大为改观。尺度变换的过程同时产生另外一种求解方法，即通过近似变换来逼近牛顿法或阻尼牛顿法中 Hessian 矩阵的逆阵 $\boldsymbol{G}^{-1}$，从而避免每一次迭代中直接计算 Hessen 逆阵的问题。下面说明这一方法的可行性。

对目标函数 $f(\boldsymbol{x})$ 在点 $\boldsymbol{x}^{(k)}$ 作二阶泰勒展开

$$f(\boldsymbol{x})\approx f(\boldsymbol{x}^{(k)})+[\nabla f(\boldsymbol{x}^{(k)})]^{\mathrm{T}}(\boldsymbol{x}-\boldsymbol{x}^{(k)})+\frac{1}{2}[\boldsymbol{x}-\boldsymbol{x}^{(k)}]^{\mathrm{T}}\boldsymbol{G}(\boldsymbol{x}-\boldsymbol{x}^{(k)})$$

其一阶导数为

$$\nabla f(\boldsymbol{x})=\nabla f(\boldsymbol{x}^{(k)})+\boldsymbol{G}(\boldsymbol{x}-\boldsymbol{x}^{(k)})$$

对于迭代点 $\boldsymbol{x}^{(k+1)}$，则有

$$\nabla f(\boldsymbol{x}^{(k+1)})=\nabla f(\boldsymbol{x}^{(k)})+\boldsymbol{G}(\boldsymbol{x}^{(k+1)}-\boldsymbol{x}^{(k)})$$

即 $$\nabla f(\boldsymbol{x}^{(k+1)})-\nabla f(\boldsymbol{x}^{(k)})=\boldsymbol{G}(\boldsymbol{x}^{(k+1)}-\boldsymbol{x}^{(k)})$$

也就是 $$\boldsymbol{g}^{(k+1)}-\boldsymbol{g}^{(k)}=\boldsymbol{G}(\boldsymbol{x}^{(k+1)}-\boldsymbol{x}^{(k)})$$

$$\boldsymbol{G}^{-1}(\boldsymbol{g}^{(k+1)}-\boldsymbol{g}^{(k)})=(\boldsymbol{x}^{(k+1)}-\boldsymbol{x}^{(k)})$$

这就是 Hessian 矩阵 $\boldsymbol{G}$ 应满足的相关公式。现构造一个矩阵 $\boldsymbol{H}^{(k+1)}$ 来替代 $\boldsymbol{G}^{-1}$,使 $\boldsymbol{H}^{(k+1)}$ 也满足上述表达式,即:

$$\boldsymbol{H}^{(k+1)}(\boldsymbol{g}^{(k+1)}-\boldsymbol{g}^{(k)})=(\boldsymbol{x}^{(k+1)}-\boldsymbol{x}^{(k)}) \tag{4-16}$$

式(4-16)称为拟牛顿条件。近似矩阵 $\boldsymbol{H}^{(k+1)}$ 的迭代格式为:

$$\boldsymbol{H}^{(k+1)}=\boldsymbol{H}^{(k)}+\Delta\boldsymbol{H}^{(k)}$$

由于 $\boldsymbol{H}^{(k)}$ 和 $\boldsymbol{H}^{(k+1)}$ 都是 $n\times n$ 阶对称矩阵,所以 $\Delta\boldsymbol{H}^{(k)}$ 也一定是 n 阶对称阵。

修正矩阵 $\Delta\boldsymbol{H}^{(k)}$ 通常有两种格式:

$$\Delta\boldsymbol{H}^{(k)}=c\boldsymbol{u}\boldsymbol{u}^{\mathrm{T}} \tag{4-17}$$

$$\Delta\boldsymbol{H}^{(k)}=c_1\boldsymbol{u}\boldsymbol{u}^{\mathrm{T}}+c_2\boldsymbol{v}\boldsymbol{v}^{\mathrm{T}} \tag{4-18}$$

式(4-17)称为秩 1 修正,式(4-18)由两个秩 1 矩阵组合而成,称为秩 2 修正。

将式(4-17)代入式(4-16),可得出秩 1 变尺度法,或称为 Broyden 变尺度法,对应的尺度矩阵迭代公式为

$$\boldsymbol{H}^{(k+1)}=\boldsymbol{H}^{(k)}+\frac{(\Delta\boldsymbol{x}^{(k)}-\boldsymbol{H}^{(k)}\Delta\boldsymbol{g}^{(k)})(\Delta\boldsymbol{x}^{(k)}-\boldsymbol{H}^{(k)}\Delta\boldsymbol{g}^{(k)})^{\mathrm{T}}}{(\Delta\boldsymbol{x}^{(k)}-\boldsymbol{H}^{(k)}\Delta\boldsymbol{g}^{(k)})^{\mathrm{T}}\Delta\boldsymbol{g}^{(k)}},(k=0,1,2,\cdots) \tag{4-19}$$

其中,$\Delta\boldsymbol{g}^{(k)}=(\boldsymbol{g}^{(k+1)}-\boldsymbol{g}^{(k)})=\nabla f(\boldsymbol{x}^{(k+1)})-\nabla f(\boldsymbol{x}^{(k)})$,$\Delta\boldsymbol{x}^{(k)}=\boldsymbol{x}^{(k+1)}-\boldsymbol{x}^{(k)}$。

将式(4-18)代入式(4-16),得

$$(c_1^{(k)}\boldsymbol{u}^{(k)}[\boldsymbol{u}^{(k)}]^{\mathrm{T}}-c_2^{(k)}\boldsymbol{\gamma}^{(k)}[v^{(k)}]^{\mathrm{T}})\Delta\boldsymbol{g}^{(k)}=\Delta\boldsymbol{x}^{(k)}-\boldsymbol{H}^{(k)}\Delta\boldsymbol{g}^{(k)}$$

展开上式,得

$$c_1^{(k)}\boldsymbol{u}^{(k)}[\boldsymbol{u}^{(k)}]^{\mathrm{T}}\Delta\boldsymbol{g}^{(k)}+c_2^{(k)}\boldsymbol{\gamma}^{(k)}[v^{(k)}]^{\mathrm{T}}\Delta\boldsymbol{g}^{(k)}=\Delta\boldsymbol{x}^{(k)}-\boldsymbol{H}^{(k)}\Delta\boldsymbol{g}^{(k)}$$

观察上式,令 $\boldsymbol{u}^{(k)}=\Delta\boldsymbol{x}^{(k)}$,$\boldsymbol{\gamma}^{(k)}=\boldsymbol{H}^{(k)}\Delta\boldsymbol{g}^{(k)}$,比较方程两边 $\Delta\boldsymbol{x}^{(k)}$ 和 $\boldsymbol{H}^{(k)}\Delta\boldsymbol{g}^{(k)}$ 的系数,得

$$c_1^{(k)}=\frac{1}{(\Delta\boldsymbol{x}^{(k)})^{\mathrm{T}}\Delta\boldsymbol{g}^{(k)}},c_2^{(k)}=-\frac{1}{(\Delta\boldsymbol{g}^{(k)})^{\mathrm{T}}\boldsymbol{H}^{(k)}\Delta\boldsymbol{g}^{(k)}}$$

由此得到修正矩阵为

$$\Delta\boldsymbol{H}^{(k)}=\frac{\Delta\boldsymbol{x}^{(k)}(\Delta\boldsymbol{x}^{(k)})^{\mathrm{T}}}{(\Delta\boldsymbol{x}^{(k)})^{\mathrm{T}}\Delta\boldsymbol{g}^{(k)}}-\frac{\boldsymbol{H}^{(k)}\Delta\boldsymbol{g}^{(k)}(\boldsymbol{H}^{(k)}\Delta\boldsymbol{g}^{(k)})^{\mathrm{T}}}{(\Delta\boldsymbol{g}^{(k)})^{\mathrm{T}}\boldsymbol{H}^{(k)}\Delta\boldsymbol{g}^{(k)}} \tag{4-20}$$

变尺度矩阵为

$$\boldsymbol{H}^{(k+1)}=\boldsymbol{H}^{(k)}+\frac{\Delta\boldsymbol{x}^{(k)}(\Delta\boldsymbol{x}^{(k)})^{\mathrm{T}}}{(\Delta\boldsymbol{x}^{(k)})^{\mathrm{T}}\Delta\boldsymbol{g}^{(k)}}-\frac{\boldsymbol{H}^{(k)}\Delta\boldsymbol{g}^{(k)}(\boldsymbol{H}^{(k)}\Delta\boldsymbol{g}^{(k)})^{\mathrm{T}}}{(\Delta\boldsymbol{g}^{(k)})^{\mathrm{T}}\boldsymbol{H}^{(k)}\Delta\boldsymbol{g}^{(k)}}(k=0,1,2,\cdots) \tag{4-21}$$

根据式(4-21)得出的迭代算法称为 DFP(Davidon - Fletcher-Powell)变尺度法。在变尺度系列算法中还有一种算法,称为 BFGS(Broydon-Fletcher-Goldfarb-Shanno)算法,其尺度矩阵迭代公式为

$$\boldsymbol{H}^{(k+1)}=\boldsymbol{H}^{(k)}+\frac{\Delta\boldsymbol{x}^{(k)}(\Delta\boldsymbol{x}^{(k)})^{\mathrm{T}}}{(\Delta\boldsymbol{x}^{(k)})^{\mathrm{T}}\Delta\boldsymbol{g}^{(k)}}\left(1+\frac{(\Delta\boldsymbol{g}^{(k)})^{\mathrm{T}}\boldsymbol{H}^{(k)}\Delta\boldsymbol{g}^{(k)}}{(\Delta\boldsymbol{x}^{(k)})^{\mathrm{T}}\Delta\boldsymbol{g}^{(k)}}\right)-\frac{\boldsymbol{H}^{(k)}\Delta\boldsymbol{g}^{(k)}(\Delta\boldsymbol{x}^{(k)})^{\mathrm{T}}}{(\Delta\boldsymbol{x}^{(k)})^{\mathrm{T}}\Delta\boldsymbol{g}^{(k)}}$$
$$-\frac{\Delta\boldsymbol{x}^{(k)}(\Delta\boldsymbol{g}^{(k)})^{\mathrm{T}}\boldsymbol{H}^{(k)}}{(\Delta\boldsymbol{x}^{(k)})^{\mathrm{T}}\Delta\boldsymbol{g}^{(k)}},\quad(k=0,1,2,\cdots) \tag{4-22}$$

变尺度法的一般步骤如下:

(1)选定初始迭代点 $\boldsymbol{x}^{(0)}$,收敛精度 ε,置最大迭代次数 $k\max$;

(2)置初始修正矩阵 $\boldsymbol{H}^{(0)}=\boldsymbol{I}$,计算$\nabla f(\boldsymbol{x}^{(0)})$,置 $k=0$;

(3)构造搜索方向:$\boldsymbol{d}^{(k)}=-\boldsymbol{H}^{(k)}\nabla f(\boldsymbol{x}^{(k)})$;

(4)根据$\min\limits_{\alpha} f(\boldsymbol{x}^{(k)}+\alpha\boldsymbol{d}^{(k)})$计算最佳步长;

(5)计算下一迭代点:$\boldsymbol{x}^{(k+1)}=\boldsymbol{x}^{(k)}+\alpha^{(k)}\boldsymbol{d}^{(k)}$;

(6)检验迭代是否已满足精度要求,若 $\|\nabla f(\boldsymbol{x}^{(k+1)})\|\leqslant\varepsilon$,则输出 $\boldsymbol{x}^*=\boldsymbol{x}^{(k+1)}$,停止迭代,否则,执行下一步;

(7)计算:

设计变量差值:$\Delta\boldsymbol{x}^{(k)}=\boldsymbol{x}^{(k+1)}-\boldsymbol{x}^{(k)}$;

梯度差值:$\Delta\boldsymbol{g}^{(k)}=(\boldsymbol{g}^{(k+1)}-\boldsymbol{g}^{(k)})=\nabla f(\boldsymbol{x}^{(k+1)})-\nabla f(\boldsymbol{x}^{(k)})$

尺度矩阵:$\boldsymbol{H}^{(k)}=\boldsymbol{H}^{(k-1)}+\Delta\boldsymbol{H}^{(k-1)}$;

(8)$k=k+1$,转第(3)步。

【例 4-7】 用 DFP 变尺度法求解目标函数

$$f(x)=x_1^2+4x_2^2+2x_1x_2+x_1-x_2$$

的极小点,初始点为 $\boldsymbol{x}^{(0)}=[0\quad 0]^{\mathrm{T}}$。

解:先将目标函数用矩阵表示

$$f(x)=\frac{1}{2}\boldsymbol{x}^{\mathrm{T}}\begin{bmatrix}2&2\\2&8\end{bmatrix}\boldsymbol{x}+[1\quad -1]\boldsymbol{x}$$

①为了按 DFP 法构造第一次搜索方向 $\boldsymbol{d}^{(0)}$,需计算初始点的梯度

对于二次函数
$$\boldsymbol{g}^{(k)}=\nabla f(\boldsymbol{x}^{(k)})=\begin{bmatrix}2&2\\2&8\end{bmatrix}\begin{bmatrix}x_1\\x_2\end{bmatrix}+\begin{bmatrix}1\\-1\end{bmatrix}$$

因此
$$\boldsymbol{g}^{(0)}=\nabla f(\boldsymbol{x}^{(0)})=\begin{bmatrix}1\\-1\end{bmatrix}$$

取初始变尺度矩阵为单位矩阵 $\boldsymbol{H}^{(0)}=\boldsymbol{I}=\begin{bmatrix}1&0\\0&1\end{bmatrix}$,则第一次的搜索方向为

$$\boldsymbol{d}^{(0)}=-\boldsymbol{H}^{(0)}\nabla f(\boldsymbol{x}^{(0)})=\begin{bmatrix}-1\\1\end{bmatrix}$$

因为f是二次函数,因此步长 $\alpha^{(0)}$为

$$\alpha^{(0)}=\min_{\alpha\geqslant 0} f(x^{(0)}+\alpha^{(0)}d^{(0)})=-\frac{(\boldsymbol{g}^{(0)})^{\mathrm{T}}\boldsymbol{d}^{(0)}}{(d^{(0)})^{\mathrm{T}}\boldsymbol{G}\boldsymbol{d}^{(0)}}=-\frac{[1\quad -1]\begin{bmatrix}-1\\1\end{bmatrix}}{[-1\quad 1]\begin{bmatrix}2&2\\2&8\end{bmatrix}\begin{bmatrix}-1\\1\end{bmatrix}}=\frac{1}{3}$$

沿 $\boldsymbol{d}^{(0)}$方向进行一维搜索,得

$$\boldsymbol{x}^{(1)}=\boldsymbol{x}^{(0)}+\alpha^{(0)}\boldsymbol{d}^{(0)}=\boldsymbol{x}^{(0)}+\alpha^{(0)}\begin{bmatrix}-1\\1\end{bmatrix}=\begin{bmatrix}-1/3\\1/3\end{bmatrix}$$

②按 DFP 法构造在 $\boldsymbol{x}^{(1)}$点处的搜索方向 $\boldsymbol{d}^{(1)}$

$$\Delta\boldsymbol{x}^{(0)}=\boldsymbol{x}^{(1)}-\boldsymbol{x}^{(0)}=\begin{bmatrix}-1/3\\1/3\end{bmatrix}$$

计算 $\boldsymbol{x}^{(1)}$ 的梯度 $\boldsymbol{g}^{(1)}=\nabla f(\boldsymbol{x}^{(1)})=\begin{bmatrix}2&2\\2&8\end{bmatrix}\boldsymbol{x}^{(1)}+\begin{bmatrix}1\\-1\end{bmatrix}=\begin{bmatrix}1\\1\end{bmatrix}$

$$\Delta\boldsymbol{g}^{(0)}=(\boldsymbol{g}^{(1)}-\boldsymbol{g}^{(0)})=\begin{bmatrix}1\\1\end{bmatrix}-\begin{bmatrix}1\\-1\end{bmatrix}=\begin{bmatrix}0\\2\end{bmatrix}$$

$$\boldsymbol{H}^{(1)}=\boldsymbol{H}^{(0)}+\Delta\boldsymbol{H}^{(0)}=\boldsymbol{H}^{(0)}+\frac{\Delta\boldsymbol{x}^{(0)}(\Delta\boldsymbol{x}^{(0)})^{\mathrm{T}}}{(\Delta\boldsymbol{x}^{(0)})^{\mathrm{T}}\Delta\boldsymbol{g}^{(0)}}-\frac{\boldsymbol{H}^{(0)}\Delta\boldsymbol{g}^{(0)}(\boldsymbol{H}^{(0)}\Delta\boldsymbol{g}^{(0)})^{\mathrm{T}}}{(\Delta\boldsymbol{g}^{(0)})^{\mathrm{T}}\boldsymbol{H}^{(0)}\Delta\mathrm{g}^{(0)}}$$

$$=\begin{bmatrix}1&0\\0&1\end{bmatrix}+\frac{\begin{bmatrix}-1/3\\1/3\end{bmatrix}[-1/3\quad 1/3]}{[-1/3\quad 1/3]\begin{bmatrix}0\\2\end{bmatrix}}-\frac{\begin{bmatrix}1&0\\0&1\end{bmatrix}\begin{bmatrix}0\\2\end{bmatrix}[0\quad 2]\begin{bmatrix}1&0\\0&1\end{bmatrix}}{[0\quad 2]\begin{bmatrix}1&0\\0&1\end{bmatrix}\begin{bmatrix}0\\2\end{bmatrix}}$$

$$=\begin{bmatrix}1&0\\0&1\end{bmatrix}+\frac{1}{6}\begin{bmatrix}1&-1\\-1&1\end{bmatrix}-\frac{1}{4}\begin{bmatrix}0&0\\0&4\end{bmatrix}$$

$$=\begin{bmatrix}7/6&-1/6\\-1/6&1/6\end{bmatrix}$$

则第二次搜索方向为

$$\boldsymbol{d}^{(1)}=-\boldsymbol{H}^{(1)}\boldsymbol{g}^{(1)}=-\begin{bmatrix}7/6&-1/6\\-1/6&1/6\end{bmatrix}\begin{bmatrix}1\\1\end{bmatrix}=-\begin{bmatrix}1\\0\end{bmatrix}$$

$$\alpha^{(1)}=\min_{\alpha\geqslant 0}f(x^{(1)}+\alpha^{(1)}d^{(1)})=-\frac{(\boldsymbol{g}^{(1)})^{\mathrm{T}}\boldsymbol{d}^{(1)}}{(d^{(1)})^{\mathrm{T}}\boldsymbol{G}\boldsymbol{d}^{(1)}}=-\frac{[1\quad 1]\begin{bmatrix}-1\\0\end{bmatrix}}{[-1\quad 0]\begin{bmatrix}2&2\\2&8\end{bmatrix}\begin{bmatrix}-1\\0\end{bmatrix}}=\frac{1}{2}$$

$$\boldsymbol{x}^{(2)}=\boldsymbol{x}^{(1)}+\alpha^{(1)}\boldsymbol{d}^{(1)}=\begin{bmatrix}-1/3\\1/3\end{bmatrix}+(1/2)\begin{bmatrix}-1\\0\end{bmatrix}=\begin{bmatrix}-5/6\\1/3\end{bmatrix}$$

因为 f 是二次函数，经两次搜索即得所求极值点，极小值 $f_{\min}=7/12$。

试验证 $d^{(0)}$ 与 $d^{(1)}$ 是否关于矩阵 G 共轭。

4.4.3 变尺度法的 Matlab 程序

1. DFP 算法程序框图(如图 4-3 所示)

2. 变尺度法的 Matlab 程序

```
function [x1,fx1]=opt_conju_cs(f,x0,th,TolX,TolFun,MaxIter)
%opt_conju_cs to minimize f(x)by using DFP method.
% x0=the initial guess of the solution
% TolX=the upper limit of |x(k)-x(k-1)|
% MaxIter=the maximum # of iteration
%output:x=the point which the algorithm has reached
% fx1=f(x(last))
N=length(x0);
H0=eye(N);
g0=fun_dff1(f,x0);%numerical drv
d0=-g0*H0;
```

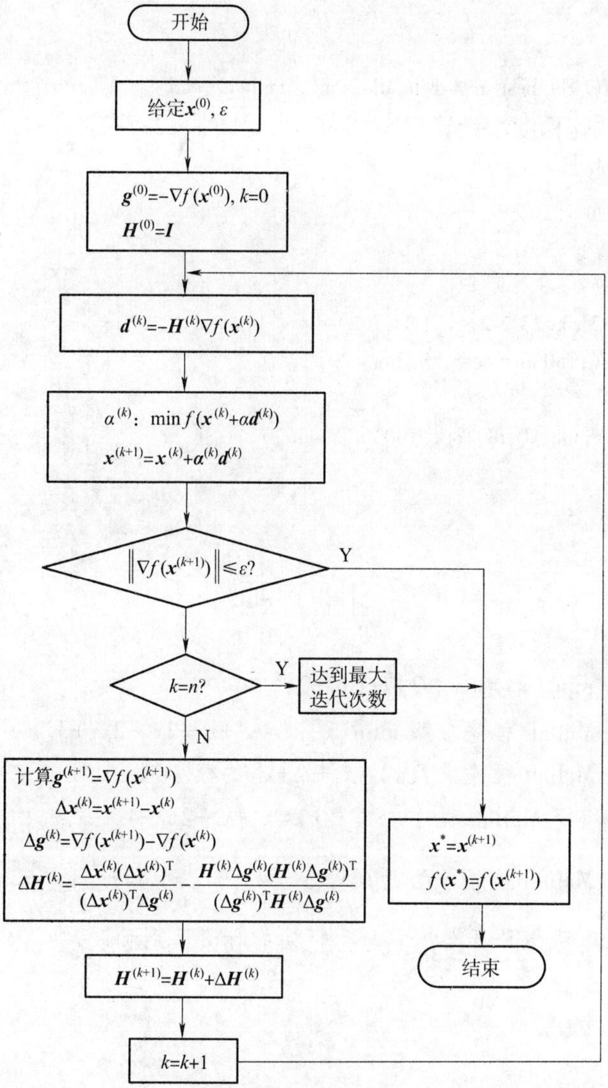

图 4-3　DFP 算法程序框图

```
for k = 1:MaxIter
alpha = opt_step_quad(f,x0,d0,th);
x1 = x0+alpha * d0;
fx = feval(f,x0);
fx1 = feval(f,x1);
if norm(fx1-fx)<TolFun |norm(x1-x0)< TolX,return;end
g1 = fun_dff1(f,x1);
yk = g1-g0;
sk = x1-x0;
H1 = H0+sk' * sk/(sk * sk')-H0 * yk' * yk * H0/(yk * H0 * yk');
d1 = -H1 * g1';
d0 = d1';
```

```
x0=x1;
end
if k==MaxIter,fprintf('The best in %d iterations\n',MaxIter),end
```

【例 4-8】 应用共轭梯度法计算程序,求 $f(x_1,x_2)=x_1^2+2x_2^2-2x_1x_2-4x_1+x_2$ 的极小点。

解:编写用户程序:

```
%opt_conju_cs_test1.m
clc;
clear all;
fun=inline('x(1)^2+2*x(2)^2-2*x(1)*x(2)-4*x(1)+x(2)','x');
x0=[0,0],TolX=1e-6;TolFun=1e-6;MaxIter=20;
th=0.5;
[xo,fo]=opt_conju_cs(fun,x0,th,TolX,TolFun,MaxIter)
```

计算结果为:

xo=[3.5 1.5],fo=-6.25。

习　题

1. 用牛顿法求解 $\min f(x)=(x_1-2)^4+(x_1-2x_2)^2$。
2. 用牛顿法编写 Matlab 程序求解 $\min f(x,y)=x^2+x^4+2y^2-2xy+3$。
3. 用最速下降法 Matlab 程序求 $f(x)=x_1^2+x_2^2+x_3^2$ 的极小值。
4. 用共轭梯度法编写 Matlab 程序求解 $f(x)=x_1^2+x_2^2+2x_1-4x_2-x_1x_2$ 的极小值。
5. 试用变尺度法 Matlab 程序求函数 $f(x_1,x_2)=\frac{3}{2}x_1^{\ 2}-x_1x_2+\frac{1}{2}x_2^{\ 2}-2x_1$ 的极小值。
6. 变尺度法的基本思想是什么?它与牛顿法有什么区别和联系?

第 5 章　无约束优化问题的直接解法

第 4 章介绍的无约束优化问题求解方法，利用目标函数的一阶导数或二阶导数构造搜索方向，直接解法则寻求其他途径构造搜索方向。对于目标函数形式复杂，导数难以求出或不存在的情况，就可用直接解法来求解。本章介绍的坐标轮换法、单形替换法、鲍威尔法及第 6 章介绍的随机方向法、复合形法、可行方向法就是这一类方法。

5.1　坐标轮换法

5.1.1　坐标轮换法的基本原理

坐标轮换法的基本原理是将一个多维的无约束最优化问题转化为一系列一维的最优化问题来求解，如图 5-1 所示。简单地说，就是顺次沿着事先选定的 n 个线性无关的方向进行搜索，线性无关的搜索方向通常选为沿各坐标轴的单位向量。先将 $n-1$ 个变量固定不动，只对第一个变量进行一维搜索得到最优点 $\boldsymbol{x}_1^{(1)}$，然后，又保持 $n-1$ 个变量不变，再对第二个变量进行一维搜索得到 $\boldsymbol{x}_2^{(1)}$，依此类推。

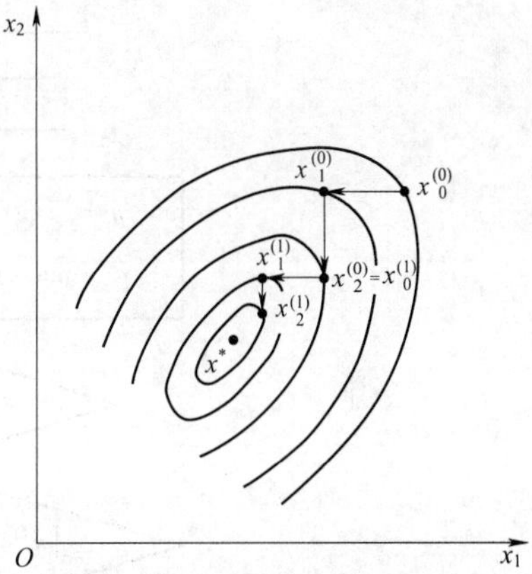

图 5-1　坐标轮换法的搜索过程

坐标轮换法的具体步骤为：

（1）任选初始点 $\boldsymbol{x}_0^{(0)}$，搜索方向 $\boldsymbol{d}=[\boldsymbol{e}_1,\boldsymbol{e}_2,\cdots,\boldsymbol{e}_n]$，$\boldsymbol{e}_j$ 为单位向量，$j=1,2,\cdots,n$。

（2）以 $\boldsymbol{x}_0^{(0)}$ 为初始点，沿 $\boldsymbol{e}_1$ 方向做正向试探性移动，步长取 $\alpha_1^{(0)}$，得 $\boldsymbol{x}_1^{(0)}=\boldsymbol{x}_0^{(0)}+\alpha_1^{(0)}\boldsymbol{e}_1$。

（3）上一次的终点作为下一次迭代的起点，以 $\boldsymbol{x}_1^{(0)}$ 为起点，沿 $\boldsymbol{e}_2$ 方向进行一维搜索得 $\boldsymbol{x}_2^{(0)}=\boldsymbol{x}_1^{(0)}+\alpha_2^{(0)}\boldsymbol{e}_2$。依此类推，进行完一轮一维搜索后，得 $\boldsymbol{x}_n^{(0)}$。

（4）上一轮迭代的终点作为下一轮的起点 $\boldsymbol{x}_0^{(1)}$，作为第二轮的初始点，重复步骤（2）和（3），得第二轮搜索的终点 $\boldsymbol{x}_n^{(1)}$，相继进行第三、第四轮等的搜索。

（5）如果从某轮的起始点出发，依次沿各个坐标轴的正负方向试探均失败，则缩短初始试探步长，返回第（2）步；当初始步长缩得足够小，满足 $\|\boldsymbol{x}_n^{(k)}-\boldsymbol{x}_0^{(k)}\|\leqslant\varepsilon$ 时，迭代终止。

5.1.2　搜索方向与步长的确定

1. 搜索方向的确定

第 k 轮沿第 i 个坐标方向的最优点按式（5-1）计算：

$$\boldsymbol{x}_i^{(k)}=\boldsymbol{x}_{i-1}^{(k)}+a_i^{(k)}\boldsymbol{d}_i^{(k)} \tag{5-1}$$

式中：$\boldsymbol{d}_i^{(k)}$ 代表第 k 轮第 i 次的迭代方向，它轮流取 n 维坐标的单位向量，$\boldsymbol{d}_i^{(k)}=\boldsymbol{e}_i^{(k)}$。

2. 搜索步长的确定

步长 $\alpha_i^{(k)}$ 值的确定通常有以下两种取法：

(1)加速步长法。

(2)最优步长法。最优步长法就是利用一维最优搜索方法来完成每一次迭代，即

$$\min_{\alpha} f(\boldsymbol{x}_{i-1}^{(k)}+a_i^{(k)}\boldsymbol{d}_i^{(k)}) \tag{5-2}$$

式(5-2)可通过调用第 3 章给出的一维搜索程序进行求解。

5.1.3 坐标轮换法的 Matlab 计算程序

按坐标轮换法计算步骤可画出图 5-2 所示的程序框图，并编写相应的 Matlab 计算程序。

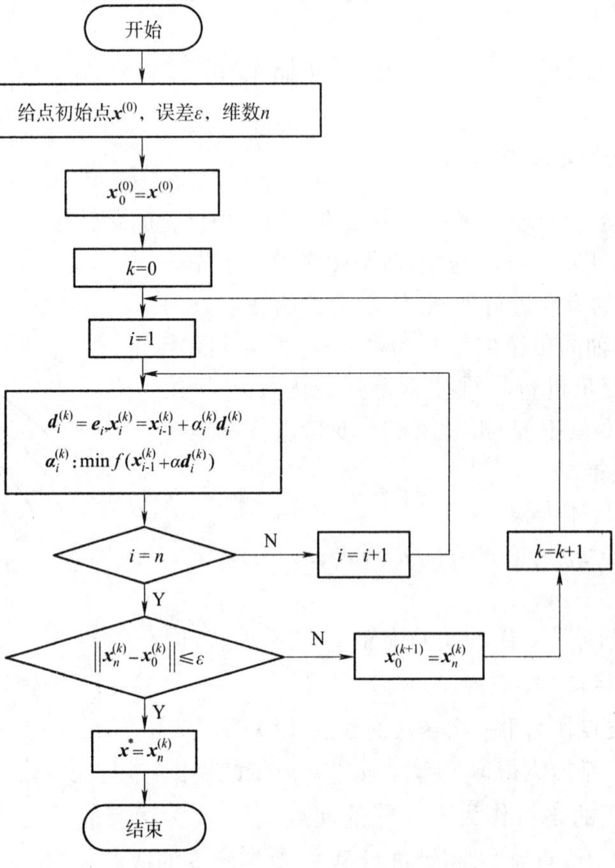

图 5-2 坐标轮换法程序框图

坐标轮换法的 Matlab 程序由三部分组成。第一部分为坐标轮换法计算函数 coordinat(xk0,th,epsx,epsf,maxiter)，函数引用变量说明见程序注释。最优步长采用二次插值法计算，函数名为 opt_step_quad(xk0,dir0,th,TolX,TolFun,maxiter)，该函数调用区间搜索函数 opt_range_serach(xk0,dir0,th)得出二次差值需要的三个坐标点，区间搜索函数采用进退法。第二部分为用户应用程序；第三部分为定义目标函数，调用方式为 fn=ffx(x)。

下面是坐标轮换法的 Matlab 计算程序：

```
function [xn fn]=coordinate(xk0,th,epsx,epsf,maxiter)
```

```
% coordinate. m
% xk0：变量初值
% th：二次插值搜索步长
% epsx,epsf：设计变量及函数误差限
% maxiter：最大迭代次数
n=length(xk0);
xk00=xk0;
f00=ffx(xk0);
fn=1000;
xn=100 * eye(1,n);
dir=eye(n,n);
while norm(xn-xk00)>epsx&abs(fn-f00)>epsf
xk1=xk0;
xk00=xk0;
f00=ffx(xk00);
for k=1:n
dirk=dir(:,k);
[tt,ff]=opt_step_quad(xk1',dirk,th,epsx,epsf,maxiter);
xk1=xk1+tt * dirk';
end
xk0=xk1;
xn=xk1;
fn=ffx(xn);
aa=norm(dir);
if(aa<1e-30)
aa=1e-30;
end
end
```

最优步长计算函数：

```
function [xo,fo]=opt_step_quad(xk0,dir0,th,TolX,TolFun,maxiter)
[t012,fo]=opt_range_serach(xk0,dir0,th);
……
End
```

区间搜索函数：

```
function [xo,fo]=opt_range_serach(xk0,dir0,th)
% xk0：initial points
% th：marching step
t1=0;t2=th;
xk1=xk0;xk2=xk1+t2 * dir0;
x0=xk1;
f1=ffx(x0);
……
end
```

坐标轮换法用到两个自编函数 opt_range_serach( ) 和 opt_step_quad( ),其计算方法与第 3 章一维搜索中介绍的程序相同,只是目标函数定义及调用方式不同。第 3 章介绍的程序应用 inline 方法定义目标函数,这里用函数过程定义目标函数。因此只列出部分程序,详细程序参阅第 3 章的对应程序。

【例 5-1】 应用坐标轮换法 Matlab 计算程序计算函数

$$f(\boldsymbol{x})=100\ (x_1^2+x_2-5)^2+(x_1-x_2)^2$$

的极小值。

解:用户程序为:

```
function opt_coordinate_test1
%[xn fn]=opt_powell(x0,th,epsx,epsf,maxiter)
%opt_powell £°Powell Optimization Method
%xk0:initial values of variable;
%th:quadratic interpolation search step
%epsx,epsf:tolerance limit
%maxiter:maximum iteration number
clc;clear all
epsx=1e-8;
epsf=1e-8;
maxiter=5;
x0=[0 0];
th=0.001;
[xn1 fn1]=opt_coordinate(x0,th,epsx,epsf,maxiter)
end
```

目标函数:

```
function fn=ffx(x)
fn=100*(x(1)^2+x(2)-5)^2+(x(1)-x(2))^2;
end
```

计算结果为:

xn=[1.7914,1.7909],fn=2.6015e-007。

【例 5-2】 应用 Matlab 优化函数 fminunc 和 fminsearch 求解函数

$$f(\boldsymbol{x})=100\ (x^2+x_2-5)^2+(x_1-x_2)^2$$

的极小值。

解:计算程序:

```
%matlab_fminunc.m
f=inline('100*(x(1)^2+x(2)-5)^2+(x(1)-x(2))^2','x');
x0=[0 0];
[xn,fn]=fminunc(f,x0)
[xn,fn]=fminsearch(f,x0)
```

计算结果为:

fminunc 函数:xn=[1.7914　　1.7909],fn=2.6015e-007。

fminsearch 函数:xn=[1.7913　　1.7912],fn=3.4746e-009。

计算时取函数自定计算精度。

5.2　单形替换法

单形替换法也称单纯形法，它与 G. B. Dantzig 提出的求解线性规划问题的单纯形法是两种不同的方法，但所指的单纯形的概念是相同的，都是指由 n 维空间 $n+1$ 个顶点构成的多面体。求解无约束优化问题的单纯形法有几种不同的形式，但基本都是由反射，延伸，收缩、缩边(或压缩)等几步构成。这里为了与线性规划的单纯形法区别，称其为单形替换法。另外在求解非线性约束优化问题的算法中进一步发展了单形替换法，形成复合形法，具体内容在第 6 章介绍。

5.2.1　单形替换法一

这里介绍的单行替换法，其单纯形由三个点构成，该方法由 Nelder 和 Mead 于 1965 年提出，因此也称 Nelder-Mead 法。现以二元函数 $f(x_1,x_2)$ 为例，了解该方法的原理(如图 5-3 所示)。

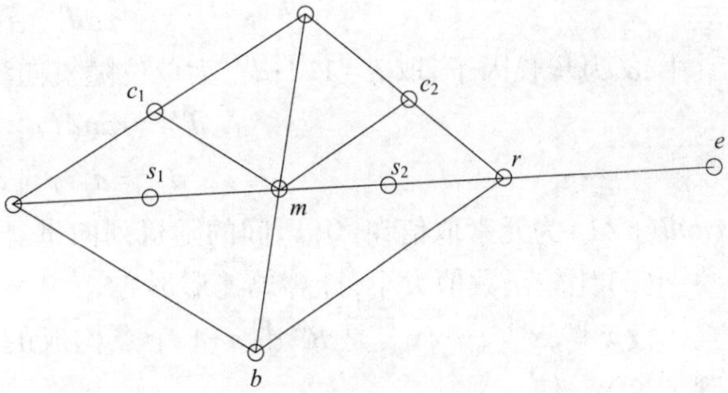

图 5-3　单形替换法

假定三个初始点 $\boldsymbol{a},\boldsymbol{b},\boldsymbol{c}$，其中有 $f(\boldsymbol{a})<f(\boldsymbol{b})<f(\boldsymbol{c})$，如果这三个点所对应的函数值充分的接近，则取 $\boldsymbol{a}$ 为最小值点并且终止程序；否则最小值点可能出现在形心点 $\boldsymbol{m}$ 和最坏点 $\boldsymbol{c}$ 的连线上，进行反射计算，取

$$\boldsymbol{e}=\boldsymbol{m}+2(\boldsymbol{m}-\boldsymbol{c}) \tag{5-3}$$

其中 $\boldsymbol{m}$ 是 $\boldsymbol{ab}$ 连线的形心

$$\boldsymbol{m}=(\boldsymbol{a}+\boldsymbol{b})/2 \tag{5-4}$$

如果 $f(\boldsymbol{e})<f(\boldsymbol{b})$，说明反射点 $\boldsymbol{e}$ 比次差点 $\boldsymbol{b}$ 好，则用 $\boldsymbol{e}$ 替代 $\boldsymbol{c}$，由点 $\boldsymbol{a},\boldsymbol{b},\boldsymbol{e}$ 形成新的单纯形，否则进行延伸计算，取

$$\boldsymbol{r}=(\boldsymbol{m}+\boldsymbol{e})/2=2\boldsymbol{m}-\boldsymbol{c} \tag{5-5}$$

如果 $f(\boldsymbol{r})<f(\boldsymbol{c})$，说明点 $\boldsymbol{r}$ 比最差点 $\boldsymbol{c}$ 好，则用 $\boldsymbol{r}$ 替代 $\boldsymbol{c}$。

如果 $f(\boldsymbol{r})\geqslant f(\boldsymbol{b})$，则进行收缩计算，取

$$\boldsymbol{s}=(\boldsymbol{c}+\boldsymbol{m})/2 \tag{5-6}$$

若 $f(\boldsymbol{s})<f(\boldsymbol{c})$，则用点 $\boldsymbol{s}$ 替代点 $\boldsymbol{c}$ 成为新的点；否则进行缩边长计算，这时应以点 $\boldsymbol{a}$ 为中心进行缩边，由 $\boldsymbol{m}$ 和 $\boldsymbol{c}_1=(\boldsymbol{a}+\boldsymbol{c})/2$ 替代点 $\boldsymbol{b}$ 和 $\boldsymbol{c}$ 得到新的单纯形 $\boldsymbol{amc}_1$，在此基础上进行寻优，重新进行反射、收缩、缩边等计算。

初始单纯形按下面的方法构造：

由初始点 $\boldsymbol{x}^{(0)}$ 开始分别沿坐标轴单位矢量方向生成 n 个顶点 $\boldsymbol{x}^{(i)}=\boldsymbol{x}^{(0)}+\alpha\boldsymbol{e}^{(i)}$，$i=1,2,\cdots,n$。计算 $n+1$ 个顶点(含 $\boldsymbol{x}^{(0)}$)的函数值 $\boldsymbol{f}(\boldsymbol{x}^{(i)})$，找出最大值、最小值及对应的坐标点，同时求出形心点。初始单纯形就有最小值点，形心点由最大值点构成。

5.2.2　单形替换法二

方法二以完整的单纯形为基础进行计算。首先建立初始单纯形，比较函数 $n+1$ 个顶点的

函数值,丢掉最坏点,并按一定的规则寻找一个新点。此新点与前面保留的 n 个点又组成一个新的单纯形。如此进行下去,逐次逼近极小点。

单形替换法二步骤如下:

(1)建立初始单纯形

确定一个可行点 $\boldsymbol{x}^{(0)}$ 作为初始复合形的第一个顶点。在 $[lb_i ub_i]$ 区间给定一点 $\boldsymbol{x}^{(0)}=[x_1^{(0)},x_2^{(0)},\cdots,x_n^{(0)}]$ 或调用 $[0,1]$ 区间内服从均匀分布的随机数 r_i 在 $[lb_i ub_i]$ 区间产生第一个随机点 $\boldsymbol{x}^{(0)}$ 的分量

$$x_i^{(0)}=lb_i+r_i(ub_i-lb_i),i=1,2,\cdots,n \tag{5-7}$$

以初始点 $\boldsymbol{x}^{(0)}$ 为基础,再产生其他 n 个顶点,共计 $n+1$ 个顶点构成初始单纯形。

$$\boldsymbol{x}^{(i)}=\boldsymbol{x}^{(0)}+\alpha\boldsymbol{d}^{(i)},i=1,2,\cdots,n \tag{5-8}$$

其中,α 为步长因子,取 $\alpha=1.3$;$\boldsymbol{d}^{(i)}$ 为单位随机向量,根据计算式(5-9)进行计算

$$\begin{aligned}&\boldsymbol{d}^{(i)}=\boldsymbol{rand}(n\times1)\times2-1\\&\boldsymbol{d}^{(i)}=\boldsymbol{d}^{(i)}/\|\boldsymbol{d}^{(i)}\|_2\end{aligned} \tag{5-9}$$

$\boldsymbol{rand}(n\times1)$ 为元素取值在 $[0,1]$ 间的随机列向量。

(2)比较函数值大小,计算单纯形形心

设 $\boldsymbol{x}^{(0)},\boldsymbol{x}^{(1)},\cdots,\boldsymbol{x}^{(n)}$ 是 R^n 中 $n+1$ 个点构成的一个当前的单纯形。比较各点的函数值得到 $\boldsymbol{x}_{\max},\boldsymbol{x}_{\min}$ 使

$$f(\boldsymbol{x}_{\max})=\max\{f(\boldsymbol{x}^{(0)}),f(\boldsymbol{x}^{(1)}),\cdots,f(\boldsymbol{x}^{(n)})\}$$
$$f(\boldsymbol{x}_{\min})=\min\{f(\boldsymbol{x}^{(0)}),f(\boldsymbol{x}^{(1)}),\cdots,f(\boldsymbol{x}^{(n)})\}$$

取单纯形中除去 $\boldsymbol{x}_{\max}$ 点外,其他各点的形心

$$\boldsymbol{x}_c=\frac{1}{n}\left(\sum_{i=0}^{n}\boldsymbol{x}^{(i)}-\boldsymbol{x}_{\max}\right) \tag{5-10}$$

(3)反射计算

$$\boldsymbol{x}_r=\boldsymbol{x}_c+\rho(\boldsymbol{x}_c-\boldsymbol{x}_{\max}) \tag{5-11}$$

其中,ρ 为给定的反射系数,常取 $\rho=1$ 或 1.3。

(4)迭代终止的判别

若满足条件

$$\left(\frac{1}{n+1}\sum_{i=0}^{n}[f(\boldsymbol{x}^{(i)})-f(\boldsymbol{x}_c)]^2\right)^{1/2}\leqslant\varepsilon_1 \tag{5-12}$$

或

$$\left|\frac{f_{\max}-f_{\min}}{f_{\min}}\right|\leqslant\varepsilon_2 \tag{5-13}$$

则迭代终止,$\boldsymbol{x}^*=\boldsymbol{x}_{\min}$ 为所求最优点;否则,转第(5)步。

(5)延伸计算

若 $f(\boldsymbol{x}_r)<f_{\max}$,则延伸到新点

$$\boldsymbol{x}_e=\boldsymbol{x}_r+\gamma(\boldsymbol{x}_r-\boldsymbol{x}_c) \tag{5-14}$$

其中,γ 为给定的延伸系数,常取 $\gamma=1\sim2$;

若 $f(\boldsymbol{x}_e)<f(\boldsymbol{x}_r)$,则以 $\boldsymbol{x}_e$ 替换 $\boldsymbol{x}_{\max}$ 转第(2)步,否则以 $\boldsymbol{x}_r$ 替换 $\boldsymbol{x}_{\max}$ 转第(2)步;

若 $f(\boldsymbol{x}_r)\geqslant f_{\max}$,则转第(6)步。

(6) 如果 $f(\boldsymbol{x}_r)>f_{\max}$ 则转第(7)步，进行收缩计算；否则以 $\boldsymbol{x}_r$ 替换 $\boldsymbol{x}_{\max}$ 转第(2)步。

(7) 收缩计算

若 $f(\boldsymbol{x}_r)>f_{\max}$ 则收缩到新点，计算公式为

$$\boldsymbol{x}_s=\boldsymbol{x}_{\max}+\beta(\boldsymbol{x}_c-\boldsymbol{x}_{\max}) \tag{5-15}$$

其中，β 为给定的收缩系数，常取 $\beta=0.5\sim0.7$；

若 $f(\boldsymbol{x}_s)<f_{\max}$，则以 $\boldsymbol{x}_s$ 替换 $\boldsymbol{x}_{\max}$ 转第(2)步；否则转入第(8)步进行缩边长的计算。

(8) 缩边长计算

$$\boldsymbol{x}^{(i)}=\boldsymbol{x}_{\min}+0.5(\boldsymbol{x}^{(i)}-\boldsymbol{x}_{\min}),i=0,1,2,\cdots,n \tag{5-16}$$

(9) 返回第(2)步。

【例 5-3】 求函数 $f(\boldsymbol{x})=2x_1^2+x_2^2+x_1x_2+x_1-x_2$ 的极小值。初始单纯形为

$$\boldsymbol{x}^{(1)}=\begin{bmatrix}1.0\\1.0\end{bmatrix},\boldsymbol{x}^{(2)}=\begin{bmatrix}2.0\\1.0\end{bmatrix},\boldsymbol{x}^{(3)}=\begin{bmatrix}1.0\\2.0\end{bmatrix}。$$

取 $\rho=1.0,\beta=0.5,\gamma=2.0,\varepsilon_1=0.2$。

解：①函数在各顶点的函数值为

$$f_1=f(\boldsymbol{x}^{(1)})=2\cdot1+1+1+1-1=4$$
$$f_2=f(\boldsymbol{x}^{(2)})=2\cdot4+1+2+2-1=12$$
$$f_3=f(\boldsymbol{x}^{(3)})=2\cdot1+4.0+2+1-2=7$$

因此

$$\boldsymbol{x}_{\max}=\boldsymbol{x}^{(2)}=\begin{bmatrix}2.0\\1.0\end{bmatrix},f(\boldsymbol{x}_{\max})=12$$

$$\boldsymbol{x}_{\min}=\boldsymbol{x}^{(1)}=\begin{bmatrix}1.0\\1.0\end{bmatrix},f(\boldsymbol{x}_{\min})=4.0$$

②计算形心

$$\boldsymbol{x}_c=\frac{1}{2}(\boldsymbol{x}^{(1)}+\boldsymbol{x}^{(3)})=\frac{1}{2}\begin{bmatrix}1.0+1.0\\1.0+2.0\end{bmatrix}=\begin{bmatrix}1.0\\1.5\end{bmatrix}$$

$$f(x_c)=5.25$$

③反射计算

$$\boldsymbol{x}_r=2\boldsymbol{x}_c-\boldsymbol{x}_{\max}=\begin{bmatrix}2.0\\3.0\end{bmatrix}-\begin{bmatrix}2.0\\1.0\end{bmatrix}=\begin{bmatrix}0.0\\2.0\end{bmatrix}$$

$$f(\boldsymbol{x}_r)=2\cdot0+4+0+0-2=2.0$$

由于 $f(\boldsymbol{x}_r)<f(\boldsymbol{x}_{\max})$，则继续进行延伸计算。

④延伸计算

$$\boldsymbol{x}_e=2\boldsymbol{x}_r-\boldsymbol{x}_c=\begin{bmatrix}0.0\\4.0\end{bmatrix}-\begin{bmatrix}1.0\\1.5\end{bmatrix}=\begin{bmatrix}-1.0\\2.5\end{bmatrix}$$

$$f(\boldsymbol{x}_e)=2\cdot1+6.25-2.5-1-2.5=2.25$$

由于 $f(\boldsymbol{x}_e)>f(\boldsymbol{x}_r)$，但 $f(\boldsymbol{x}_r)<f(\boldsymbol{x}_{\max})$，则用 $\boldsymbol{x}_r$ 替换 $\boldsymbol{x}_{\max}$ 形成新的单纯形

$$\boldsymbol{x}^{(1)}=\begin{bmatrix}1.0\\1.0\end{bmatrix},\boldsymbol{x}^{(2)}=\begin{bmatrix}0.0\\2.0\end{bmatrix},\text{and}\quad\boldsymbol{x}^{(3)}=\begin{bmatrix}1.0\\2.0\end{bmatrix}。$$

⑤检验收敛条件

$$Q=\left[\frac{(4.0-5.25)^2+(2.0-5.25)^2+(7.0-5.25)^2}{3}\right]^{1/2}=2.25$$

由于 $Q>\varepsilon_1$，所以继续迭代转第①步。

该问题的解为：xo = [-0.4285 0.7143]，fo = -0.5714。

5.2.3 单形替换法的 Matlab 程序

按单行替换法计算步骤可画出图 5-4 所示的程序框图，并编写相应的 Matlab 计算程序。

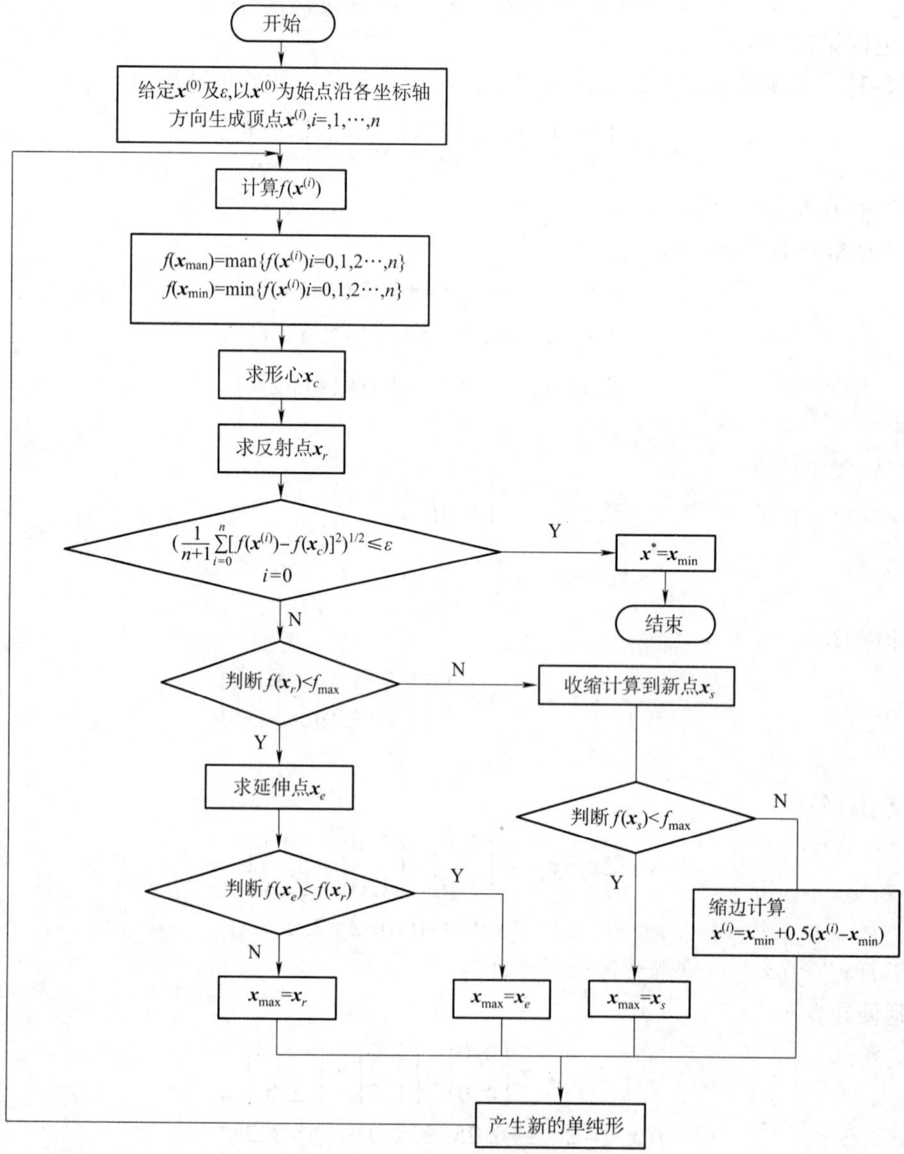

图 5-4　单形替换法程序框图

单形替换法 Matlab 程序如下。

(1)方法一程序

```
function [xo,fo]=opt_simplex1(x0,TolX,TolFun,MaxIter)
N=length(x0);
k=MaxIter;
alpha=1;
if N==1
[xo,fo]=opt_step_quad(x0,TolX,TolFun);return
end
ss=eye(N);
for i=1:N
x1(i,:)=x0+alpha*ss(i,:);%每一点按行向量表示
fx(i)=ffx(x1(i,:));
end
x1(N+1,:)=x0;
fx(N+1)=ffx(x1(N+1,:));
[f,index]=sort(fx);
fmax=f(N+1);
xmax=x1(index(N+1),:);
fmin=f(1);
xmin=x1(index(1),:);
xc=zeros(size(x0));
for i=1:N
xc=xc+x1(index(i),:);%计算形心
end
xc=xc./N;
fc=ffx(xc);
abc=[xmin;xc;xmax];
fabc=[fmin;fc;fmax];
for i=1:N
while k>1
k
[fabc,index]=sort(fabc)
a=abc(index(1),:);b=abc(index(2),:);c=abc(index(3),:);
fa=fabc(1);fb=fabc(2);fc=fabc(3);fba=fb-fa;fcb=fc-fb;
if k<=0 | abs(fba)+abs(fcb)<TolFun | norm(b-a)+norm(c-b)<TolX
xo=a;fo=fa;k=-1;
if k==0,fprintf('达到最大迭代次数');end
else
m=(a+b)/2;e=m+2*(m-c);fe=ffx(e);
if fe<fb,c=e;fc=fe;
else
r=(m+e)/2;fr=ffx(r);
if fr<fc,c=r;fc=fr;end
if fr>=fb
```

```
s=(c+m)/2;fs=ffx(s);
if fs < fc,c=s;fc=fs;
else b=m;c=(a+c)/2;fb=ffx(b);fc=ffx(c);
end
end
end
abc=[a;b;c];fabc=[fa fb fc];
k=k-1;
end
end
if N < 3,break;end
end
xo=a;fo=fa;
```

（2）方法二程序

```
function [xo,fo]=opt_simplex2(x0,TolX,TolFun,MaxIter)
N=length(x0);
k=MaxIter;
if N==1
[xo,fo]=opt_step_quad(x0,TolX,TolFun);return
end
alpha=1;rou=1.1;gama=1.2;beta=0.6;
ss=eye(N);
for i=1:N
x1(i,:)=x0+alpha*ss(i,:);%每一点按行向量表示
fx(i)=ffx(x1(i,:));
end
x1(N+1,:)=x0;
fx(N+1)=ffx(x1(N+1,:));
while k>0
fprintf('==================================================')
k,x1,fx
[f,index]=sort(fx);
fmax=f(N+1);
xmax=x1(index(N+1),:);
fmin=f(1);
xmin=x1(index(1),:);
xc=zeros(size(x0));
for i=1:N
xc=xc+x1(index(i),:);%计算形心
end
xc=xc./N;
fc=ffx(xc);
xr=xc+rou*(xc-xmax);
```

```
fr=ffx(xr);
xmax,fmax
xmin,fmin
xc,fc
xr,fr
xerror=norm(xmax-xmin)
ferror=(fmax-fmin)
if xerror<=TolX||ferror<=TolFun,xo=xmin;fo=fmin;return;end %判断是否收敛
if fr<fmax;
xe=xr+gama*(xr-xc);%延伸
fe=ffx(xe);
if fe<fr
x1(index(N+1),:)=xe;%用延伸点替换最差点
fx(index(N+1))=ffx(xe);
else
x1(index(N+1),:)=xr;%用反射点替换最差点
fx(index(N+1))=ffx(xr);
end
else
xs=xmax+beta*(xc-xmax);%压缩
fs=ffx(xs);
if fs<fmax
x1(index(N+1),:)=xs;%用压缩点替换最差点
fx(index(N+1))=ffx(xs);
else
for i=1:N+1
x1(i,:)=xmin+beta*(x1(i,:)-xmin);%缩边
fx(i)=ffx(x1(i,:));
end
end
end
k=k-1;
end
xo=xmin;
fo=ffx(xo);
```

【例5-4】　用单形替换法计算程序计算函数

$$f(\boldsymbol{x})=x_1-x_2+2x_1^2+x_2^2+2x_1x_2$$

的极小值。

解:用户程序:

```
%opt_simplex_test1
clc;
```

```
clear all;
x0=[0,0],TolX=1e-7;TolFun=1e-7;MaxIter=50;
[xo,fo]=opt_simplex1(x0,TolX,TolFun,MaxIter)
[xo,fo]=opt_simplex2(x0,TolX,TolFun,MaxIter)
```

目标函数:

```
function fn=ffx(x)
%fn=10*(x(1)+x(2)-5)^2+(x(1)-x(2))^2;
%fn=100*(x(1)^2+x(2)-5)^2+(x(1)-x(2))^2;
fn=x(1)-x(2)+2*x(1)^2+2*x(1)*x(2)+x(2)^2;
end
```

计算结果为:

xo=[-0.4284 0.7142],fo=-0.5714。

5.3 鲍威尔法

鲍威尔法是根据共轭方向可以加速收敛的性质而构造的一种搜索算法,该方法直接利用函数值来形成共轭方向。对于维数较低问题收敛速度较快,可靠性好,对于变量个数不超过20的问题有很好的计算效果。

5.3.1 共轭方向的产生及在求极值中的作用

对于具有正定矩阵 $\boldsymbol{G}$ 的二次函数

$$f(\boldsymbol{x})=\frac{1}{2}\boldsymbol{x}^{\mathrm{T}}\boldsymbol{G}\boldsymbol{x}+\boldsymbol{b}^{\mathrm{T}}\boldsymbol{x}+c$$

其目标函数的等值线在极值点附近是一簇同心椭圆,如图5-5所示。从图中可以看出,若 $\boldsymbol{x}^{(1)}$ 和 $\boldsymbol{x}^{(2)}$ 是沿同一搜索方向 $\boldsymbol{d}^{(j)}$ 上的两个极小点,显然只要沿 $\boldsymbol{x}^{(1)}$ 与 $\boldsymbol{x}^{(2)}$ 的连线方向 $\boldsymbol{d}$ 进行一维搜索就可以得到目标函数的极小点。下面来说明 $\boldsymbol{d}$、$\boldsymbol{d}^{(j)}$ 与矩阵 $\boldsymbol{G}$ 的关系。

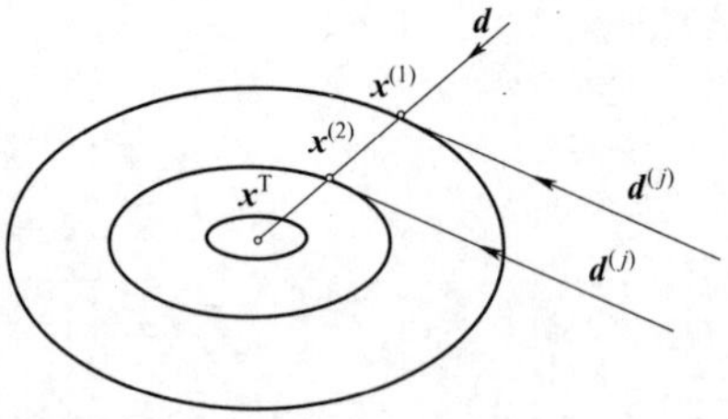

图 5-5 同心椭圆簇的搜索特点

对于极小点 $\boldsymbol{x}^{(1)}$ 与 $\boldsymbol{x}^{(2)}$ 处的梯度可以表示为

$$\nabla f(\boldsymbol{x}^{(1)})=\boldsymbol{G}\boldsymbol{x}^{(1)}+\boldsymbol{b};\nabla f(\boldsymbol{x}^{(2)})=\boldsymbol{G}\boldsymbol{x}^{(2)}+\boldsymbol{b}$$

两向量的差为:

$$\nabla f(\boldsymbol{x}^{(2)})-\nabla f(\boldsymbol{x}^{(1)})=\boldsymbol{G}(\boldsymbol{x}^{(2)}-\boldsymbol{x}^{(1)}) \tag{5-17}$$

由于有

$$[\boldsymbol{d}^{(j)}]^{\mathrm{T}}\nabla f(\boldsymbol{x}^{(2)})=0;[\boldsymbol{d}^{(j)}]^{\mathrm{T}}\nabla f(\boldsymbol{x}^{(1)})=0$$

则有

$$[\boldsymbol{d}^{(j)}]^{\mathrm{T}}(\nabla f(\boldsymbol{x}^{(2)})-\nabla f(\boldsymbol{x}^{(1)}))=[\boldsymbol{d}^{(j)}]^{\mathrm{T}}\boldsymbol{G}(\boldsymbol{x}^{(2)}-\boldsymbol{x}^{(1)})=0$$

令 $\boldsymbol{d}=\boldsymbol{x}^{(2)}-\boldsymbol{x}^{(1)}$，即得

$$[\boldsymbol{d}^{(j)}]^{\mathrm{T}}\boldsymbol{G}\boldsymbol{d}=0 \tag{5-18}$$

这说明搜索方向 $\boldsymbol{d}$ 与方向 $\boldsymbol{d}^{(j)}$ 对 $\boldsymbol{G}$ 共轭。也就是对于具有正定矩阵 $\boldsymbol{G}$ 的二次函数，只要沿着两个相互共轭的方向 $\boldsymbol{d}$ 和 $\boldsymbol{d}^{(j)}$ 进行两次一维搜索就可以得到目标函数的极小点 $\boldsymbol{x}^*$。

5.3.2　鲍威尔方法的基本算法

对二元二次函数，选择两个不同的搜索起始点和平行的搜索方向是实现鲍威尔方法的关键。作为线搜索方法，搜索从初始点 $\boldsymbol{x}_0^{(0)}$ 开始向函数极小点推进。如何从一点出发找到两个起始点，并沿平行的方向进行搜索找到对应的两个极值点，用极值点的连线产生使函数值下降的共轭方向是鲍威尔方法要解决的主要问题。现以图 5-6 所示的二元函数为例对鲍威尔方法的思路进行说明。

1）任选初始点 $\boldsymbol{x}_0^{(0)}$。

2）从 $\boldsymbol{x}_0^{(0)}$ 出发，用坐标轮换法顺次沿 $\boldsymbol{e}_1=[1\quad 0]^{\mathrm{T}}$、$\boldsymbol{e}_2=[0\quad 1]^{\mathrm{T}}$ 作一维搜索，得到各自方向上的一维极小点 $\boldsymbol{x}_1^{(0)}$ 和 $\boldsymbol{x}_2^{(0)}$，连接初始点 $\boldsymbol{x}_0^{(0)}$ 和 $\boldsymbol{x}_2^{(0)}$ 构成一个新的搜索方向 $\boldsymbol{d}^{(1)}=\boldsymbol{x}_2^{(0)}-\boldsymbol{x}_0^{(0)}$，沿此方向作一维搜索，得到 $\boldsymbol{d}^{(1)}$ 方向上的一维极小点 $\boldsymbol{x}_0^{(1)}$。

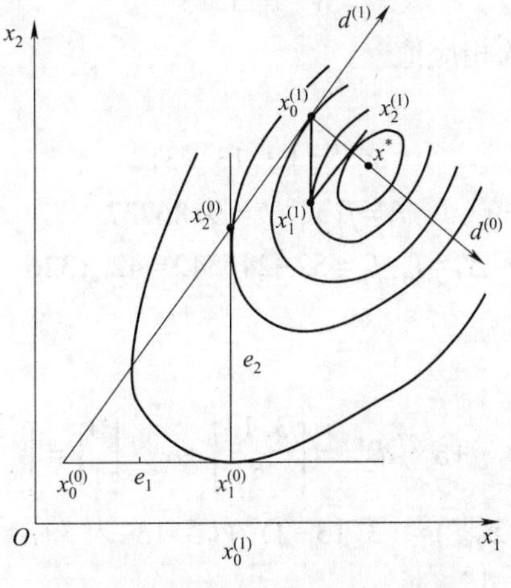

图 5-6　二维情况下的鲍威尔方法

3）从 $\boldsymbol{x}_0^{(1)}$ 出发，分别沿 $\boldsymbol{e}_2$，$\boldsymbol{d}^{(1)}$ 进行一维搜索，得到各自方向上的一维极小点 $\boldsymbol{x}_1^{(1)}$，$\boldsymbol{x}_2^{(1)}$。由前面的内容可知，$\boldsymbol{x}_0^{(1)}$ 和 $\boldsymbol{x}_2^{(1)}$ 的连线 $\boldsymbol{d}^{(2)}=\boldsymbol{x}_2^{(1)}-\boldsymbol{x}_0^{(1)}$ 是与方向 $\boldsymbol{d}^{(1)}=\boldsymbol{x}_2^{(0)}-\boldsymbol{x}_0^{(0)}$ 对 $\boldsymbol{G}$ 共轭的方向。再由点 $\boldsymbol{x}_2^{(1)}$ 沿 $\boldsymbol{d}^{(2)}$ 做一维搜索得极值点 $\boldsymbol{x}_0^{(2)}$，点 $\boldsymbol{x}_0^{(2)}$ 既是二次函数的极小点 $\boldsymbol{x}^*$。

5.3.3　鲍威尔方法的一般步骤

对于求 n 维目标函数 $f(\boldsymbol{x})$ 极小点的情况，鲍威尔方法的主要步骤是：任选一初始点 $\boldsymbol{x}_0^{(0)}$，沿 $\boldsymbol{n}$ 个线性无关的初始方向组（例如：取坐标方向 $\boldsymbol{e}_i$，$i=1,2,\cdots,n$）的方向顺次进行一维最优化搜索，以初始点 $\boldsymbol{x}_0^{(0)}$ 和终点 $\boldsymbol{x}_n^{(0)}$ 连线作为新产生的共轭方向 $\boldsymbol{d}_{n+1}^{(0)}$，并以 $\boldsymbol{d}_{n+1}^{(0)}$ 方向作为下一轮

迭代方向组中的最后一个方向，去掉原 n 个方向组中的第一个，则构成了一组新的搜索方向。这样进行 n 次迭代后，原方向组会被一组新的方向组所替代，并且产生的新方向组原则上是共轭的，但以这样的步骤进行搜索有可能导致搜索的失败，因为迭代中的 n 个搜索方向有时会变成线性相关，而不能形成共轭方向。这就扩张不成 n 维空间，可能得不到极小点。

例如：对于 n 维函数，初始方向组取为 $\boldsymbol{e}_1,\boldsymbol{e}_2,\cdots,\boldsymbol{e}_n$，则在第一次迭代过程后新产生的共轭方向 $\boldsymbol{d}^{(1)}$ 可以表示为 $\boldsymbol{d}^{(1)}=\alpha_1\boldsymbol{e}_1+\alpha_2\boldsymbol{e}_2+\cdots+\alpha_n\boldsymbol{e}_n$，若 $\alpha_1=0$，则有 $\boldsymbol{d}^{(1)}=\alpha_2\boldsymbol{e}_2+\alpha_3\boldsymbol{e}_3+\cdots+\alpha_n\boldsymbol{e}_n$，也就是 $\boldsymbol{d}^{(1)}$ 与 $\boldsymbol{e}_2,\boldsymbol{e}_3,\cdots,\boldsymbol{e}_n$ 是线性相关的。

【例 5-5】 用鲍威尔法求函数 $f(\boldsymbol{x})=(x_1-2)^4+(x_1-2x_2)^2$ 的极小值。

解：1. 第一次迭代，$k=0$，选初始点 $\boldsymbol{x}_0^{(0)}=[0\quad 3]^{\mathrm{T}}$，其对应的函数值为 $f_0=f(\boldsymbol{x}_0^{(k)})=52$。构造一组搜索方向 $\boldsymbol{d}_1^{(0)}=\boldsymbol{e}_1=[1\quad 0]$，$\boldsymbol{d}_2^{(0)}=\boldsymbol{e}_2=[0\quad 1]$

(1) 沿 $\boldsymbol{d}_1^{(0)}$ 方向进行搜索

首先确定最佳步长

$$\boldsymbol{x}_1^{(0)}=\boldsymbol{x}_0^{(0)}+\alpha^{(1)}\boldsymbol{d}_1^{(0)}=\begin{bmatrix}0\\3\end{bmatrix}+\alpha^{(1)}\begin{bmatrix}1\\0\end{bmatrix}=\begin{bmatrix}\alpha^{(1)}\\3\end{bmatrix}$$

$$f(\boldsymbol{x}_1^{(0)})=(\alpha^{(1)}-2)^4+(\alpha^{(1)}-2\times3)^2$$

$$\frac{\mathrm{d}f}{\mathrm{d}\alpha}=4\ (\alpha-2)^3+2(\alpha-6)=0$$

最佳步长为 $\alpha^{(1)}=3.13$

然后计算第一次迭代后的相应值

迭代点

$$\boldsymbol{x}_1^{(0)}=[3.13\quad 3]^{\mathrm{T}}$$

函数值 $f_1=f(\boldsymbol{x}_1^{(0)})=9.86737$

函数差值 $\Delta_1=f_0-f_1=52-24.542=42.1326$

(2) 沿 $\boldsymbol{d}_2^{(0)}$ 方向搜索

确定最佳步长

$$\boldsymbol{x}_2^{(0)}=\boldsymbol{x}_1^{(0)}+\alpha^{(2)}\boldsymbol{d}_2^{(0)}=\begin{bmatrix}3.13\\3\end{bmatrix}+\alpha^{(2)}\begin{bmatrix}0\\1\end{bmatrix}=\begin{bmatrix}3.13\\3+\alpha^{(2)}\end{bmatrix}$$

$$f_2=f(\boldsymbol{x}_2^{(0)})=(3.13-2)^4+(3.13-2(3+\alpha^{(2)}))^2$$

$$\frac{\mathrm{d}f}{\mathrm{d}\alpha}=2(3.13-2(3+\alpha))\times(-2)=0;$$

解得最佳步长 $\alpha^{(2)}=-1.435$

然后计算第一轮搜索后的相应值

第一轮搜索终点 $\boldsymbol{x}_2^{(0)}=\begin{bmatrix}3.13\\1.565\end{bmatrix}$

终点函数值 $f_2=f(\boldsymbol{x}_2^{(0)})=1.63047$

函数差值 $\Delta_2=f_1-f_2=9.86737-1.63047=8.2369$

最大函数差值 $\Delta_m^{(1)}=\Delta_1=42.1326$

反射点 $\boldsymbol{x}_3^{(0)}=2\boldsymbol{x}_2^{(0)}-\boldsymbol{x}_0^{(0)}=\begin{bmatrix}2\times3.13-0\\2\times1.565-3\end{bmatrix}=\begin{bmatrix}6.26\\0.13\end{bmatrix}$

反射点函数值　$f_3=f(\boldsymbol{x}_3^{(0)})=365.335386$

(3)判定新方向替换条件

$$f_3<f_0,(f_0-2f_2+f_3)(f_0-f_2-\Delta_m^{(1)})^2<0.5\Delta_m^{(1)}(f_0-f_3)^2$$

因为 $f_3>f_0$,不满足上述条件;又因 $f_2<f_3$,所以以 $\boldsymbol{x}_2^{(0)}$ 为始点,用原来的方向进行搜索。

2. 第二轮搜索,$k=1$

初始点及函数值分别为

$$\boldsymbol{x}_0^{(1)}=\boldsymbol{x}_2^{(0)}=[3.13\quad 1.565]^{\mathrm{T}};f_0=f(\boldsymbol{x}_0^{(1)})=1.63047$$

(1)沿 $\boldsymbol{d}_1^{(1)}$ 方向 $\begin{bmatrix}1\\0\end{bmatrix}$ 搜索

首先确定最佳步长

$$\boldsymbol{x}_1^{(1)}=\boldsymbol{x}_1^{(0)}+\alpha^{(3)}\begin{bmatrix}1\\0\end{bmatrix}=\begin{bmatrix}\alpha^{(3)}+3.13\\1.565\end{bmatrix}$$

$$f(\boldsymbol{x}_1^{(1)})=(\alpha^{(3)}+3.13-2)^4+(\alpha^{(3)}+3.13-2\times1.565)^2$$

最佳步长　$\dfrac{\mathrm{d}f}{\mathrm{d}\alpha}=0,\alpha^{(3)}=-0.50003$

极值点　$\boldsymbol{x}_1^{(1)}=\begin{bmatrix}2.62997\\1.565\end{bmatrix}$

函数值　$f(\boldsymbol{x}_1^{(1)})=0.40753$

函数差值　$\Delta_1=f_0-f_1=1.63047-0.40753=1.22294$

(2)沿 $\boldsymbol{d}_2^{(1)}$ 方向 $\begin{bmatrix}0\\1\end{bmatrix}$ 搜索

确定极值点

$$f(\boldsymbol{x}_2^{(1)})=(2.62997-2)^4+(2.62997-2x_2)^2=0$$

$$\frac{\mathrm{d}f}{\mathrm{d}x_2}=0,x_2=1.31497$$

终点坐标　$\boldsymbol{x}_2^{(1)}=\begin{bmatrix}2.62997\\1.31497\end{bmatrix}$

终点函数值　$f_2=f(\boldsymbol{x}_2^{(1)})=0.157499$

函数差值　$\Delta_2=f_1-f_2=0.40753-0.157499=0.25003$

最大函数差值　$\Delta_m^{(2)}=\Delta_1=1.22294$

反射点　$\boldsymbol{x}_3^{(1)}=2\boldsymbol{x}_2^{(1)}-\boldsymbol{x}_0^{(1)}=2\begin{bmatrix}2.62997\\1.31497\end{bmatrix}-\begin{bmatrix}3.13\\1.565\end{bmatrix}=\begin{bmatrix}2.12994\\1.06494\end{bmatrix}$

反射点函数值　$f_3=f(\boldsymbol{x}_3^{(1)})=0.0002859$

(3)判定方向替换条件

满足 $f_3<f_0$ 和 $(f_1-2f_2+f_3)(f_1-f_2-\Delta_m^{(2)})^2<0.5\Delta_m^{(2)}(f_0-f_3)^2$;因 $\Delta_m^{(2)}=\Delta_1$,所以去掉 $\boldsymbol{d}_1^{(1)}$,将 $\boldsymbol{d}_2^{(1)}$ 前移,变为 $\boldsymbol{d}_1^{(1)}$

新方向为

$$\boldsymbol{d}_3^{(1)}=\boldsymbol{x}_2^{(1)}-\boldsymbol{x}_0^{(1)}=\begin{bmatrix}2.62997\\1.31497\end{bmatrix}-\begin{bmatrix}3.13\\1.565\end{bmatrix}=\begin{bmatrix}-0.50003\\-0.25001\end{bmatrix}$$

新搜索向量组

$$d=[e_2\ d_1^{(3)}]=\begin{bmatrix}0 & -0.50003\\1 & -0.25001\end{bmatrix}$$

下一轮迭代初试点确定

$$x_0^{(2)}=x_2^{(1)}+\alpha^{(4)}d_3^{(1)}=\begin{bmatrix}2.62997\\1.31497\end{bmatrix}+\alpha^{(4)}\begin{bmatrix}-0.50003\\-0.25001\end{bmatrix}$$

$$f(x_0^{(2)})=(2.62997-0.50003\alpha^{(4)}-2)^4+$$

$$(2.62997-0.50003\alpha^{(4)}-2(1.31497-0.25001\alpha^{(4)}))^2$$

$$\frac{\mathrm{d}f}{\mathrm{d}\alpha}=0,\alpha^{(4)}=1.25972$$

则下一轮迭代始点为

$$x_0^{(2)}=\begin{bmatrix}2\\1.00005\end{bmatrix}$$

函数值 $f_0=f(x_0^{(2)})=1\times10^{-8}$

经过两轮迭代函数以接近极小值。

下面用解析解法求解函数 $f(x)=(x_1-2)^4+(x_1-2x_2)^2$ 的极小值。

解：

$$\frac{\partial f}{\partial x_1}=4(x_1-2)^3+2(x_1-2x_2)=0$$

$$\frac{\partial f}{\partial x_2}=2(x_1-2x_2)(-2)=0$$

得 $x^*=[2\quad 1]^{\mathrm{T}},f(x^*)=0$

5.4 鲍威尔方法的 Matlab 程序及实例

根据鲍威尔方法程序框图编制的 Matlab 程序如下。程序包括：第一部分为应用程序部分，用户自行编制；第二部分为目标函数部分，调用方式为：fn = ffx(x)；第三部分为鲍威尔算法程序，调用方式为：[xn fn] = opt_powell(x0, th, epsx, epsf, maxiter)。函数 opt_powell()引用变量含义见程序注释，该函数通过调用二次插值函数 opt_step_quad()来计算最佳步长。对于给定的点 $x^{(k+1)}=x^{(k)}+\alpha^{(k)}d^{(k)}$，二次插值函数 opt_step_quad()又通过调用区间搜索函数 opt_range_serach()来确定一维搜索区间。

应用鲍威尔方法求解无约束优化问题 Matlab 程序清单。

```
function [xn fn]=opt_powell(xk0,th,epsx,epsf,maxiter)
%Powell Optimization Method
%xk0:initial values of viarable;
%th:quadratic interpolation search step
%epsx,epsf:tolerance limit
%maxiter:maximum iteration number
n=length(xk0);
xk00=xk0;
f00=ffx(xk0);
```

```
fn=1000;
xkn=[100 100];
dir=eye(n,n);
while norm(xkn-xk00)&abs(fn-f00)>epsx
dfmax=-inf;
F0=ffx(xk0)
f0=F0;
xk1=xk0;
xk00=xk0;
f00=ffx(xk00);
for k=1:n
dirk=dir(:,k);
[tt,ff]=opt_step_quad(xk1',dirk,th,epsx,epsf,maxiter);
f1=ff;
df=f0-f1;
if(df>dfmax)
dfmax=df;
kmax=k;
end
f0=f1;
xk1=xk1+tt*dirk';
end
F2=ffx(xk1)
fn=F2;
xkn=xk1;
xk3=2*xkn-xk0;
F3=ffx(xk3)
xn=xk1
aa=norm(dir);
if(aa<1e-30)
aa=1e-30;
end
if(F3<F0)&((F0-2*F2+F3)*(F0-F2-dfmax)^2<0.5*dfmax*(F0-F3)^2)
for k=kmax:n-1
dir(:,k)=dir(:,k+1);
end
dir(:,n)=xkn-xk0;
dirk=dir(:,n);
[tt,ff]=opt_step_quad(xk1',dirk,th,epsx,epsf,maxiter);
xk0=xk1+tt*dirk';
elseif(F3<F2)
xk0=xk3;
else
```

```
xk0=xkn;
end
end
end
```

【例 5-6】 用鲍威尔法的 Matlab 程序计算 $f(\boldsymbol{x})=10(x_1+x_2-5)^2+(x_1-x_2)^2$ 的极小值。

解:编写用户程序:

```
%opt_powell_test1.m
clc;clear all
epsx=1e-7;
epsf=1e-7;
maxiter=5;
x0=[0 0];
th=0.01;
[xn fn]=opt_powell(x0,th,epsx,epsf,maxiter)
end
```

编写目标函数:

```
function fn=ffx(x)
fn=10*(x(1)+x(2)-5)^2+(x(1)-x(2))^2;
end
```

计算结果为:

xn=[2.5000 2.5000],fn=7.8886e-031。

习 题

1. 用坐标轮换法求解 $f(\boldsymbol{x})=(x_1+x_2-5)^2+(x_1-x_2)^2$ 的极小点。取初始点为 $\boldsymbol{x}^{(0)}=[0,0]^{\mathrm{T}}$,精度要求 0.05。

2. 用单形替换法求解 $\min f(\boldsymbol{x})=(x_1-5)^2+(x_2-6)^2$,初始顶点为 $\boldsymbol{x}_1^{(0)}=[8,9]^{\mathrm{T}}$,$\boldsymbol{x}_2^{(0)}=[10,11]^{\mathrm{T}}$,$\boldsymbol{x}_3^{(0)}=[8,11]^{\mathrm{T}}$ 精度要求 0.05。

3. 应用鲍威尔方法求解 $f(\boldsymbol{x})=x_1^2+2x_2^2-4x_1-2x_1x_2$ 的极小点,初始点 $\boldsymbol{x}^{(0)}=[1,1]^{\mathrm{T}}$,精度要求 0.02。

4. 分析比较坐标轮换法,单行替换法及鲍威尔方法的特点。

第 6 章　约束优化问题的直接解法

约束优化问题的直接解法包括随机方向法、复合形法、可行方向法和约束坐标轮换法等。这类方法简单易行、对函数没有特殊要求，主要用于求解仅含有不等式约束条件的最优化问题，但对于多维优化问题计算量较大。

6.1　随机方向法

6.1.1　随机方向法的基本原理

随机方向法（也称瞎子下山法）的基本思路是由一个初始点出发，在可行域内利用随机产生的可行方向进行搜索。采用随机方向法求解形如

$$\begin{aligned}&\min f(\boldsymbol{x}),\boldsymbol{x}\in\boldsymbol{R}^n\\&\text{s. t. }\ g_u(\boldsymbol{x})\leqslant 0,u=1,2,\cdots,L\end{aligned}\tag{6-1}$$

的问题，其迭代格式仍然可表示为

$$\boldsymbol{x}^{(k+1)}=\boldsymbol{x}^{(k)}+\alpha^{(k)}\boldsymbol{d}^{(k)}$$

式中 $\boldsymbol{d}^{(k)}$ 为第 k 次迭代的随机搜索方向。

随机方向法一般用于求解小型约束最优化问题。它的基本思路是首先选取一个满足约束条件的初始点 $\boldsymbol{x}^{(0)}$，给定初始步长因子 α 并利用随机数的概率特性产生随机方向 $\boldsymbol{d}$，用其进行试验性的探索。当产生的新点 $\boldsymbol{x}$ 满足约束条件 $g_u(\boldsymbol{x})\leqslant 0(u=1,2,\cdots,L)$ 时，并且新的函数值满足目标函数的下降性，即 $f(\boldsymbol{x})<f(\boldsymbol{x}^{(0)})$ 时，用新点 $\boldsymbol{x}$ 替代 $\boldsymbol{x}^{(0)}$ 作为初始迭代点，重复上面的过程；否则减小步长因子直到新点满足上述条件。经过若干次迭代计算后，最终会取得约束最优解。显然，随机方向法的关键是如何确定搜索方向 $\boldsymbol{d}$、步长因子 α 和初始点 $\boldsymbol{x}^{(0)}$。

6.1.2　随机方向法的步骤

（1）产生可行初始点 $\boldsymbol{x}^{(0)}$

设 n 维设计变量 $\boldsymbol{x}$ 取值的上下界为 $\boldsymbol{lu}$ 和 $\boldsymbol{lb}$，则：

$$\boldsymbol{x}^{(0)}=\boldsymbol{lb}+\boldsymbol{rand}(n\times 1)\cdot(\boldsymbol{lu}-\boldsymbol{lb})\tag{6-2}$$

式中，$\boldsymbol{lb}$、$\boldsymbol{lu}$ 及随机函数 $\boldsymbol{rand}(n\times 1)$ 均为 $n\times 1$ 的列向量，$\boldsymbol{rand}(n\times 1)$ 为元素取值在[0,1]间的伪随机列向量，向量乘积 $\boldsymbol{rand}(n\times 1)\cdot(\boldsymbol{lu}-\boldsymbol{lb})$ 表示两向量对应元素相乘。变量 $\boldsymbol{x}$ 取值的上下界 $\boldsymbol{lb}$ 和 $\boldsymbol{lu}$ 可以不与约束条件对应。

（2）检验 $\boldsymbol{x}^{(0)}$ 是否满足约束条件

$$g_u(\boldsymbol{x})\leqslant 0(u=1,2,\cdots,L)$$

若满足约束条件则执行第（3）步，否则转第（1）步。

（3）产生随机搜索方向，并归一化

$$d = rand(n \times 1) \times 2 - 1$$

$$d = d / \| d \|_2 \tag{6-3}$$

(4)产生新的迭代点 $\boldsymbol{x}$

$$\boldsymbol{x} = \boldsymbol{x}^{(0)} + \alpha \boldsymbol{d}(\text{一般初始 } \alpha = 1.3)$$

(5)判断新的迭代点是否可行,即判断 $g_u(\boldsymbol{x}) \leqslant 0(u=1,2,\cdots,L)$ 是否满足。若新的迭代点满足约束条件,则执行第(6)步,否则减小步长因子 $\alpha = 0.7\alpha$ 转第(3)步。

(6)判断新迭代点处函数值是否减小,即判断 $f(\boldsymbol{x}) < f(\boldsymbol{x}^{(0)})$ 是否成立。若成立执行第(7)步,否则,置 $\alpha = 0.7\alpha$ 或 $\alpha = -\alpha$ 转第(3)步。

(7)判断收敛条件是否满足,即判断 $\| \boldsymbol{x} - \boldsymbol{x}^{(0)} \| \leqslant \varepsilon_1$ 及 $|f(\boldsymbol{x}) - f(\boldsymbol{x}^{(0)})| \leqslant \varepsilon_2$ 是否成立(ε_1, ε_2 为给定的计算精度)。若条件满足,则输出结果,结束迭代。若条件不满足,置 $\boldsymbol{x}^{(0)} = \boldsymbol{x}$, $\alpha = 1.3$,转第(3)步。

6.1.3 随机方向法的 Matlab 程序

1. 随机方向法的程序框图如图 6.1 所示。
2. 计算程序

```
function [x1,fx1,gx]=opt_random2(f,g_cons,xl,xu,TolX,TolFun)
N=length(xl);
M=size(g_cons);
M=length(M(:,1));
gx=ones(M,1);
while max(gx)>=0
dir0=rand(N,1);
x0=xl+dir0.*xu;
gx=feval(g_cons,x0);
end
% ==========================================================
fx0=feval(f,x0);
xk=x0+1;
fxk=feval(f,xk);
xmin=x0;
alpha=1.3;
k1=0;
flag1=1;
while norm(xk-x0)>TolX|abs(fxk-fx0)>TolFun
k1=k1+1;
x0=xmin;
fx0=feval(f,x0);
dir0=rand(N,1)*2-1;
dir0=dir0/norm(dir0);
xk=x0+alpha*dir0;
gx=feval(g_cons,xk);
```

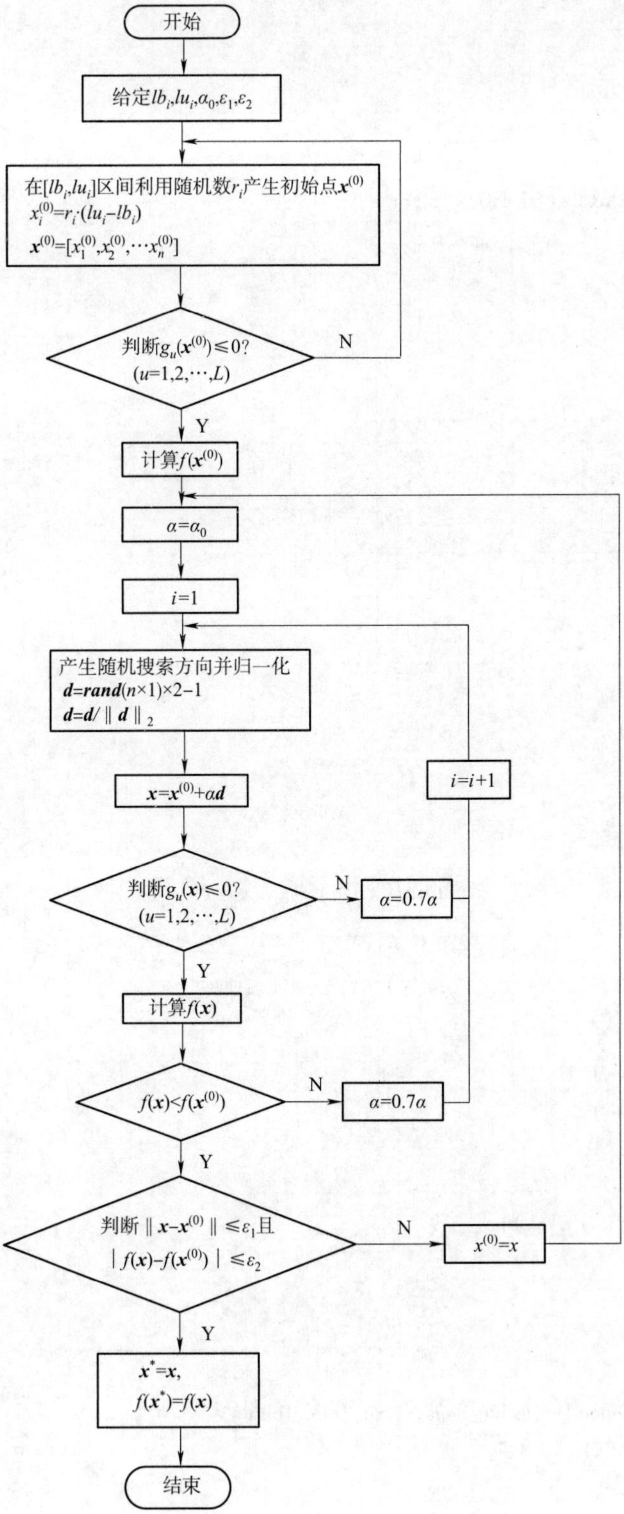

图 6-1　随机方向法程序框图

```
if max(gx)>0
alpha=alpha*0.7;
else
fxk=feval(f,xk);
if fxk<fx0
if norm(xk-x0)<TolX&abs(fxk-fx0)<TolFun
break
else
xmin=xk;
alpha=1.3;
end
x0,xk,fx0,fxk
else
alpha=-alpha;
end
end
end
x1=x0;
fx1=feval(f,x1);
gx=feval(g_cons,x1);
k1
end
```

【例 6-1】 求：

$$\min f(\boldsymbol{x})=x_1^2+x_2,\boldsymbol{x}\in \boldsymbol{R}^2$$

$$\text{s. t. } g_1(\boldsymbol{x})=x_1^2+x_2^2-9\leqslant 0$$

$$g_2(\boldsymbol{x})=x_1+x_2-1\leqslant 0$$

解：用户程序：

```
function opt_random1_test1
%opt_random1_test1.m
clc;
clear all;
f=inline('x(1)^2+x(2)','x');
xl=[-3-3]';
xu=[3 3]';
TolX=1e-8;
TolFun=1e-8;
[x1,fx1,g]=opt_random1(f,@fun_cons,xl,xu,TolX,TolFun)
function g=fun_cons(x)
g=[x(1)^2+x(2)^2-9
   x(1)+x(2)-1];
```

计算结果为：

x1=[-0.0170-3.0000],f=-2.9997,g=[-0.0000-4.0169]。

6.2 复合形法

1965 年 Box 将求解无约束优化问题的单形替换法(Sinplex Method,或 Nelder Mead Method)用到求解约束优化问题中,形成求解约束优化问题的复合形法(Complex Method)。复合形法也是先构造复合形,然后根据复合形顶点的特征进行反射、延伸、压缩等运算,最终找到满足条件的最优解。与求解无约束优化问题的单形替换法不同的是约束问题有一组约束方程,限定变量的取值范围,因此复合形法需检验顶点是否在可行区域内。复合形法求解约束优化问题的数学模型为:

$$\begin{aligned} &\min f(\boldsymbol{x}),\boldsymbol{x}\in\boldsymbol{R}^n \\ &\text{s.t. } g_u(\boldsymbol{x})\leqslant 0,u=1,2,\cdots,L \\ &lb_i\leqslant x_i\leqslant lu_i,i=1,2,\cdots,n \end{aligned} \tag{6-4}$$

通常变量上下限的约束并不与满足约束方程的约束相对应。

6.2.1 复合形法的步骤

复合形法的基本思路是在 n 维空间的可行域中选取 k 个设计点(通常取 $n+1\leqslant k\leqslant 2n$)作为初始复合形(多面体)的顶点。然后比较复合形中各顶点目标函数值的大小,其中目标函数值最大的点作为坏点,以坏点之外其余各点的形心为反射中心,寻找坏点的反射点,一般来说反射点的目标函数值总是小于坏点的,也就是说反射点优于坏点。这时,以反射点替换坏点与原复合形除坏点之外的其余各点重新构成 k 个顶点的新的复合形。如此反复迭代计算,在可行域中不断以目标函数值低的新点代替目标函数值最大的坏点从而构成新复合形,使复合形不断向最优点移动和收缩,直至收缩到复合形的各顶点与其形心非常接近、满足迭代精度要求时为止。最后输出复合形各顶点中目标函数值最小的顶点作为近似最优点。复合形法的计算步骤如下:

(1)产生初始可行点

初始复合形的全部 k 个顶点都必须在可行域内。对于维数较低、不很复杂的优化问题,可以人为地预先按实际情况决定 k 个可行设计点作为初始复合形的顶点;对于维数较高的优化问题则多采用随机方法产生初始复合形。

确定一个可行点 $\boldsymbol{x}^{(0)}$ 作为初始复合形的第一个顶点。在 $[\boldsymbol{lu}\ \boldsymbol{lb}]$ 区间给定一点 $\boldsymbol{x}^{(0)}=[x_1^{(0)},x_2^{(0)},\cdots,x_n^{(0)}]$ 或调用 $[0,1]$ 区间内服从均匀分布的随机数 r_i 在 $[lu_i lb_i]$ 区间产生第一个随机点 $\boldsymbol{x}^{(0)}$ 的分量

$$x_i^{(0)}=lb_i+r_i(ub_i-lb_i),i=1,2,\cdots,n$$

检验 $\boldsymbol{x}^{(0)}$ 是否可行。若非可行点,则调用随机数,重新产生随机点 $\boldsymbol{x}^{(0)}$,直到 $\boldsymbol{x}^{(0)}$ 为可行点。

(2)产生初始复合形

以初始点 $\boldsymbol{x}^{(0)}$ 为基础,再产生其它 $k-1$ 个顶点,共计 k 个顶点构成初始复合形,其计算式为

$$\boldsymbol{x}^{(i)}=\boldsymbol{x}^{(0)}+\alpha\boldsymbol{d}^{(i)},i=1,2,\cdots,k-1$$

其中，α 为步长因子，取 $\alpha=1.3$；$\boldsymbol{d}^{(i)}$ 为单位随机向量，与随机方向法相同，$\boldsymbol{d}^{(i)}$ 根据式(6-3)进行计算

$$\boldsymbol{d}^{(i)}=\boldsymbol{rand}(n\times1)\times2-1$$
$$\boldsymbol{d}^{(i)}=\boldsymbol{d}^{(i)}/\|\boldsymbol{d}^{(i)}\|_2$$

(3)判断 $\boldsymbol{x}^{(i)}$ 是否可行，即判断 $g_u(\boldsymbol{x})\leqslant0(u=1,2,\cdots,L)$ 是否满足。若满足约束条件，则执行第(4)步，否则减小步长因子 $\alpha=0.7\alpha$ 转第(2)步。

(4)比较函数值大小，计算复合形形心

设 $\boldsymbol{x}^{(0)},\boldsymbol{x}^{(1)},\cdots,\boldsymbol{x}^{(k-1)}$ 是构成 $\boldsymbol{R}^n$ 中的一个当前复合形的 k 个顶点，比较各点的函数值得到最差点 $\boldsymbol{x}_{\max1}$、次差点 $\boldsymbol{x}_{\max2}$ 及最好点 $\boldsymbol{x}_{\min}$。

即

$$f(\boldsymbol{x}_{\max1})=\max\{f(\boldsymbol{x}^{(0)}),f(\boldsymbol{x}^{(1)}),\cdots,f(\boldsymbol{x}^{(k-1)})\}$$
$$f(\boldsymbol{x}_{\max2})=\max_{\boldsymbol{x}^{(i)}\neq\boldsymbol{x}_{\max}}\{f(\boldsymbol{x}^{(0)}),f(\boldsymbol{x}^{(1)}),\cdots,f(\boldsymbol{x}^{(i)}),\cdots,f(\boldsymbol{x}^{(k-1)})\}$$
$$f(\boldsymbol{x}_{\min})=\min\{f(\boldsymbol{x}^{(0)}),f(\boldsymbol{x}^{(1)}),\cdots,f(\boldsymbol{x}^{(k-1)})\}$$

计算单纯形中除去 $\boldsymbol{x}_{\max1}$ 点外，其他各点的形心

$$\boldsymbol{x}_c=\frac{1}{k-1}\left(\sum_{i=0}^{k-1}\boldsymbol{x}^{(i)}-\boldsymbol{x}_{\max}\right)\tag{6-5}$$

(5)反射计算(如图 6-2 所示)

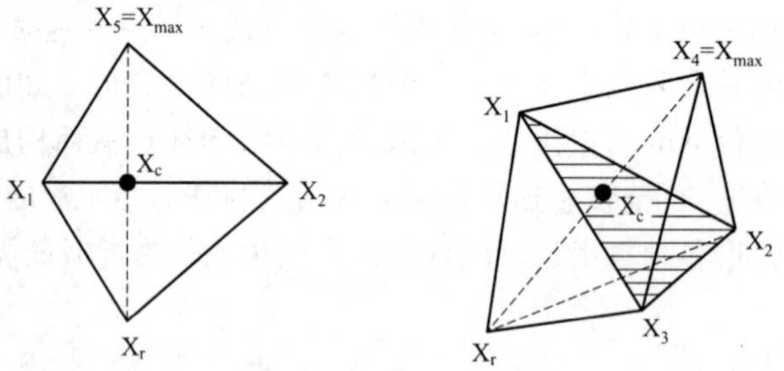

图 6-2 反射计算示意图

反射计算过程计算式为

$$\boldsymbol{x}_r=\boldsymbol{x}_c+\rho(\boldsymbol{x}_c-\boldsymbol{x}_{\max})\tag{6-6}$$

其中，ρ 为给定的反射系数，一般取 $\rho=1.3$。

判断 $\boldsymbol{x}_r$ 是否是可行点，即判断 $g_u(\boldsymbol{x}_r)\leqslant0(u=1,2,\cdots,L)$ 是否成立。若满足约束条件，再判断 $f(\boldsymbol{x}_r)<f(\boldsymbol{x}_{\max1})$ 是否成立，若条件满足，用 $\boldsymbol{x}_r$ 替换 $\boldsymbol{x}_{\max1}$，执行第(6)步；若约束条件或判断式 $f(\boldsymbol{x}_r)<f(\boldsymbol{x}_{\max})$ 有一项不满足执行第(7)步。

(6)延伸计算

若 $f(\boldsymbol{x}_r)<f(\boldsymbol{x}_{\max1})$，则延伸到新点，计算式为

$$\boldsymbol{x}_e=\boldsymbol{x}_r+\gamma(\boldsymbol{x}_r-\boldsymbol{x}_c)\tag{6-7}$$

其中，γ 为给定的延伸系数，取 $\gamma=0.5\sim0.8$；判断 $\boldsymbol{x}_e$ 是否是可行点。若满足约束条件，再判断 $f(\boldsymbol{x}_e)<f(\boldsymbol{x}_r)$ 是否成立，若条件满足，用 $\boldsymbol{x}_e$ 替换 $\boldsymbol{x}_r$，转第(4)步；若约束条件或判断式 $f(\boldsymbol{x}_e)<f(\boldsymbol{x}_r)$ 有一项不满足执行第(7)步。

(7)收缩计算

若反射、延伸计算无效(在对应点目标函数值未减少),则按式(6-8)进行收缩计算。

$$\boldsymbol{x}_s=\boldsymbol{x}_{\max1}+\beta(\boldsymbol{x}_c-\boldsymbol{x}_{\max1}) \tag{6-8}$$

其中,β 为给定的收缩系数,取 $\beta=0.7$;判断 $\boldsymbol{x}_s$ 是否是可行点。若满足约束条件,再判断 $f(\boldsymbol{x}_s)<f(\boldsymbol{x}_{\max1})$ 是否成立,若条件满足,用 $\boldsymbol{x}_s$ 替换 $\boldsymbol{x}_{\max1}$,转第(4)步;若约束条件或判断式 $f(\boldsymbol{x}_s)<f(\boldsymbol{x}_{\max1})$ 有一项不满足执行第(8)步。

(8)若反射、延伸、收缩计算均无效,则以当前复合形顶点中函数值最小的点 $\boldsymbol{x}_{\min}$ 为基础,重新计算复合形。即转第(2)步。

几点说明:

①迭代终止的判别

若满足条件

$$\|\boldsymbol{x}_{\max1}-\boldsymbol{x}_{\min}\|\leqslant\varepsilon_1 \text{ 且 } |f(\boldsymbol{x}_{\max1})-f(\boldsymbol{x}_{\min})|\leqslant\varepsilon_2 \tag{6-9}$$

则迭代终止,$\boldsymbol{x}_{\min}$ 为所求最优点;或通过判断最大迭代次数决定是否终止计算;

②这里的计算步骤只用到反射、延伸、收缩计算,没有进行各计算均失效后的压缩计算,这样做可减少最优解陷入局部最优解的风险;

③反射计算失效后可以不进行减小步长后的重复计算;

④产生复合形顶点的随机向量的分量取值区间为[-1,1]。

6.2.2　复合形法的 Matlab 程序

1. 复合形法的程序框图(如图 6-3 所示)

按上述步骤编写的复合形法 Matlab 程序包含两个函数,主函数 opt_complex 完成初始可行点,复合形形心及反射、延伸、收缩等计算;函数 gen_complex 根据初始可行点产生复合形。

2. 程序清单

```
function [xo,fo,go]=opt_complex(f,g_cons,x0,xl,xu,TolX,TolFun,MaxIter)
N=length(x0);
M=size(g_cons);
M=length(M(:,1));
k1=0;
k=N+1;%单纯形顶点个数
gx=ones(M,1);
while max(gx)>0
x0=xl+rand(N,1).*xu;
gx=feval(g_cons,x0);
end
[x1,fx]=gen_complex(x0,k,f,g_cons);
flag1=1;flag2=1;flag3=1;
k1=0
fx
x1
fprintf('此处暂停,请按下任意键继续\n')
```

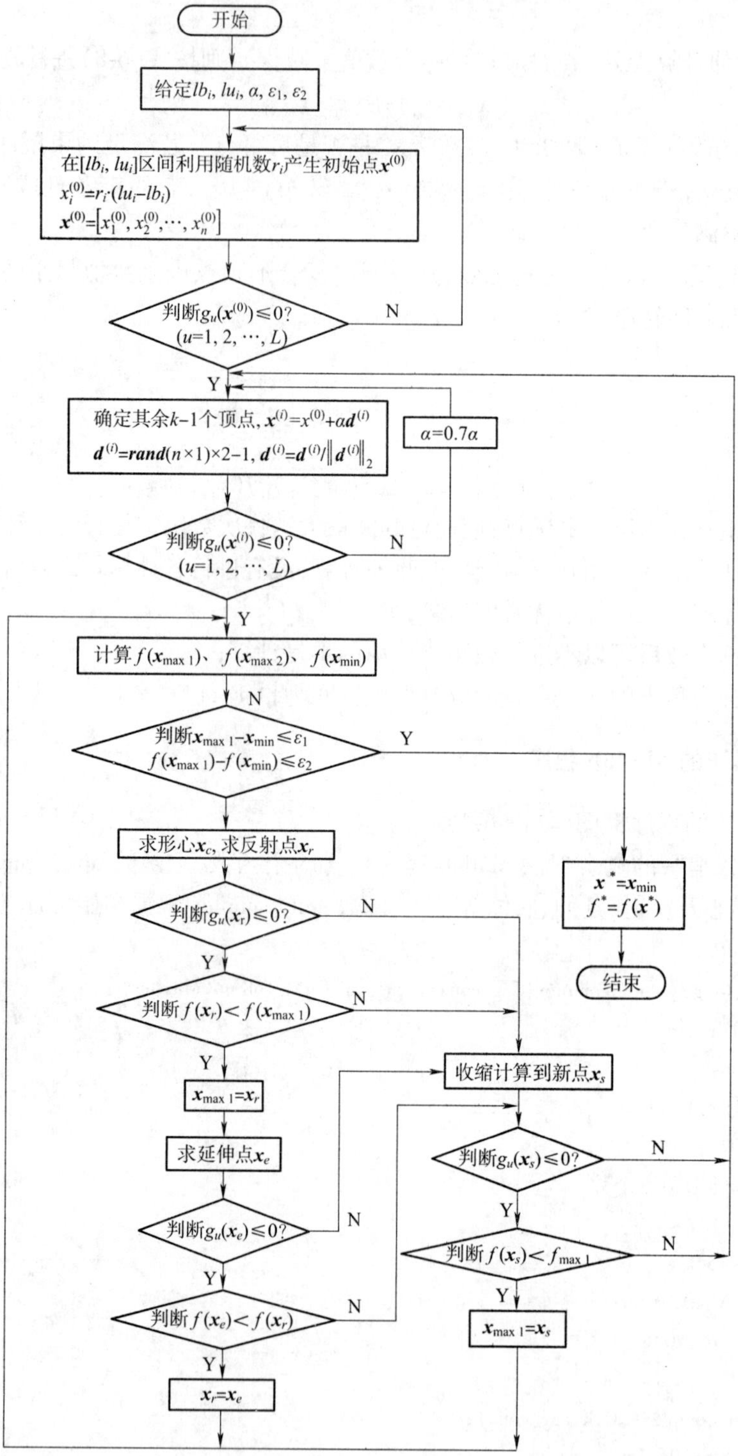

图 6-3 复合形法的程序框图

```
pause
while k1<MaxIter
flag1 = 1;flag2 = 1;flag3 = 1;
```

```
k1=k1+1
[fx,I]=sort(fx);
for i=1:k
x2(:,i)=x1(:,I(i));
end
x1=x2;
fmax1=fx(k);
imax1=I(k);
fmin=fx(1);
imin=I(1);
fmax2=fx(k-1);
imax2=I(k-1);
%计算形心
xc=zeros(N,1);
for i=1:k
xc=xc+x1(:,i);
end
xc=xc-x1(:,imax1);
xc=xc/(k-1);
gxc=feval(g_cons,xc);
alpha=1.31;
%反射
xr=xc+alpha*(xc-x1(:,imax1));
gxr=feval(g_cons,xr)
if max(gxr)<0
fxr=feval(f,xr);
if fxr<fmax1
fprintf('反射成功\n')
fmax1,fxr
fmax1=fxr;
fx(imax1)=fxr;
x1(:,imax1)=xr;
flag1=-1;
else
%反射失败
flgg1=1;
end
else
%反射失败
flag1=1;
end
gama=0.7;
if flag1==-1
```

```
fprintf('延伸\n')
xe=xr+gama*(xr-xc);
gxe=feval(g_cons,xe)
if max(gxe)<0
fxe=feval(f,xe);
if fxe<fmax1
fprintf('延伸成功\n')
fxe,fmax1
fx(imax1)=fxe;
fmax1=fxe;
x1(:,imax1)=xe;
flag2=-1;
else
%延伸失败
flag2=1;
end
else
%延伸失败
flag2=1;
end
end
beta=0.7;
if flag1~=-1&flag2~=-1
fprintf('收缩\n')
xk=x1(:,imax1)+beta*(xc-x1(:,imax1));
gxk=feval(g_cons,xk)
if max(gxk)<0
fxk=feval(f,xk);
if fxk<fmax1
fprintf('收缩成功\n')
fxk,fmax1
fmax1=fxk;
fx(imax1)=fxk;
x1(:,imax1)=xk;
flag3=-1;
else
%收缩失败
flag3=1;
end
else
%收缩失败
flag3=1;
end
```

```
end
if flag1 ~ = -1&flag2 ~ = -1&flag3 ~ = -1
fprintf('flag1,flag2,flag3\n %d %d %d\n',flag1,flag2,flag3)
fprintf('重新生成单纯形\n')
[fx,I]=sort(fx);
imin=I(1);
x0=x1(:,imin);
[x1,fx]=gen_complex(x0,k,f,g_cons)
end
end
xo=x1(:,imin);
fo=feval(f,xo);
go=feval(g_cons,xo);
k1

function [x1,fx]=gen_complex(x0,k,f,g_cons)
N=length(x0);
M=size(g_cons);
M=length(M(:,1));
x1(:,1)=x0;
fx(1)=feval(f,x0);
a=1.3;
s=rand(N,k)*2-ones(N,k);
s=s/norm(s);
k2=1;
while k2<k
x0=x1(:,1)+a*s(:,k2);
gx=feval(g_cons,x0);
if max(gx)<0
k2=k2+1;
x1(:,k2)=x0;
fx(k2)=feval(f,x0);
else
a=0.7*a;
end
end
```

【例 6-2】 应用复合形法 Matlab 程序求约束优化问题

$$\min f(\boldsymbol{x})=(x_1-5)^2+4\ (x_2-6)^2,\boldsymbol{x}\in \boldsymbol{R}^2$$

$$\begin{aligned} \text{s. t.}\ \ & g_1(\boldsymbol{x})=64-x_1^2-x_2^2\leqslant 0 \\ & g_2(\boldsymbol{x})=x_2-x_1-10\leqslant 0 \\ & g_3(\boldsymbol{x})=x_1-10\leqslant 0 \end{aligned}$$

的最优解。

用户程序:

```
function opt_complex_test1
% opt_complex_test1. m
clc;
clear all;
f=inline('(x(1)-5)^2+4*(x(2)-6)^2','x');
TolX=1e-6;
TolFun=1e-6;
x0=[8,14]';
xl=[2 2]';
xu=[7 9]';
MaxIter=65;
options=optimset('LargeScale','off');
[xo,fxo,g]=opt_complex(f,@fun_cons,x0,xl,xu,TolX,TolFun,MaxIter)
[xo,fo]=fmincon(f,x0,[],[],[],[],xl,xu,@fun_cons,options)
function [c ceq]=fun_cons(x)
c=[64-x(1)^2-x(2)^2
   -x(1)+x(2)-10
    x(1)-10];
ceq=[];
```

应用 opt_complex 函数计算结果:

xo=[5.2186 6.0635],fo=0.0639,g=[-0.0000,-9.1551,-4.7814]

应用 fmincon 函数计算结果:

xo=[5.2186 6.0635],fo=0.0639。

6.3 可行方向法

可行方向法是求解约束优化设计问题的主要方法之一,其收敛速度快,效果较好,但程序比较复杂,适用于大中型约束最优化问题。

6.3.1 可行方向法的搜索策略

可行方向法可用于求解不等式约束优化问题

$$\min f(\boldsymbol{x}), \boldsymbol{x} \in \boldsymbol{R}^n$$
$$\text{s.t. } g_u(\boldsymbol{x}) \leqslant 0 \quad u=1,2,\cdots,L$$

这种方法的基本原理是在可行域内选择一个初始可行点 $\boldsymbol{x}^{(0)}$,当确定了一个可行方向和适当的步长后,按式 $\boldsymbol{x}^{(k+1)}=\boldsymbol{x}^{(k)}+\alpha^{(k)}\boldsymbol{d}^{(k)}$ 进行迭代计算。在不断调整可行方向的过程中,使迭代点逐渐逼近约束最优点。

1. 下降搜索格式

下降搜索格式指的是当使用表达式 $\boldsymbol{x}^{(k+1)}=\boldsymbol{x}^{(k)}+\alpha^{(k)}\boldsymbol{d}^{(k)}$ 进行迭代计算时,要使 $\boldsymbol{x}$ 不超出可行域,且函数下降最多,也就是说使新的点同时满足

$$g_u(\boldsymbol{x}) \leqslant 0 \quad u=1,2,\cdots,L$$

$$f(\boldsymbol{x}^{(k+1)})-f(\boldsymbol{x}^{(k)})<0$$

以上两式称为下降可行条件。分开来说就是，迭代点满足约束条件称为可行条件，迭代点满足使函数减少的条件称为下降条件。

当点 $\boldsymbol{x}^{(k)}$ 在 j 个约束面的交集上时，若要使目标函数下降，又指向可行域内的下降可行方向，$\boldsymbol{d}^{(k)}$ 必须同时满足以下关系

$$[\nabla f(\boldsymbol{x}^{(k)})]^{\mathrm{T}}\boldsymbol{d}^{(k)}<0 \tag{6-10}$$

$$[\nabla g_u(\boldsymbol{x}^{(k)})]^{\mathrm{T}}\boldsymbol{d}^{(k)}\leqslant 0(u=1,2,\cdots,j<L) \tag{6-11}$$

由式(6-10)和式(6-11)看出，目标函数梯度及约束函数梯度与搜索方向的夹角均大于 π/2。因为梯度指向目标函数增加的方向，而搜索指向目标函数值减小的方向，因此它们之间夹角的余弦小于零。又因所考察的可行域为凸集(曲面向外凸)，所以约束函数梯度与搜索方向夹角的余弦也应小于零。值得注意的是，如果上两式不能同时满足，即迭代点移动到某个边界，目标函数的负梯度方向指向区域外部，此时以目标函数在该点的负梯度在起约束作用的函数曲线切线上的投影作为搜索方向，即梯度投影法。

2. 最佳下降可行方向

前面内容解决的是可行方向的寻找，现在的问题是如何在可行方向的区域内选择一个能使目标函数下降最快的方向作为本次迭代的可行方向。显然这又是一个约束优化问题，这个新的约束优化问题的数学模型可写成

$$\begin{aligned} &\min\ [\nabla f(\boldsymbol{x}^{(k)})]^{\mathrm{T}}\boldsymbol{d}^{(k)} \\ &\text{s. t.}\ [\nabla g_u(\boldsymbol{x}^{(k)})]^{\mathrm{T}}\boldsymbol{d}^{(k)}\leqslant 0\quad (u=1,2,\cdots,L) \\ &\qquad [\nabla f(\boldsymbol{x}^{(k)})]^{\mathrm{T}}\boldsymbol{d}^{(k)}<0 \\ &-1\leqslant d_i^{(k)}\leqslant 1\quad \boldsymbol{d}^{(k)}=[d_1^{(k)},d_2^{(k)},\cdots,d_n^{(k)}]^{\mathrm{T}}\quad (i=1,2,\cdots,n) \end{aligned} \tag{6-12}$$

因为 $\nabla f(\boldsymbol{x}^{(k)})$ 和 $\nabla g_u(\boldsymbol{x}^{(k)})$ 都为定值，这个数学模型属于线性规划的求解问题。

6.3.2　Zoutendijk 可行方向法

Zoutendijk 对线性和非线性的不等式约束问题均适用，但约束条件中不含等式约束，它是可行方向法中选择可行下降方向的主要方法之一。

1. 线性约束情形

对于非线性规划问题

$$\begin{aligned} &\min f(\boldsymbol{x}),\boldsymbol{x}\in \boldsymbol{R}^n \\ &\text{s. t.}\ \boldsymbol{A}\boldsymbol{x}\leqslant \boldsymbol{b} \\ &\boldsymbol{C}\boldsymbol{x}=\boldsymbol{c} \end{aligned} \tag{6-13}$$

式中：$\boldsymbol{A}$ 为 $m\times n$ 矩阵，$\boldsymbol{C}$ 为 $l\times n$ 矩阵，$\boldsymbol{b}$ 为 m 维列向量，$\boldsymbol{c}$ 为 l 维列向量。

又设

$$\boldsymbol{A}=\begin{bmatrix}\boldsymbol{A}_1\\ \boldsymbol{A}_2\end{bmatrix},\boldsymbol{b}=\begin{bmatrix}\boldsymbol{b}_1\\ \boldsymbol{b}_2\end{bmatrix},\boldsymbol{A}_1\boldsymbol{x}=\boldsymbol{b}_1,\boldsymbol{A}_2\boldsymbol{x}<\boldsymbol{b}_2 \tag{6-14}$$

如果非零向量 $\boldsymbol{d}$ 同时满足 $[\nabla f(\boldsymbol{x})]^{\mathrm{T}}\boldsymbol{d}<0,\boldsymbol{A}_1\boldsymbol{d}\leqslant 0,\boldsymbol{C}\boldsymbol{d}=0$，则 $\boldsymbol{d}$ 是在 $\boldsymbol{x}$ 处的下降可行方向。则对于问题式(6-13)在 $\boldsymbol{x}$ 点的可行下降方向可通过解下列线性规划问题求得

$$\min\ [\nabla f(\boldsymbol{x})]^{\mathrm{T}}\boldsymbol{d}$$

$$\begin{aligned}\text{s. t. } & \boldsymbol{A}_1\boldsymbol{d}\leqslant 0 \\ & \boldsymbol{C}\boldsymbol{d}=0 \qquad (i=1,2,\cdots,n) \\ & \| d_i \| \leqslant 1\end{aligned} \tag{6-15}$$

$\| d_i \| \leqslant 1$ 是增加的约束条件,是为了获得一个有限解。

设 $\boldsymbol{x}^{(k)}$ 是式(6-13)的可行解,设其为第 k 次迭代的出发点,$\boldsymbol{d}^{(k)}$ 为 $\boldsymbol{x}^{(k)}$ 处一个下降可行方向。则下一点 $\boldsymbol{x}^{(k+1)}$ 由下列迭代公式给出

$$\boldsymbol{x}^{(k+1)}=\boldsymbol{x}^{(k)}+\alpha^{(k)}\boldsymbol{d}^{(k)}$$

$\alpha^{(k)}$ 为步长因子。步长因子的取值要满足迭代点 $\boldsymbol{x}^{(k+1)}$ 的可行性和目标函数值尽可能小的两点要求。

步长因子 $\alpha^{(k)}$ 可以通过下列的一维搜索问题来确定

$$\begin{aligned} & \min f(\boldsymbol{x}^{(k)}+\alpha\boldsymbol{d}^{(k)}) \\ \text{s. t. } & \boldsymbol{A}(x^{(k)}+\alpha\boldsymbol{d}^{(k)})\leqslant 0 \\ & \boldsymbol{C}(x^{(k)}+\alpha\boldsymbol{d}^{(k)})=c \\ & \alpha\geqslant 0\end{aligned} \tag{6-16}$$

一维搜索问题可进一步简化为

$$\begin{aligned} & \min f(\boldsymbol{x}^{(k)}+\alpha\boldsymbol{d}^{(k)}) \\ \text{s. t. } & 0\leqslant\alpha\leqslant\alpha_{\max}\end{aligned} \tag{6-17}$$

其中:

$$\alpha_{\max}=\begin{cases}\min\left\{\dfrac{\hat{b}_i}{\hat{d}_i}\right\} & \boldsymbol{d}>0 \\ \infty & \boldsymbol{d}\leqslant 0\end{cases}$$

$$\hat{\boldsymbol{b}}=\boldsymbol{b}_2-\boldsymbol{A}_2\boldsymbol{x}^{(k)}$$

$$\hat{\boldsymbol{d}}=\boldsymbol{A}_2\boldsymbol{d}^{(k)}$$

2. 非线性约束情形

对于不等式约束问题

$$\begin{aligned} & \min f(\boldsymbol{x}),\boldsymbol{x}\in\boldsymbol{R}^n \\ \text{s. t. } & g_u(x)\leqslant 0,\quad (u=1,2,\cdots,L)\end{aligned} \tag{6-18}$$

若在所有约束中,对可行点 $\boldsymbol{x}$ 的起作用约束集为

$$\boldsymbol{U}(\boldsymbol{x})=\{u\,|\,g_u(\boldsymbol{x})=0,u=1,2,\cdots,j<L$$

并且函数 $f(\boldsymbol{x})$、$g_u(\boldsymbol{x})$ $(u\in\boldsymbol{U})$ 在 $\boldsymbol{x}$ 处可微;$g_u(\boldsymbol{x})$ $(u\notin\boldsymbol{U})$ 在 $\boldsymbol{x}$ 处连续,如果有

$$[\nabla f(\boldsymbol{x})]^{\mathrm{T}}\boldsymbol{d}<0$$

$$[\nabla g_u(\boldsymbol{x})]^{\mathrm{T}}\boldsymbol{d}\leqslant 0,u\in\boldsymbol{U}$$

则 $\boldsymbol{d}$ 是下降可行方向。求解下降可行方向也可归结为求解下列线性规划问题:

$$\begin{aligned} & \min Z(\boldsymbol{d}) \\ \text{s. t. } & [\nabla f(\boldsymbol{x})]^{\mathrm{T}}\boldsymbol{d}-Z\leqslant 0 \\ & [\nabla g_u(\boldsymbol{x})]^{\mathrm{T}}\boldsymbol{d}-Z\leqslant 0 \quad u\in\boldsymbol{U} \\ & -1\leqslant d_i\leqslant 1,\qquad i=1,2,\cdots,n\end{aligned} \tag{6-19}$$

如果最优解 $Z^*<0$,则 $\boldsymbol{d}$ 为可行下降方向;如果 $Z^*=0$,则点 $\boldsymbol{x}$ 已是约束最优点。

【例 6-3】 试用 Zoutendijk 法求解下列线性约束的非线性目标函数的最优解。

$$\min f(\boldsymbol{x})=(x_1-1)2+(x_2-2)2+1$$
$$=x_1^2+x_2^2-2x_1-4x_2+6,\boldsymbol{x}\in\boldsymbol{R}^2$$
$$\text{s. t.}\quad g_1(x)=2x_1-x_2\leqslant 1$$
$$g_2(x)=x_1+x_2\leqslant 2$$
$$g_3(x)=-x_1\leqslant 0$$
$$g_4(x)=-x_2\leqslant 0$$

解:用 Matlab 求解此题,程序如下:

```
function ztdijk_test1
clc;
x0=[0 0]';
A=[2.0-1.0;1.0 1.0;-1.0 0.0;0.0-1.0];
b=[1.0;2.0;0.0;0.0];
c=0;
kk=0;
while c<5
c=c+1;
k=0;j=0;
kk=kk+1;
fprintf('-----------------kk=%d----------------------------',kk);
A1=[];b1=[];
A2=[];b2=[];
for i=1:4
C=A(i,:)*x0;
if C>=b(i)-1e-3 %起作用约束条件
k=k+1;
A1(k,:)=A(i,:);
b1(k,1)=b(i);
end
if C<b(i)-1e-3 %不起作用约束条件
j=j+1;
A2(j,:)=A(i,:);
b2(j,1)=b(i);
end
end
A1,b1
A2,b2
if(length(A1(:,:))==0)
break
end
%pause
f=dfxfun(x0)
```

```
lb=[-1-1];
ub=[1 1];
b0=zeros(size(b1));
d=linprog(f,A1,b0,[],[],lb,ub)
if(abs(d)<=1e-5)
break
end
dd=A2*d
bb=b2-A2*x0
lamdmax=max(bb./dd)
options=optimset('Display','off');
lamda=fminbnd(@(lamda)fun(lamda,d,x0),0,lamdmax,options)
if(length(lamda(:))==0)
break
end
x0=x0+lamda*d
end
x0
fval1=fun1(x0)
x0=[0,1]';
[x,fval]=fmincon(@fun1,x0,A,b,[],[],[],[],[],options);
x,fval
function f=fun1(x)
f=x(1)^2+x(2)^2-2*x(1)-4*x(2)+6;
function f=fun(lamda,d,x)
xx=x+lamda*d;
f=xx(1)^2+xx(2)^2-2*xx(1)-4*xx(2)+6;
function dfx=dfxfun(x)
dfx=[2*x(1)-2,2*x(2)-4];
```

运行结果如下：

x=[0.5000 1.5000],fval=1.5000。

6.3.3 Rosen 可行方向法

用线性规划法求可行下降方向时，每探索一步就要解一个线性规划问题，从而求得该步骤的可行下降方向，求解过程很繁琐。而 Rosen 提出的梯度投影法则避免了这种繁琐的求解方法。

1. Rosen 法的基本原理

当迭点在可行域内部时，沿负梯度方向搜索，当迭代点在某些约束的边界上时，将该点处的负梯度投影到约束面或约束面的交集上，得到投影向量 $\boldsymbol{d}^{(k)}$，该投影向量满足下降可行方向（如图 6-4 所示）。

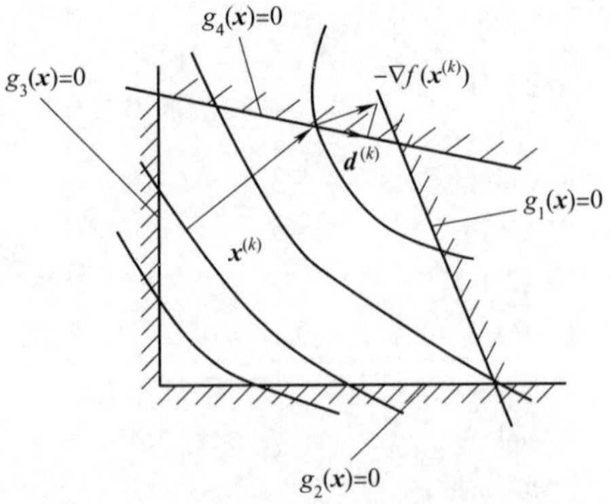

图 6-4　约束面上的梯度投影方向

Rosen 法的计算过程为：在点 $\boldsymbol{x}^{(k)}$ 处，将不等式线性约束矩阵 $\boldsymbol{A}$ 和右端项 $\boldsymbol{b}$ 分成两部分：$\boldsymbol{A}=\begin{bmatrix}\boldsymbol{A}_1\\ \boldsymbol{A}_2\end{bmatrix}$，$\boldsymbol{b}=\begin{bmatrix}\boldsymbol{b}_1\\ \boldsymbol{b}_2\end{bmatrix}$，矩阵 $\boldsymbol{A}_1$，$\boldsymbol{A}_2$ 分别满足边界上的约束和域内的约束，即 $\boldsymbol{A}_1x=\boldsymbol{b}_1$，$\boldsymbol{A}_2\boldsymbol{x}<\boldsymbol{b}_2$。由矩阵 $\boldsymbol{A}_1$ 和 $\boldsymbol{C}$ 构成新的矩阵，$\boldsymbol{M}=\begin{bmatrix}\boldsymbol{A}_1\\ \boldsymbol{C}\end{bmatrix}$。视 $\boldsymbol{M}$ 是否为空，取 $\boldsymbol{P}=\boldsymbol{I}$（$\boldsymbol{M}$ 为空），或 $\boldsymbol{P}=\boldsymbol{I}-\boldsymbol{M}^{\mathrm{T}}[\boldsymbol{M}\boldsymbol{M}^{\mathrm{T}}]^{-1}\boldsymbol{M}$（$\boldsymbol{M}$ 非空）。取搜索方向 $\boldsymbol{d}^{(k)}=-\boldsymbol{P}\nabla f(\boldsymbol{x})$，若 $\boldsymbol{d}^{(k)}=0$，且 $\boldsymbol{M}$ 为空，则 $\boldsymbol{x}^{(k)}$ 即为所求的最优解，否则计算 $\boldsymbol{W}=-[\boldsymbol{M}\boldsymbol{M}^{\mathrm{T}}]^{-1}\boldsymbol{M}\nabla f(\boldsymbol{x})=\begin{bmatrix}\boldsymbol{u}\\ \boldsymbol{v}\end{bmatrix}$。若 $\boldsymbol{u}\geqslant 0$，则 $\boldsymbol{x}^{(k)}$ 即为所求的最优解；若 $\boldsymbol{u}$ 中有负分量，则从 $\boldsymbol{A}_1$ 中去掉相应于负分量的行重新变成 $\hat{\boldsymbol{A}}_1$。

【例 6-4】 用 Rosen 可行方向法求解约束优化问题

$$f(x_1,x_2)=x_1^2+x_2^2-2x_1-4x_2$$
$$\text{s. t. } g_1(x_1,x_2)=x_1+4x_2-5\leqslant 0$$
$$g_2(x_1,x_2)=2x_1+3x_2-6\leqslant 0$$
$$g_3(x_1,x_2)=-x_1\leqslant 0$$
$$g_4(x_1,x_2)=-x_2\leqslant 0$$

取初始可行点为 $\boldsymbol{x}^{(1)}=\begin{bmatrix}1.0\\ 1.0\end{bmatrix}$。

解：①第一次迭代

$$g_1(\boldsymbol{x}^{(1)})=0$$

$$\nabla g_1(\boldsymbol{x}^{(1)})=\begin{bmatrix}1\\ 4\end{bmatrix}，\text{则投影矩阵为}$$

$$\boldsymbol{P}_1=\begin{bmatrix}1&0\\ 0&1\end{bmatrix}-\begin{bmatrix}1\\ 4\end{bmatrix}\left\{[1\quad 4]\begin{bmatrix}1\\ 4\end{bmatrix}\right\}^{-1}[1\quad 4]$$
$$=\frac{1}{17}\begin{bmatrix}16&-4\\ -4&1\end{bmatrix}$$

第一次迭代下降可行性方向

$$\nabla f(\boldsymbol{x}^{(1)})=\begin{bmatrix}2x_1-2\\ 2x_2-4\end{bmatrix}=\begin{bmatrix}0\\ 2\end{bmatrix}$$

则

$$\boldsymbol{d}^{(1)}=-\frac{1}{17}\begin{bmatrix}16&-4\\ -4&1\end{bmatrix}\begin{bmatrix}0\\ 2\end{bmatrix}=\begin{bmatrix}-\dfrac{8}{17}\\ \dfrac{2}{17}\end{bmatrix}=\begin{bmatrix}-0.4707\\ 0.1177\end{bmatrix}$$

取单位向量

$$\boldsymbol{d}^{(1)}=\frac{1}{[(-0.4707)^2+(0.1177)^2]^{1/2}}\begin{bmatrix}-0.4707\\ 0.1177\end{bmatrix}=\begin{bmatrix}-0.9701\\ 0.2425\end{bmatrix}$$

因为 $\boldsymbol{d}^{(1)}\neq 0$，所以新的迭代点的迭代格式 $x^{(2)}$ 为

$$\boldsymbol{x}^{(2)}=\boldsymbol{x}^{(1)}+\alpha^{(1)}\boldsymbol{d}^{(1)}$$

$$0 \leqslant \alpha \leqslant \alpha_{max}$$

选取 $\alpha^{(1)}$:先求 α_{max}

$$g_2(\boldsymbol{x}^{(2)}) = (2.0-1.9402\alpha)+(3.0+0.7275\alpha)-6.0=0$$

$$\Rightarrow \alpha_2 = -0.8245$$

$$g_3(\boldsymbol{x}^{(2)}) = -(1.0-0.9701\alpha) = 0$$

$$\Rightarrow \alpha_3 = 1.03$$

$$g_4(\boldsymbol{x}^{(2)}) = -(1.0+0.2425\alpha) = 0$$

$$\Rightarrow \alpha_4 = -4.124$$

$$\therefore \alpha_{max} = 1.03$$

$$\begin{aligned} f(\boldsymbol{x}^{(2)}) = f(\alpha^{(1)}) &= (1.0-0.9701\alpha^{(1)})2+(1.0+0.2425\alpha^{(1)})2 \\ &\quad -2(1.0-0.9701\alpha^{(1)})-4(1.0+0.2425\alpha^{(1)}) \\ &= 0.9998(\alpha^{(1)})2-0.4850\alpha^{(1)}-4.0 \end{aligned}$$

$$\frac{\mathrm{d}f}{\mathrm{d}\alpha^{(1)}} = 1.9996\alpha^{(1)}-0.4850=0$$

得 $\alpha^{(1)} = 0.2425$

则取新的迭代点为

$$\boldsymbol{x}^{(2)} = \boldsymbol{x}^{(1)}+\alpha^{(1)}\boldsymbol{d}^{(1)} = \begin{bmatrix} 1.0 \\ 1.0 \end{bmatrix} +0.2425\begin{bmatrix} -0.9701 \\ 0.2425 \end{bmatrix} = \begin{bmatrix} 0.7647 \\ 1.0588 \end{bmatrix}$$

②第二次迭代

$$g_1(\boldsymbol{x}^{(2)}) = 0$$

$$\nabla g_1(\boldsymbol{x}^{(2)}) = \begin{bmatrix} 1 \\ 4 \end{bmatrix}$$

则投影矩阵为

$$\begin{aligned} \boldsymbol{P}_2 &= \begin{bmatrix} 1 & 0 \\ 0 & 1 \end{bmatrix} - \begin{bmatrix} 1 \\ 4 \end{bmatrix} \left\{ [1 \quad 4] \begin{bmatrix} 1 \\ 4 \end{bmatrix} \right\}^{-1} [1 \quad 4] \\ &= \frac{1}{17}\begin{bmatrix} 16 & -4 \\ -4 & 1 \end{bmatrix} \end{aligned}$$

$$\nabla f(\boldsymbol{x}^{(2)}) = \begin{bmatrix} 2x_1-2 \\ 2x_2-4 \end{bmatrix} = \begin{bmatrix} -0.4706 \\ -1.8824 \end{bmatrix}$$

$$\boldsymbol{d}^{(2)} = -\boldsymbol{P}_2 \nabla f(\boldsymbol{x}^{(2)}) = \frac{1}{17}\begin{bmatrix} 16 & -4 \\ -4 & 1 \end{bmatrix} \begin{bmatrix} 0.4706 \\ 1.8824 \end{bmatrix} = \begin{bmatrix} 0.0 \\ 0.0 \end{bmatrix}$$

因为 $\boldsymbol{d}^{(2)} = 0$,有两种可能,或者 $\boldsymbol{x}^{(2)}$ 是(K-T)点,或者可以构成新的投影矩阵以便求得下降可行方向。

设

$$\begin{aligned} \lambda &= -[\boldsymbol{M}_2^{\mathrm{T}}\boldsymbol{M}_2]^{-1}\boldsymbol{M}_2^{\mathrm{T}} \nabla f(x_2) \\ &= -\frac{1}{17}[1 \quad 4] \begin{bmatrix} -0.4706 \\ -1.8824 \end{bmatrix} = 0.4707>0 \end{aligned}$$

因为 $\lambda>0$

所以 $\boldsymbol{x}^{(2)}=\begin{bmatrix}0.7647\\1.0588\end{bmatrix}$ 为最优点，最优值 $f_{\min}=-4.059$。

6.3.4　Rosen 可行方向法的 Matlab 程序

```
function [x1,fx1,g]=opt_feasid_rosen1(f,x0,A,b,TolX,TolFun)
alpha=-1;
MaxIter=100;
N=length(x0);
I=eye(N);
M=length(b);
th=1;
k=0;
while min(alpha)<0
if k>100,break;end
k=k+1
dfx=fun_dff1(f,x0',th)';
g=A*x0-b;
p=0;
for i=1:M
if g(i)>=0
p=p+1;
pj(p)=i;
end
end
q=0;
for i=1:M
if g(i)<0
q=q+1;
pi(q)=i;
end
end
A1=[];A2=[];
b1=[];b2=[];
for i=1:p
A1(i,:)=A(pj(i),:);
b1(i,1)=b(pj(i),1);
end
for i=1:q
A2(i,:)=A(pi(i),:);
b2(i,1)=b(pi(i),1);
end
```

```
A1,A2
b1,b2
x0
fx=feval(f,x0)
g
P=I-A1' * inv(A1 * A1') * A1;
d1=-P * dfx;
dsum=sum(d1);
if dsum==0
alpha=-inv(A1 * A1') * A1 * dfx;
if min(alpha)>0;break;end
[alpha,ID]=sort(alpha);
imax=ID(end);
A1=A1(imax,:)
P=I-A1' * inv(A1 * A1') * A1;
d1=-P * dfx;
else
alpha=-inv(A1 * A1') * A1 * dfx;
if min(alpha)>0;break;end
end
b2=b2-A2 * x0;
d2=A2 * d1;
lamda=b2./d2;
N1=length(lamda);
k1=0;
for i=1:N1
if lamda(i)>0
k1=k1+1;
lamda1(k1)=lamda(i);
end
end
lamda1=sort(lamda1);
min_lamda=lamda1(1);
lamda=opt_step_quad(f,x0,d1,th,TolX,TolFun,MaxIter);
if lamda>min_lamda
lamda=min_lamda;
end
x0=x0+lamda * d1;
x1=x0;
fx1=feval(f,x1);
g=A * x0-b;
alpha
end
```

【例 6-5】 应用 Rosen 可行方向法 Matlab 程序求解如下优化问题。

$$\min f(\boldsymbol{x}) = (x_1-1)^2+(x_2-2)^2+1, \boldsymbol{x} \in \boldsymbol{R}^2$$

$$\text{s. t. } 2x_1-x_2 \leqslant 1$$

$$x_1+x_2 \leqslant 2$$

$$-x_1 \leqslant 0$$

$$-x_2 \leqslant 0$$

解:用户程序:

```
function opt_feasid_rosen1_test4
%opt_feasid_rosen1_test1. m
%clf;
clc;
f=inline('(x(1)-1)^2+(x(2)-2)^2+1','x');
feval(f,[0.5,1.5])
f1=inline('2+sqrt(x(1)-1-(x(2)-1).^2)','x');%x(1)为目标函数值
f2=inline('2-sqrt(x(1)-1-(x(2)-1).^2)','x');%x(2)为变量x1
g1=inline('2*x-1','x');
g2=inline('2-x','x')
x0=[0;0];
TolX=1e-6;
TolFun=1e-6;
A=[2-1;1 1;-1 0;0-1];
b=[1;2;0;0];
options=optimset('LargeScale','off');
[x1,fx1,gx1]=opt_feasid_rosen1(f,x0,A,b,TolX,TolFun)
[x1,fx]=fmincon(f,x0,A,b,[],[],[],[],[],options);
x1,fx
g=A*x1-b
x=(0:0.05:2.5);
N=length(x);
y=zeros(N);
plot(x,g1(x),x,g2(x),x,y)
hold on
for j=0:0.25:3
for i=1:N
f11(i)=feval(f1,[j,x(i)]);
f22(i)=feval(f2,[j,x(i)]);
end
plot(x,f11,x,f22)
hold on
end
xlabel('x1')
ylabel('x2')
```

```
function g=fun_cons(x)
g=[2*x(1)-x(2)-1
x(1)+x(2)-2
-x(1)
-x(2)];
```

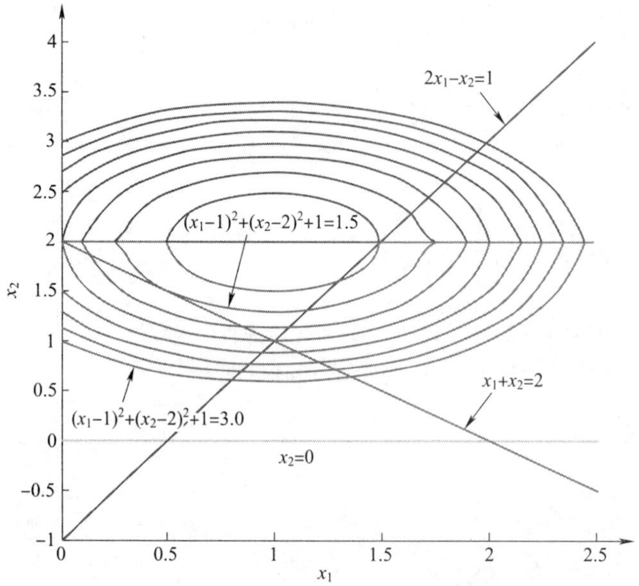

图 6-5 【例 6-5】图解

计算结果为:

x1=[0.5 1.5],fx1=1.5,gx1=[-1.5 0 -0.5-1.5];

Matlab 函数 fmincon 计算结果为:

x1=[0.5 1.5]

fx=1.5,g=[-1.5 0.0 -0.5 -1.5]。

本例图解结果如图 6-5 所示。最优结果位于约束方程 $x_1+x_2=2$ 与目标函数等值线 $(x_1-1)^2+(x_2-2)^2+1=1.5$ 的切点上,切点坐标为(0.5,1.5)。目标函数极小值点位于平面(1,2)处,沿等值线外法线方向目标函数值增加。在对应的封闭等值线内和等值线上(除等值线尖角处),变量 x_2 有实数解。目标函数值大于 1.5 的等值线与约束方程 $x_1+x_2=2$ 有两个交点。

习　题

1. 应用随机方向法 Matlab 程序求约束优化问题

$$\min f(\boldsymbol{x})=x_1^2+x_2,\boldsymbol{x}\in\boldsymbol{R}^2$$

$$\text{s.t. } g_1(\boldsymbol{x})=x_1^2+x_2^2-9\leqslant 0$$

$$g_2(\boldsymbol{x})=x_1+x_2-1\leqslant 0$$

的最优解。

2. 试用可行方向法求解约束化问题

$$f(\boldsymbol{x})=x_1^2+x_2^2-4x_2-10x_1-x_1x_2+60$$

$$\begin{aligned}\text{s. t. }\ & g_1(\boldsymbol{x})=6-x_1\geqslant 0\\ & g_2(\boldsymbol{x})=11-x_1-x_2\geqslant 0\\ & g_3(\boldsymbol{x})=8-x_2\geqslant 0\\ & g_4(\boldsymbol{x})=x_1\geqslant 0\\ & g_5(\boldsymbol{x})=x_2\geqslant 0\end{aligned}$$

3. 试用可行方向法 Matlab 程序求解下列最优化问题

$$f(\boldsymbol{x})=x_1^2+2x_2^2-6x_2-2x_1-2x_1x_2$$

$$\begin{aligned}\text{s. t. }\ & g_1(\boldsymbol{x})=x_1+x_2\leqslant 2\\ & g_2(\boldsymbol{x})=-x_1+2x_2\leqslant 2\\ & g_3(\boldsymbol{x})=x_2\geqslant 0\\ & g_4(\boldsymbol{x})=x_1\geqslant 0\end{aligned}$$

第7章　约束优化问题的间接解法

本章主要介绍约束优化问题的间接解法。间接解法是将约束优化问题转化为一系列无约束优化问题来进行求解的方法。约束优化问题的间接解法除拉格朗日乘子法外,常用的方法还有罚函数法及增广乘子法。虽然约束优化问题的间接解法可利用无约束优化问题的求解方法进行求解,但由于增加了拉格朗日乘子或罚因子,其求解过程与常规无约束优化问题有所不同。

7.1　罚函数法

罚函数法针对约束函数构造适当的中间函数并引入罚因子将约束条件引入到目标函数中构成无约束目标函数,对于式(7-1)表示的约束优化问题,罚函数的一般形式为

$$\min l(\boldsymbol{x},r_1,r_2)=f(\boldsymbol{x})+r_1\sum_{v=1}^{M}\varphi[h_v(\boldsymbol{x})]+r_2\sum_{u=1}^{L}\psi[g_u(\boldsymbol{x})] \tag{7-1}$$

式(7-1)中的$\varphi[h_v(\boldsymbol{x})]$和$\psi[g_u(\boldsymbol{x})]$分别为根据等式约束$h_v(\boldsymbol{x})$和不等式约束$g_u(\boldsymbol{x})$构造的中间函数,恒为非负。$r_1$和$r_2$为罚因子或罚参数,是大于零的实数,根据中间函数的特性罚因子的值在迭代过程中不断发生变化。当r_1和r_2按一定的规则取值使罚函数$l(\boldsymbol{x},r_1,r_2)$与目标函数$f(\boldsymbol{x})$值趋于相等时,所得解就是原约束问题的解。

中间函数与罚因子的乘积称为惩罚项,在设计变量取值接近边界的过程中,罚因子与中间函数朝相反的方向变化,但在无限逼近的过程中惩罚项趋于零。因此罚函数法的一般求解过程是:定义$\varphi[h_v(\boldsymbol{x})]$和$\psi[g_u(\boldsymbol{x})]$的形式,根据一定的规则,每选定一次$r_1$和$r_2$的值就得到一个无约束优化问题,求解得到一个无约束最优解。随着罚因子的不断调整,得到无约束最优解的点列$\{\boldsymbol{x}^{(k)}\}$,不断逼近有约束的最优解。罚函数法需要多次迭代求解,因此是一种序列无约束极小化方法(Sequential Unconstrained Minimization Technique),简称SUMT法。

根据中间函数的形式及设计变量取值区域,罚函数法分为内点罚函数法、外点罚函数法和混合罚函数法三种,简称内点法、外点法和混合点法。

7.1.1　内点罚函数法

1. 内点法函数的构造

内点法罚函数法中间函数为各个约束函数的倒数之和

$$\psi[g_u(\boldsymbol{x})]=-\sum_{u=1}^{L}\frac{1}{g_u(\boldsymbol{x})}$$

或构造为各个约束函数倒数的自然对数之和

$$\psi[g_u(\boldsymbol{x})]=\sum_{u=1}^{L}\ln[-\frac{1}{g_u(\boldsymbol{x})}]$$

转化以后的罚函数形式为

$$l(\boldsymbol{x},r)=f(\boldsymbol{x})-r\sum_{u=1}^{L}\frac{1}{g_u(\boldsymbol{x})} \tag{7-2}$$

或

$$l(\boldsymbol{x},r)=f(\boldsymbol{x})-r\sum_{u=1}^{L}\ln[-g_u(\boldsymbol{x})] \tag{7-3}$$

式(7-2)、式(7-3)对应的优化问题的数学模型为

$$\min f(x),x\in\boldsymbol{R}^n$$
$$\text{s. t. } g_u(\boldsymbol{x})\leqslant 0\quad u=1,2,\cdots,L$$

如果不等式约束为 $g_u(\boldsymbol{x})\geqslant 0$ 的形式，则将式(7-2)、式(7-3)中的负号做相应调整。注意到当点列 $\{\boldsymbol{x}^{(k)}\}$ 在可行域内时，约束函数满足 $g_u(\boldsymbol{x})\leqslant 0$，且随着点列向约束函数边界靠近，中间函数取值趋于无穷，因此罚因子 $r^{(k)}$ 在逐步逼近的过程中由大到小变化，使惩罚项的极限趋于零。设计变量越靠近约束条件的边界，中间函数值就越大甚至趋于无穷，这样中间函数就像一道屏障限定设计变量只能在可行域内取值，当然要做到这一点初始点 $\boldsymbol{x}^{(0)}$ 应选在可行域内。

2. 内点法的迭代过程

(1)在可行域内选一个初始点 $\boldsymbol{x}^{(0)}$ 和适当大的初始罚因子 $r^{(0)}$，给定罚因子递减速率 $c(0<c<1)$，使罚因子逐步递减，$r^{(k)}=cr^{(k-1)}$。

(2)根据罚因子 $r^{(k)}$，求解罚函数 $l(\boldsymbol{x},r)$ 的极小点 $\boldsymbol{x}^*(r^{(k)})$。

(3)重复第2步，直到满足收敛条件，终止迭代。

3. 内点法的迭代终止准则

(1)用前后两次无约束极小点之间的距离表示

$$|\boldsymbol{x}^*(r^{(k)})-\boldsymbol{x}^*(r^{(k-1)})|\leqslant\varepsilon$$

或用相对误差表示

$$\frac{|\boldsymbol{x}^*(r^{(k)})-\boldsymbol{x}^*(r^{(k-1)})|}{|\boldsymbol{x}^*(r^{(k-1)})|}\leqslant\varepsilon,k=1,2,\cdots$$

(2)用相邻两点目标函数值的绝对误差表示

$$|f(\boldsymbol{x}^*(r^{(k)}))-f(\boldsymbol{x}^*(r^{(k-1)}))|\leqslant\varepsilon$$

或用相邻两点函数值差的相对误差表示

$$\frac{|f(\boldsymbol{x}^*(r^{(k)}))-f(\boldsymbol{x}^*(r^{(k-1)}))|}{|f(\boldsymbol{x}^*(r^{(k-1)}))|}\leqslant\varepsilon,k=1,2,\cdots$$

(3)用相邻两点罚函数的相对误差表示

$$\frac{|l(\boldsymbol{x}^*(r^{(k)}),r^{(k)})-l(\boldsymbol{x}^*(r^{(k-1)}),r^{(k-1)})|}{|l(\boldsymbol{x}^*(r^{(k-1)}),r^{(k-1)})|}\leqslant\varepsilon$$

当设计变量的变化速率与函数值的变化速率相差较大时，须同时考虑依据函数误差的终止准则及依据设计变量误差(距离)的终止准则。

【例 7-1】　利用内点法求问题

$$\min f(\boldsymbol{x})=x_1^2+2x_2^2,\boldsymbol{x}\in\boldsymbol{R}^2$$
$$\text{s. t. } g(\boldsymbol{x})=-x_1-x_2+1\leqslant 0$$

的约束最优解。

解:构造罚函数,将原问题转化为无约束优化问题,即

$$\min l(\boldsymbol{x},r)=f(\boldsymbol{x})-r\sum_{u=1}^{L}\ln(-g_u(x))=x_1^2+2x_2^2-r\ln(x_1+x_2-1)$$

对于任意给定的罚因子 $r(r>0)$,函数 $l(\boldsymbol{x},r)$ 为凸函数。用解析法求 $l(\boldsymbol{x},r)$ 的无约束极小值,即令 $\nabla l(\boldsymbol{x},r)=0$,得方程为

$$\begin{cases}\dfrac{\partial l}{\partial x_1}=2x_1-\dfrac{r}{x_1+x_2-1}=0\\[2ex]\dfrac{\partial l}{\partial x_2}=4x_1-\dfrac{r}{x_1+x_2-1}=0\end{cases}$$

联立求解得

$$\begin{cases}x_1(r)=\dfrac{1\pm\sqrt{1+3r}}{3}\\[2ex]x_2(r)=\dfrac{1\pm\sqrt{1+3r}}{6}\end{cases}$$

对于任意的 $r(r>0)$,$x_1(r)=\dfrac{1-\sqrt{1+3r}}{3}$和 $x_2(r)=\dfrac{1-\sqrt{1+3r}}{6}$均小于零。

故不满足 $x_1+x_2\geqslant 1$,应舍去。

无约束极值点为

$$\begin{cases}x_1{}^*(r)=\dfrac{1+\sqrt{1+3r}}{3}\\[2ex]x_2{}^*(r)=\dfrac{1+\sqrt{1+3r}}{6}\end{cases}$$

当 $r=5$ 时,$\boldsymbol{x}^*(r)=[1.667\quad 0.833]^{\mathrm{T}}$,$f(\boldsymbol{x}^*(r))=4.163$

当 $r=3$ 时,$\boldsymbol{x}^*(r)=[1.387\quad 0.694]^{\mathrm{T}}$,$f(\boldsymbol{x}^*(r))=2.887$

当 $r=1.5$ 时,$\boldsymbol{x}^*(r)=[1.115\quad 0.558]^{\mathrm{T}}$,$f(\boldsymbol{x}^*(r))=1.865$

当 $r=0.36$ 时,$\boldsymbol{x}^*(r)=[0.814\quad 0.407]^{\mathrm{T}}$,$f(\boldsymbol{x}^*(r))=0.994$

当 $r=0$ 时,$\boldsymbol{x}^*(r)=[0.667\quad 0.333]^{\mathrm{T}}$,$f(\boldsymbol{x}^*(r))=0.667$

由计算可知,当逐渐减小 r 值,直至趋近于 0 时,$\boldsymbol{x}^*(r)$ 逼近原约束问题的最优解。

【例 7-2】 利用内点法求问题

$$\min f(x)=(x_1-1)^2+(x_2-2)^2+1,\boldsymbol{x}\in\boldsymbol{R}^2$$
$$\text{s.t.}\quad g_1(\boldsymbol{x})=2x_1-x_2-1\leqslant 0$$
$$g_2(\boldsymbol{x})=x_1+x_2-2\leqslant 0$$
$$g_3(\boldsymbol{x})=x_1\leqslant 0$$
$$g_4(\boldsymbol{x})=x_2\leqslant 0$$

的约束最优解。

解:【例 7-2】的 Matlab 程序如下。

```
function pen_in_test
%内点罚函数法
%pen_in_test. m
```

```
global r
clc;
format long;
x0=[0.5 0.5];
r=1e8;
c=-1;
k=0
while c<0
k=k+1;
r=r*0.97;
[xo fo]=fminsearch(@fpen_in,x0)
[fc f c g]=fpen_in(xo)
x0=xo;
end

function [fc f c g]=fpen_in(x)
global r
f=(x(1)-1)^2+(x(2)-2)^2+1;
g=[2*x(1)-x(2)-1
x(1)+x(2)-2
-x(1)
-x(2)];
c=0;
for i=1:4
c=c+(g(i)<0)*log(abs(g(i)));
end
fc=f+r*c;
```

计算结果为：

```
xo=
1.00010436403355    1.99984323680675
fc=
1.00014459741663
```

7.1.2　外点罚函数法

1. 外点法罚函数的构造

由前面的分析可知，惩罚项是罚因子和中间函数的乘积，内点法中随着设计变量移向约束函数的边界，中间函数值不断增加，罚因子不断减小，在迭代过程中惩罚项最终趋于零。因此惩罚项也可反过来设计，即在迭代过程中随着设计变量移向约束函数的边界，使中间函数逐步减小，而使罚因子逐步增大。如此构造出的罚函数称为外点罚函数，对于式(7-1)所示的约束优化问题，外点罚函数的具体形式如下。

对于不等式约束，中间函数的形式为

$$\psi[g_u(\boldsymbol{x})]=\begin{cases}\sum\limits_{u=1}^{L}[g_u(\boldsymbol{x})]^2 & g_u(\boldsymbol{x})<0\\ 0 & g_u(\boldsymbol{x})\geqslant 0\end{cases}$$

对于等式约束,中间函数的形式为

$$\varphi[h_v(\boldsymbol{x})]=\begin{cases}\sum\limits_{v=1}^{M}[h_v(\boldsymbol{x})]^2 & h_v(\boldsymbol{x})\neq 0\\ 0 & h_v(\boldsymbol{x})=0\end{cases}$$

结合以上两种形式,对同时含有等式约束和不等式约束的优化问题,用外点罚函数法构造的罚函数的形式为

$$l(\boldsymbol{x},r)=f(\boldsymbol{x})+r\sum_{u=1}^{L}[\max(0,g_u(\boldsymbol{x}))]^2+r\sum_{v=1}^{M}[h_v(\boldsymbol{x})]^2 \tag{7-4}$$

式中罚因子 r 是正的递增序列,即 $r^{(k)}=cr^{(k-1)}$,递增速率 $c>1$。

2. 外点法的迭代过程

(1)任选一个初始点 $\boldsymbol{x}^{(0)}$ 和适当大的初始罚因子 $r^{(0)}$,给定罚因子递增速率 $c(c>1)$,使罚因子逐步递增,$r^{(k)}=cr^{(k-1)}$。

(2)根据罚因子 $r^{(k)}$,求解罚函数 $l(\boldsymbol{x},r)$ 的极小点 $\boldsymbol{x}^*(r^{(k)})$。

(3)重复第(2)步,直到满足收敛条件,终止迭代。

外点罚函数法的终止准则与内点法相似。外点法初始迭代点的取值可以在可行域内,也可在可行域外,当取在可行域内时惩罚项不起约束作用,只有当解落在可行域外时惩罚项才起约束作用。外点法的程序框图如图 7-1 所示。

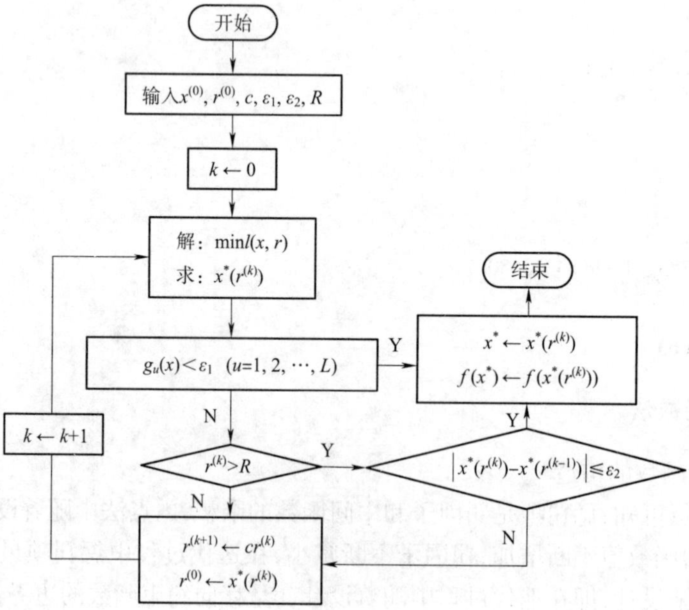

图 7-1 外点法的程序框图

【例 7-3】 利用外点法求【例 7-1】的约束最优解。

解:构造罚函数,将原问题转化为无约束优化问题,即

$$\min l(\boldsymbol{x},r)=f(x)+r\sum_{u=1}^{L}[\max(0,g_u(\boldsymbol{x}))]^2=x_1^2+2x_2^2+r(-x_1-x_2+1)^2$$

对于任意给定的罚因子 $r(r>0)$,函数 $l(\boldsymbol{x},r)$ 为凸函数。用解析法求 $l(\boldsymbol{x},r)$ 的无约束极小值,即令 $\nabla l(\boldsymbol{x},r)=0$,得方程为

$$\begin{cases}\dfrac{\partial l}{\partial x_1}=2x_1-2r(-x_1-x_2+1)=0\\[2ex]\dfrac{\partial l}{\partial x_2}=4x_1-2r(-x_1-x_2+1)=0\end{cases}$$

联立求解得无约束极值点为

$$\begin{cases}x_1{}^*(r)=\dfrac{2r}{3r+2}\\[2ex]x_2{}^*(r)=\dfrac{r}{3r+2}\end{cases}$$

当 $r=0.3$ 时,$\boldsymbol{x}^*(r)=[0.207\quad 0.103]^{\mathrm{T}}$,$f(\boldsymbol{x}^*(r))=0.064$

当 $r=2$ 时,$\boldsymbol{x}^*(r)=[0.5\quad 0.25]^{\mathrm{T}}$,$f(\boldsymbol{x}^*(r))=0.375$

当 $r=5$ 时,$\boldsymbol{x}^*(r)=[0.588\quad 0.294]^{\mathrm{T}}$,$f(\boldsymbol{x}^*(r))=0.519$

当 $r=10$ 时,$\boldsymbol{x}^*(r)=[0.625\quad 0.3125]^{\mathrm{T}}$,$f(\boldsymbol{x}^*(r))=0.586$

当 $r\to\infty$ 时,$\boldsymbol{x}^*(r)=[0.667\quad 0.333]^{\mathrm{T}}$,$f(\boldsymbol{x}^*(r))=0.667$

由计算可知,当逐渐增大 r 值,直至趋近于无穷时,$\boldsymbol{x}^*(r)$ 逼近原约束问题的最优解。

【例 7-3】的 Matlab 程序如下。

```
function pen_ex_test
%外点罚函数法
clc;
global r
formatlong;
x0=[0.5 0.5];
r=1e-6;
c=1;
k=0
TolX=1e-3
while c>1e-6
k=k+1;
r=r*1.1
[x fc]=fminsearch(@fpen_in_sjm1,x0)
[fc f c]=fpen_in_sjm1(x)
x0=x;
end

function [fc f c]=fpen_in_sjm1(x)
global r
```

```
f=x(1)^2+2*x(2)^2;
c=-x(1)-x(2)+1;
fc=f+r*(c>0)*c^2;
```

计算结果如下：

```
x =
    0.66679835346354    0.33320078985086
fc =
    0.66666599488580
```

7.2 增广乘子法

罚函数法属于序列逼近求解方法，虽然其适用范围广，且可以与各种有效的无约束最优化算法相结合，但序列迭代过程收敛较慢，且结果是否收敛依赖于初始罚因子 $r^{(0)}$ 的取值，当 $r^{(0)}$ 取值不当时，使罚函数计算发生困难。因此人们提出了将拉格朗日乘子法与罚函数法相结合构造无约束目标函数的方法即增广乘子法。增广乘子法结合了拉格朗日乘子法与罚函数法的优点，对约束条件既引入乘子项又引入惩罚项。根据约束条件的性质，增广乘子法又分为等式约束、不等式约束及混合约束的增广乘子法。本章着重介绍具有等式约束和不等式约束的增广乘子法的原理和步骤。

7.2.1 拉格朗日乘子法

有约束优化问题极值条件时，用到下面的等式约束优化模型

$$\min f(x), \quad \boldsymbol{x} \in \boldsymbol{R}^n$$
$$\text{s.t.}\ h_v(\boldsymbol{x})=0 \quad v=1,2,\cdots,M<n \tag{7-5}$$

并且通过应用拉格朗日乘子将等式约束优化问题式转化为无约束优化问题

$$\min l(\boldsymbol{x},\boldsymbol{\lambda})=f(\boldsymbol{x})+\boldsymbol{\lambda}^T h(\boldsymbol{x})=f(\boldsymbol{x})+\sum_{v=1}^{M}\lambda_v h_v(\boldsymbol{x}) \tag{7-6}$$

新目标函数的极值的必要条件为

$$\frac{\partial l}{\partial x_i}=0(i=1,2,\cdots,n)$$
$$\frac{\partial l}{\partial \lambda_v}=0(v=1,2,\cdots,M)$$

可得 $n+M$ 个方程，从而解得 $\boldsymbol{x}=[x_1,x_2,\cdots,x_n]^{\mathrm{T}}$ 和 $\lambda_v(v=1,2,\cdots,M)$ 共 $n+M$ 个未知变量的值。下面通过两个例子，对拉格朗日乘子法的应用作进一步说明。

【例 7-4】 利用拉格朗日乘子法求问题。

$$\min f(\boldsymbol{x})=x_1^2+x_2^2$$
$$\text{s.t.}\ h(\boldsymbol{x})=x_1+x_2-2=0$$

解：①把 $x_2=2-x_1$ 代入式等式约束条件 $h(\boldsymbol{x})$ 中，问题变成了无约束最优化问题，即

$$f(x_1)=x_1^2+(2-x_1)^2=2x_1^2-4x_1+4$$

然后对目标函数 $f(x_1)$ 对 x_1 求偏导数，偏导数为零。

$$\frac{\partial}{\partial x_1}f(x_1)=4x_1-4=0,x_1^*=1,x_2^*=2-x_1=1,f(\boldsymbol{x}^*)=2$$

②按式(7-6)构造拉格朗日函数

$$\min\ l(\boldsymbol{x},\boldsymbol{\lambda})=x_1^2+x_2^2+\lambda(x_1+x_2-2)$$

$$\frac{\partial}{\partial x_1}l(\boldsymbol{x},\boldsymbol{\lambda})=2x_1+\lambda=0,\quad x_1=-\lambda/2$$

$$\frac{\partial}{\partial x_2}l(\boldsymbol{x},\boldsymbol{\lambda})=2x_2+\lambda=0,\quad x_2=-\lambda/2$$

$$\frac{\partial}{\partial \lambda}l(\boldsymbol{x},\boldsymbol{\lambda})=x_1+x_2-2=0$$

$$x_1+x_2=2\Rightarrow-\lambda/2-\lambda/2=2,\lambda=-2$$

$$x_1{}^*=-\lambda/2=1,x_2{}^*=-\lambda/2=1,f(\boldsymbol{x}^*)=2$$

应用拉格朗日乘子法求解约束优化问题时，得到一组线性或非线性方程组。在变量个数较少时可以用手工求解该组，但如果变量较多，手工求解困难时可借助计算机求解。下面用第2章介绍的求非线性方程组的秩1牛顿法求解该问题，具体程序如下：

```
%root_broyden_test2. m
clc;
clearall;
fsys=inline('[2*x(1)+x(3)  2*x(2)+x(3)  x(1)+x(2)-2]','x');
x0=[1 1 1],TolX=1e-6;TolFun=1e-6;MaxIter=50;
[xo,fo]=root_broyden(fsys,x0,TolX,MaxIter)
```

计算结果与手工求解结果相同。

【例 7-5】　用拉格朗日乘子法求解。

$$\min f(\boldsymbol{x})=x_1+x_2$$

$$\text{s. t.}\ \ h(\boldsymbol{x})=x_1^2+x_2^2-2=0$$

解：按式(7-6)构造拉格朗日函数

$$\min\ l(\boldsymbol{x},\boldsymbol{\lambda})=x_1+x_2+\lambda(x_1^2+x_2^2-2)$$

$$\frac{\partial}{\partial x_1}l(\boldsymbol{x},\boldsymbol{\lambda})=1+2\lambda x_1=0,\quad x_1=-\frac{1}{2\lambda}$$

$$\frac{\partial}{\partial x_2}l(\boldsymbol{x},\boldsymbol{\lambda})=1+2\lambda x_2=0,\quad x_2=-\frac{1}{2\lambda}$$

$$\frac{\partial}{\partial \lambda}l(\boldsymbol{x},\boldsymbol{\lambda})=x_1^2+x_2^2-2=0$$

$$x_1{}^2+x_2{}^2=2\Rightarrow\left(-\frac{1}{2\lambda}\right)^2+\left(-\frac{1}{2\lambda}\right)^2=2,\quad \lambda=\pm\frac{1}{2}$$

$$x_1=-\frac{1}{2\lambda}=\pm1,x_2=-\frac{1}{2\lambda}=\pm1$$

为了确定哪一个是最小值，哪一个是最大值，对拉格朗日函数 $l(\boldsymbol{x},\boldsymbol{\lambda})$ 对 $\boldsymbol{x}$ 求二阶偏导。

$$G=\frac{\partial^2}{\partial x^2}l(\boldsymbol{x},\boldsymbol{\lambda})=\begin{bmatrix}\dfrac{\partial^2 l}{\partial x_1{}^2} & \dfrac{\partial^2 l}{\partial x_1\ \partial x_2}\\ \dfrac{\partial^2 l}{\partial x_2\ \partial x_1} & \dfrac{\partial^2 l}{\partial x_2{}^2}\end{bmatrix}=\begin{bmatrix}2\lambda & 0\\ 0 & 2\lambda\end{bmatrix}$$

上式中,λ 将决定矩阵 G 的值。如果 $\lambda>0$,矩阵 G 为正定矩阵,$f(\boldsymbol{x})$ 取极小值;如果 $\lambda<0$,矩阵 G 为负定矩阵,$f(\boldsymbol{x})$ 取极大值。故当 $\lambda=\frac{1}{2}$ 时,即 $x_1=-1, x_2=-1$ 时,$f_{\min}(\boldsymbol{x})=-2$;当 $\lambda=-\frac{1}{2}$ 时,即 $x_1=1, x_2=1$ 时,$f_{\max}(\boldsymbol{x})=2$。

7.2.2 等式约束的增广乘子法

如果将式(7-5)的等式约束同时应用罚函数法(如外点罚函数法)及拉格朗日乘子法构造无约束函数,则得到拉格朗日增广函数

$$M(\boldsymbol{x},\boldsymbol{\lambda},r)=f(\boldsymbol{x})+\frac{r}{2}\sum_{v=1}^{M}[h_v(\boldsymbol{x})]^2+\sum_{v=1}^{M}\lambda_v h_v(\boldsymbol{x}) \tag{7-7}$$

将式(7-7)对 $\boldsymbol{x}$ 求一阶导数并令其为零,得

$$\nabla M_x(\boldsymbol{x},\boldsymbol{\lambda},r)=\nabla f(\boldsymbol{x})+\sum_{v=1}^{M}(\lambda_v+rh_v(\boldsymbol{x}))\nabla h_v(\boldsymbol{x})=0 \tag{7-8}$$

式(7-8)为关于 $\boldsymbol{x}$ 的 n 元方程组,解出 $\boldsymbol{x}$ 后代入式(7-7)中得到关于 $\boldsymbol{\lambda}_v$ 和 r 的方程,如果固定罚因子 r,则得到关于 $\boldsymbol{\lambda}_v$ 的方程 $M(\boldsymbol{\lambda})$。求解拉格朗日乘子 $\boldsymbol{\lambda}_v$ 有如下两种方法:

(1)通过函数 $M(\boldsymbol{\lambda})$ 的极值条件,$\frac{\partial M(\boldsymbol{\lambda})}{\partial \boldsymbol{\lambda}}=0$ 求解;

(2)通过迭代格式 $\boldsymbol{\lambda}^{(k+1)}=\boldsymbol{\lambda}^{(k)}+\Delta\boldsymbol{\lambda}^{(k)}$ 求解,迭代格式的具体形式可表示为

$$\lambda_v^{(k+1)}=\lambda_v^{(k)}+rh_v(\boldsymbol{x}^{(k)}),(v=1,2,\cdots,M) \tag{7-9}$$

在增广拉格朗日乘子法中并不要求罚因子 r 趋于无穷($r\to\infty$),只需取大的值,或按一定的比例递增,即 $r=cr, c>0$。

【例 7-6】 求下面有约束优化问题的最优解。

$$\min f(\boldsymbol{x})=2x_1^2-x_2^2-2x_1x_2$$
$$\text{s. t.}\ \ h(\boldsymbol{x})=x_1+x_2-1=0$$

解:(1)构造拉格朗日函数

$$l(\boldsymbol{x},\boldsymbol{\lambda})=2x_1^2-x_2^2-2x_1x_2+\lambda(x_1+x_2-1)$$

其海赛矩阵为

$$G=\begin{bmatrix}\dfrac{\partial^2 l}{\partial x_1^2} & \dfrac{\partial^2 l}{\partial x_1\ \partial x_2}\\ \dfrac{\partial^2 l}{\partial x_2\ \partial x_1} & \dfrac{\partial^2 l}{\partial x_2^2}\end{bmatrix}=\begin{bmatrix}4 & -2\\ -2 & -2\end{bmatrix}$$

海赛矩阵 G 在全平面上任何一点都不是正定的,因而拉格朗日函数不存在极小值,故不能用拉格朗日乘子法求解此问题。

(2)构造增广乘子函数

$$M(\boldsymbol{x},\boldsymbol{\lambda},r)=2x_1^2-x_2^2-2x_1x_2+\lambda(x_1+x_2-1)+\frac{1}{2}r(x_1+x_2-1)^2$$

其海赛矩阵为 $\boldsymbol{G}=\begin{bmatrix}4+r & r-2\\ r-2 & r-2\end{bmatrix}$。若要使海赛矩阵 $\boldsymbol{G}$ 为正定矩阵，则需满足

$$4+r>0$$
$$(4+r)(r-2)-(r-2)^2>0$$

解得，当 $r>2$ 时，$\boldsymbol{G}$ 在全平面上处处正定。

取 $r=3>2$，则增广乘子函数为

$$M(\boldsymbol{x},\boldsymbol{\lambda},r)=2x_1^2-x_2^2-2x_1x_2+\lambda(x_1+x_2-1)+\frac{3}{2}(x_1+x_2-1)^2$$

根据极值条件，将上式对 $\boldsymbol{x}$ 求导数，并令 $\nabla_x M(\boldsymbol{x},\boldsymbol{\lambda})=0$，得

$$\frac{\partial M}{\partial x_1}=4x_1-2x_2+\lambda+3(x_1+x_2-1)=0$$

$$\frac{\partial M}{\partial x_2}=-2x_2-2x_1+\lambda+3(x_1+x_2-1)=0$$

联立求解，得 $x_1^*=0, x_2^*=3-\lambda$，将 x_1, x_2 代入增广乘子函数

$$M(\lambda)=-(3-\lambda)^2+\lambda(2-\lambda)+\frac{3}{2}(2-\lambda)^2$$

进一步将上式对 λ 导数并令其为零，得

$$\frac{\partial M}{\partial\lambda}=2-\lambda=0$$

得 $\lambda^*=2$。函数 $M(\boldsymbol{\lambda})$ 的二阶导数 $\frac{\partial^2 M}{\partial\lambda^2}=-1<0$，因此 $\lambda^*=2$ 是函数 $M(\lambda)$ 的极大值。新一轮的拉格朗日乘子为

$$\lambda=2+3(x_1+x_2-1)=3x_1+3x_2-1$$

将上式代入增广乘子函数 $M(\boldsymbol{x},\boldsymbol{\lambda},r)$ 的，得

$$M(\boldsymbol{x},r)=2x_1^2-x_2^2-2x_1x_2+(3x_1+3x_2-1)(x_1+x_2-1)+\frac{r}{2}(x_1+x_2-1)^2$$

再令

$$\frac{\partial M}{\partial x_1}=7x_1+x_2-1+(3+r)(x_1+x_2-1)=0$$

$$\frac{\partial M}{\partial x_2}=(4+r)(x_1+x_2-1)=0$$

解得 $x_1=0, x_2=1, f(\boldsymbol{x})=-1$。

下面用 Matlab 语言编程求解此问题。这里分别考虑用 Matlab 优化工具箱中二次规划函数 quadprog( )、有约束优化函数 fminunc( ) 及无约束优化函数 fminsearch( ) 求解。程序如下：

```
function li7_6
clc;
clear all;
```

```
global lamda
G=[4-2
  -2-2];
f=[];
fun1=inline('2*x(1)^2-x(2)^2-2*x(1)*x(2)','x');
Aeq=[1 1];
beq=[1];
x01=[0,0];
x02=[0,0];
TolX=1e-6;TolFun=1e-6;MaxIter=50;
[x1 feva1]=quadprog(G,f,[],[],Aeq,beq)%二次规划
[x2 feva2]=fmincon(fun1,x01,[],[],Aeq,beq)%有约束优化
%增广乘子法
lamda=0;
k=1;
f0=1e8;
while k>0
k=k+1
[x3,feva3]=fminsearch(@fun2,x02);
x3,feva3,f0
if abs(f0-feva3)<1e-8,break;end
f0=feva3;
x02=x3;
end
x3,feva3
function [ff]=fun2(x)
global lamda
r=10;
lamda=lamda+1e-5;
ff=2*x(1)^2-x(2)^2-2*x(1)*x(2)+lamda*(x(1)+x(2)-1)+r*(x(1)+x(2)-1)^2;增广乘子函数
```

计算结果如下：

```
x3=
  -0.000365214203958    1.000843346363126
feva3=
  -1.000001491734134
```

7.2.3 不等式约束的增广乘子法

将拉格朗日乘子法用于求解不等式约束优化问题

$$\min f(x),\boldsymbol{x}\in\boldsymbol{R}^n \tag{7-10}$$

$$\text{s.t. } g_u(x)\leqslant 0 \quad (u=1,2,\cdots,L)$$

引进松弛变量 $\boldsymbol{y}=[y_1,y_2,\cdots,y_L]^{\mathrm{T}}$，将不等式约束问题转化为等式约束问题

$$\begin{aligned} &\min f(\boldsymbol{x}), \quad \boldsymbol{x} \in \boldsymbol{R}^n \\ &\text{s.t. } g_u(\boldsymbol{x},\boldsymbol{y}) = 0 \quad (u=1,2,\cdots,L) \end{aligned} \tag{7-11}$$

根据等式约束增广乘子函数式(7-6)的构造型式,构造式(7-12)的增广乘子函数,其形式为

$$\begin{aligned} M(\boldsymbol{x},\boldsymbol{y},\boldsymbol{\lambda},r) &= f(\boldsymbol{x}) + \sum_{u=1}^{L} \lambda_u g'_u(\boldsymbol{x},\boldsymbol{y}) + \frac{r}{2}\sum_{u=1}^{L} [g'_u(\boldsymbol{x},\boldsymbol{y})]^2 \\ &= f(\boldsymbol{x}) + \sum_{u=1}^{L} \lambda_u [g_u(\boldsymbol{x}) + y_u^2] + \frac{r}{2}\sum_{u=1}^{L} [g_u(\boldsymbol{x}) + y_u^2]^2 \end{aligned} \tag{7-12}$$

为使函数 $M(\boldsymbol{x},\boldsymbol{y},\boldsymbol{\lambda},r)$ 关于 $\boldsymbol{y}$ 取极值,即令 $\nabla_y M(\boldsymbol{x},\boldsymbol{y},\boldsymbol{\lambda},r)=0$,于是

$$y_u[\lambda_u + rg_u(x) + ry_u^2] = 0 (u=1,2,\cdots,L)$$

上式中松弛变量有两种可能的解

$$\begin{cases} y_u^2 = 0, & \lambda_u + rg_u(\boldsymbol{x}) \geqslant 0 \\ y_u^2 = -[\dfrac{\lambda_u}{r} + g_u(\boldsymbol{x})], & \lambda_u + rg_u(\boldsymbol{x}) < 0 \end{cases} \tag{7-13}$$

因此有

$$g_u(x) + y_u^2 = \begin{cases} g_u(\boldsymbol{x}), & g_u(x) \geqslant -\dfrac{\lambda_u}{r} \\ -\dfrac{\lambda_u}{r}, & g_u(\boldsymbol{x}) < -\dfrac{\lambda_u}{r} \end{cases} \tag{7-14}$$

得

$$\begin{cases} \displaystyle\sum_{u=1}^{L} (\lambda_u g_u(x) + \frac{r}{2}(g_u(x))^2) = \frac{1}{2r}\sum_{u=1}^{L} [(\lambda_u + rg_u(x))^2 - \lambda_u^2] \\ \text{或} \displaystyle\sum_{u=1}^{L} (-\frac{\lambda_u^2}{r} + \frac{1}{2}\frac{\lambda_u^2}{r}) = \frac{1}{2r}\sum_{u=1}^{L} (-\lambda_u^2) \end{cases} \tag{7-15}$$

于是,可得

$$M(\boldsymbol{x},\boldsymbol{\lambda},r) = f(\boldsymbol{x}) + \frac{1}{2r}\sum_{u=1}^{L} \{[\max(0, \lambda_u + rg_u(\boldsymbol{x}))]^2 - \lambda_u{}^2\} \tag{7-16}$$

式(7-12)也可表示为

$$M(\boldsymbol{x},\boldsymbol{y},\boldsymbol{\lambda},r) = f(\boldsymbol{x}) + \sum_{u=1}^{L} \lambda_u \alpha_u + \frac{r}{2}\sum_{u=1}^{L} \alpha_u^2 \tag{7-17}$$

其中,

$$\alpha_u = \max(g_u(x), -\frac{\lambda_u}{r}) \tag{7-18}$$

α_u 的迭代计算格式为

$$\lambda_u^{(k+1)} = \lambda_u^{(k)} + r\alpha_u^{(k)} \tag{7-19}$$

类似地,对含有等式约束和不等式约束的优化问题,拉格朗日增广函数为

$$M(\boldsymbol{x},\boldsymbol{y},\boldsymbol{\lambda},r) = f(\boldsymbol{x}) + \sum_{u=1}^{L} \lambda_u \alpha_u + \frac{r}{2}\sum_{u=1}^{L} \alpha_u^2 + \sum_{v=1}^{M} \lambda_v h_v(\boldsymbol{x}) + \frac{r}{2}\sum_{v=1}^{M} (h_v(\boldsymbol{x}))^2 \tag{7-20}$$

其中,α_u 的表达式仍为式(7-18),乘子 λ_u 迭代计算公式为式(7-19),乘子 λ_v 的迭代计算公式为

$$\lambda_v^{(k+1)}=\lambda_v^{(k)}+rh_v(\boldsymbol{x}) \tag{7-21}$$

【例 7-7】 用拉格朗日增广乘子法求解下列最优化问题。

$$\min f(\boldsymbol{x})=x_1^2+2x_2^2$$

$$\text{s. t. } 1-x_1-x_2\leqslant 0$$

解:根据式(7-16)构造拉格朗日增广乘子函数如下。

$$M(\boldsymbol{x},\lambda,r)=x_1^2+2x_2^2+\lambda\left[\max\left(-\frac{\lambda}{r},(1-x_1-x_2)\right)\right]+\frac{r}{2}\left[\max\left(-\frac{\lambda}{r},(1-x_1-x_2)\right)\right]^2$$

$$M(\boldsymbol{x},\lambda,r)=\begin{cases}x_1^2+2x_2^2+\lambda(1-x_1-x_2)+\dfrac{r}{2}(1-x_1-x_2)^2, & \text{当 } x_1+x_2-1\leqslant\dfrac{\lambda}{r}\text{时}\\ x_1^2+2x_2^2-\dfrac{\lambda^2}{2r} & \text{当 } x_1+x_2-1>\dfrac{\lambda}{r}\text{时}\end{cases}$$

根据机制条件,$\nabla_x M(\boldsymbol{x},\lambda,r)=0$,则

$$\frac{\partial M}{\partial x_1}=\begin{cases}2x_1-[\lambda+r(1-x_1-x_2)], & \text{当 } x_1+x_2-1\leqslant\dfrac{\lambda}{r}\text{时}\\ 2x_1, & \text{当 } x_1+x_2-1>\dfrac{\lambda}{r}\text{时}\end{cases}$$

$$\frac{\partial M}{\partial x_2}=\begin{cases}4x_1-[\lambda+r(1-x_1-x_2)] & \text{当 } x_1+x_2-1\leqslant\dfrac{\lambda}{r}\text{时}\\ 4x_2 & \text{当 } x_1+x_2-1>\dfrac{\lambda}{r}\text{时}\end{cases}$$

拉格朗日增广乘子函数 $M(\boldsymbol{x},\lambda,r)$ 的极小值点为

$$\boldsymbol{x}=\begin{bmatrix}x_1\\x_2\end{bmatrix}=\begin{bmatrix}\dfrac{2(r+\lambda)}{3r+4}\\\dfrac{r+\lambda}{3r+4}\end{bmatrix}$$

取 $r=4,\lambda^{(1)}=0$,得到 $M(\boldsymbol{x},\lambda^{(1)},r)$ 的极小值点为

$$\boldsymbol{x}^{(1)}=\begin{bmatrix}x_1^{(1)}\\x_2^{(1)}\end{bmatrix}=\begin{bmatrix}\dfrac{1}{2}\\\dfrac{1}{4}\end{bmatrix}$$

修正增广乘子向量 λ,即

$$\lambda^{(2)}=\lambda^{(1)}+r\max\left(-\frac{\lambda^{(1)}}{4},(1-x_1-x_2)\right)=0+r\max\left[-\frac{0}{4},\left(1-\frac{1}{2}-\frac{1}{4}\right)\right]=1$$

将 $\lambda^{(2)}$ 代入式(7-20)得 $M(\boldsymbol{x},\lambda^{(2)},r)$ 的极小值点为

$$\boldsymbol{x}^{(2)}=\begin{bmatrix}x_1^{(2)}\\x_2^{(2)}\end{bmatrix}=\begin{bmatrix}\dfrac{5}{8}\\\dfrac{5}{16}\end{bmatrix}$$

继续迭代,得最优解为 $x=\begin{bmatrix}\frac{2}{3} & \frac{1}{3}\end{bmatrix}$,$f(x)=\frac{2}{3}$。

用 Matlab 语言编程求解,程序如下:

```
function li7_7
clc;
clearall;
global lamda
G=[2 0
  0 4];
f=[];
fun1=inline('x(1)^2+2*x(2)^2','x');
A=[-1-1];
b=[-1];
x01=[0,0];
[x1 feva1]=quadprog(G,f,A,b)
[x2 feva2]=fmincon(fun1,x01,A,b)
lamda=0;
k=1;
f0=1e8;
x02=[0,0];
while k>0
k=k+1
[x3,feva3]=fminsearch(@fun2,x02);
x3,feva3,f0
if abs(f0-feva3)<1e-8,break;end
f0=feva3;
x02=x3;
end
x3,feva3
function [ff]=fun2(x)
global lamda
r=5;
lamda1=max([0,lamda+r*(1-x(1)-x(2))]);
ff=x(1)^2+2*x(2)^2+1/(2*r)*(lamda1^2-lamda^2);
lamda=lamda+1e-6;
```

计算结果如下:

```
x3=
    0.665706153992483    0.332826130472832
feva3=
    0.666659899165573
```

习　题

1. 对于约束问题

$$\min f(\boldsymbol{x})=x_1^2+x_2^2, \boldsymbol{x}\in \boldsymbol{R}^2$$
$$\text{s. t.}\ g(\boldsymbol{x})=1-x_1\leqslant 0$$

(1)试用内点罚函数法求其最优解。

(2)试用外点罚函数法求其最优解。

2. 设约束优化问题数学模型为

$$\min f(\boldsymbol{x})=x_1^2-x_2^2, \boldsymbol{x}\in \boldsymbol{R}^2$$
$$\text{s. t.}\ g(\boldsymbol{x})=x_1+x_2-1\geqslant 0$$

试用内点惩罚函数法 Matlab 程序求解该问题的极小点。

3. 利用外点法求问题

$$\min f(x)=x, x\in \boldsymbol{R}^1$$
$$\text{s. t.}\ g(x)=-x+1\leqslant 0$$

的约束最优解。

第 8 章　多目标函数优化设计

无约束与约束优化问题，只涉及一个目标函数，属于单目标函数优化设计问题。在许多工程实际优化问题中，一个设计方案又期望有几项设计指标同时都达到最优值，这种在优化设计中同时要求两项及其以上目标函数达到最优值的问题，称为多目标最优化设计问题，目标函数称为多目标函数。例如齿轮减速器的优化设计中，常有如下几方面要求：

(1)各传动轴间的中心距 $f_1(x)$ 尽可能小，以使减速器结构紧凑、体积小；

(2)所有齿轮体积的总和 $f_2(x)$ 最小，以节约材料、降低成本；

(3)传动效率 $f_3(x)$ 尽可能高，以节约能源消耗，减少摩擦和热量。

按以上要求分别建立目标函数 $f_1(x)$、$f_2(x)$ 和 $f_3(x)$，同时考虑它们时也是多目标函数优化设计问题。

多目标函数优化问题的求解，不像单目标函数那样可通过比较目标函数值的大小来寻找最优解。因为在多目标问题中，各个分目标函数的最优解，往往是互相矛盾的，有时甚至是完全对立的。设计变量的取值有可能使一个目标值变好，而使另一个目标值变坏。所以，多目标函数优化问题的求解，常常需要在各目标函数最优解之间进行协调，其求解过程要复杂得多。本章扼要介绍多目标优化问题的一些基本概念、求解思路和处理方法。

8.1　多目标优化问题

8.1.1　多目标优化问题数学模型

在多目标优化设计中，若有 p 个目标函数要求同时达到最优，则表示为

$$\boldsymbol{F}(\boldsymbol{x})=[f_1(\boldsymbol{x})f_2(\boldsymbol{x})\cdots f_p(\boldsymbol{x})]^{\mathrm{T}} \tag{8-1}$$

式(8-1)称为向量目标函数，是多目标函数。式中 $f_1(\boldsymbol{x})f_2(\boldsymbol{x})\cdots f_p(\boldsymbol{x})$ 称为目标函数中的各分目标函数。

多目标优化设计数学模型的一般表达式为

$$\left.\begin{aligned}\boldsymbol{V}\text{-}\min\boldsymbol{F}(\boldsymbol{x})&=[f_1(\boldsymbol{x})f_2(\boldsymbol{x})\cdots f_p(\boldsymbol{x})]^{\mathrm{T}}\\ \boldsymbol{x}&=[x_1x_2\cdots x_n]\in\boldsymbol{D}\subset\boldsymbol{R}^n\\ \text{s.t.}\quad g_u(\boldsymbol{x})&\leqslant 0\quad(u=1,2,\cdots,L)\\ h_v(\boldsymbol{x})&=0\quad(v=1,2,\cdots,M<n)\end{aligned}\right\} \tag{8-2}$$

其中，$\boldsymbol{V}\text{-}\min\boldsymbol{F}(\boldsymbol{x})=[f_1(\boldsymbol{x})f_2(\boldsymbol{x})\cdots f_p(\boldsymbol{x})]^{\mathrm{T}}$ 表示多目标极小化数学模型的向量表达形式。

在多目标优化问题的数学模型中，还有一类模型：在共同的约束条件下，各个目标函数是按不同的优先层次先后地进行优化，这种优化问题称为分层次多目标优化问题。

8.1.2　多目标优化设计解的类型

单目标优化设计中对各种性态的函数，总可以通过对迭代点函数值的比较，找出全局最优

解,而且对任意两个解都能判断其优劣。而多目标与单目标优化问题则有根本的区别,任意两个解就不一定能判断出优劣。

(1)绝对最优解

对于式(8-2)所表示的多目标优化设计问题,若包括所有的 $i=1,2,\cdots,p$,对于任意的设计点 $\boldsymbol{x}\in\boldsymbol{D}$ 都有 $f_i(\boldsymbol{x})\geqslant f_i(\boldsymbol{x}^*)$ 成立,则点 $\boldsymbol{x}^*$ 称为多目标优化问题的绝对最优解(也称为最优解)。

(2)非劣解(有效解)与劣解

对于式(8-2),若有设计点 $\boldsymbol{x}^*\in\boldsymbol{D}$,不存在任意的 $\boldsymbol{x}\in\boldsymbol{D}$,使 $\boldsymbol{F}(\boldsymbol{x})\leqslant\boldsymbol{F}(\boldsymbol{x}^*)$ 成立,或不存在任意的 $\boldsymbol{x}\in\boldsymbol{D}$,使 $f_i(\boldsymbol{x})\leqslant f_i(\boldsymbol{x}^*)$ 对于所有的 $i=1,2,\cdots,p$ 成立,则称 $\boldsymbol{x}^*$ 为非劣解(有效解)。

【例 8-1】 有两个目标函数 f_1 和 f_2 的优化问题,如图 8-1 所示,希望两个目标都是越小越好。

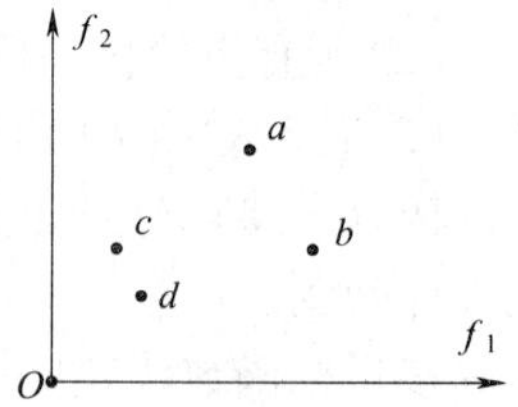

图 8-1 非劣解与劣解示意图

现有 a、b、c 和 d 四个设计方案,比较 a 和 b 两个方案,对于 f_1,方案 a 比 b 优,对于 f_2,则方案 a 比 b 劣,所以方案 a 和 b 就很难确定出其优劣。同理,方案 c 和 d 也很难确定出优劣。但是,如果方案 a 或 b 与方案 c 或 d 比较,a 或 b 都比 c 或 d 劣,所以 a 和 b 称为劣解,而 c 和 d 在可行域中又没有别的方案比它们中的任何一个好,而它们之间又无法比较优劣,因此,这两个解都称为非劣解。所有非劣解的集合称为非劣解集。在可行域内,除绝对最优解与非劣解集以外的设计点均称劣解点,劣解点的全部称为劣解集。

【例 8-2】 求解下面的多目标优化问题。

$$\boldsymbol{V}\text{-}\min\boldsymbol{F}(x)=[f_1(x)\quad f_2(x)]^{\mathrm{T}}$$

$$f_1(x)=-\sqrt{2x-x^2}$$

$$f_2(x)=-x$$

$$\boldsymbol{D}=\{x|0\leqslant x\leqslant 1\}$$

解:目标函数及约束函数的图像如图 8-2 所示,由图可知:目标函数 $f_1(x)$ 的最优解为 $x^*=1$;目标函数 $f_2(x)$ 的最优解为 $x^*=1$。因此,在可行域内,解 $x^*=1$ 即是多目标问题的绝对最优解。

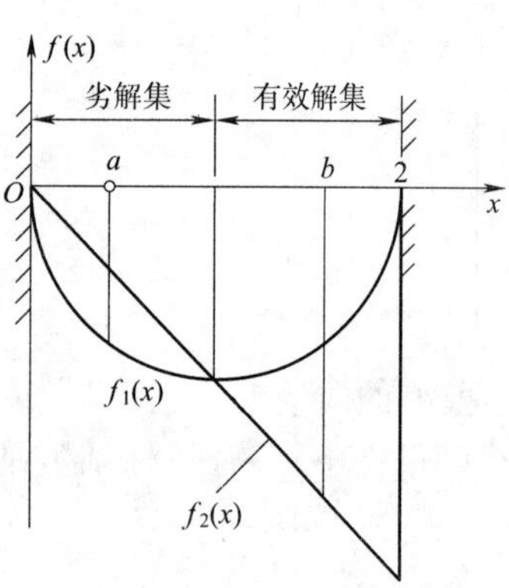

图 8-2 优化模型图解

如果将可行域扩大到

$$\boldsymbol{D}=\{x|0\leqslant x\leqslant 2\}$$

则单目标最优解分别是:$f_1(x)$ 的最优解为 $x^*=1$;$f_2(x)$ 的最优解为 $x^*=2$。

此时,该多目标优化问题不存在各分目标函数的共同最优解,但可求出有效解集。取 $x=b$,该点是有效解。因为在可行域 $\boldsymbol{D}$ 内,任取另一点 x,不存在 $\boldsymbol{F}(x)\leqslant\boldsymbol{F}(b)$,即 $f_1(x)\leqslant f_1(b)$,又同时有 $f_2(x)\leqslant f_2(b)$。$x=b$ 点满足有效解定义。分析可知,区间[1,2]中的任一点都满足有效解定义,因此,区间[1,2]组成了非劣解集。而图 8-2 中 $x=a$ 属于劣解,区间[0,1]是劣解集。

对于多目标优化问题,当确定出有效解集与劣解集后,再从有效解集中选出最终解。

(3)最终解

从有效解中选出的解称为最终解。由于有效解中的任意一个解都可作为最终解,因此最终解的确定很大程度上取决于设计者的经验。

8.2　多目标优化问题的求解方法

多目标优化问题求解的基本方法是根据分目标函数的性质,构造适当的评价函数,将多目标优化问题转化为一个或一系列单目标优化问题来求解。若多目标函数优化问题不存在绝对最优解则需从非劣解中选出最终解。常用的构造评价函数的方法有线性组合法,理想点法以及乘除法等。

8.2.1　线性组合法

线性组合法又称线性加权法,它是处理多目标优化问题常用的较简便的一种方法。按式(8-2)中各分目标函数的重要程度,对应地选择一组加权系数 $w_1, w_2, \cdots, w_p$。权系数满足下面的关系式

$$w_i \geqslant 0 \quad (i = 1, 2, \cdots, p), \sum_{i=1}^{p} w_i = 1 \tag{8-3}$$

用 $f_i(x)$ 与 $w_i(i=1,2,\cdots,p)$ 的线性组合构成一个评价函数:

$$\left.\begin{aligned} &\min U(\boldsymbol{x}) = \sum_{i=1}^{p} w_i f_i(\boldsymbol{x}) \\ &\boldsymbol{x} \in \boldsymbol{D} \subset \boldsymbol{R}^n \\ &\boldsymbol{D}: g_u(\boldsymbol{x}) \geqslant 0 \\ &\quad h_v(\boldsymbol{x}) = 0 \end{aligned}\right\} \tag{8-4}$$

这样,就将式(8-2)所示的多目标优化问题转化成了求式(8-4)所示的单目标优化问题。

【例 8-3】　现有现金 70 元,用于购买菠萝和苹果。菠萝 5 元/kg,苹果 3 元/kg,要求总斤数不少于 15kg,菠萝不少于 5kg。

问:(1)购买菠萝和苹果各多少斤,才能在满足要求的条件下花钱最少?(2)购买菠萝和苹果各多少斤,才能在满足要求的条件下所买的菠萝和苹果最多?用线性加权法求解。

解:通俗地说,这是一个如何安排资金,少花钱多办事的问题。设购买菠萝 $x_1$kg,苹果 $x_2$kg。可以列出如下的优化数学模型:

$$\begin{aligned} &\min f_1(\boldsymbol{x}) = 5x_1 + 3x_2, \boldsymbol{x} \in \boldsymbol{R}^2 \\ &\max f_2(\boldsymbol{x}) = x_1 + x_2, \boldsymbol{x} \in \boldsymbol{R}^2 \\ &\text{s. t.}\ 5x_1 + 3x_2 \leqslant 70 \\ &\qquad x_1 + x_2 \geqslant 15 \\ &\qquad x_1 \geqslant 5 \\ &\qquad x_2 \geqslant 0 \end{aligned}$$

取两组权系数:1) $w_1 = 0.5, w_2 = 0.5$;2) $w_1 = 0.2, w_2 = 0.8$。相应的 Matlab 计算程序如下:

```
%li8_3
function li8_3
clc;
clearall;
A=[5 3;-1-1;-1 0];
b=[70;-15;-5];
xl=[0,0];x0=[0,0];
w(1,1)=0.5;w(1,2)=0.5;
w(2,1)=0.2;w(2,2)=0.8;
for i=1:2
i
[x,f,exitflag]=fmincon(@(x)fun_obj(x,w(i,:)),x0,A,b,[],[],xl)
f1=5*x(1)+3*x(2)
f2=x(1)+x(2)
end
f1=inline('(70-5*x)/3','x');
f2=inline('15-x','x');
x=0:0.1:20;
plot(x,f1(x),x,f2(x),5*ones(length(x)),0:0.1:20)
axis([0,16,0,25])
function f1f2=fun_obj(x,ww)
f1f2=ww(1)*(5*x(1)+3*x(2))-ww(2)*(x(1)+x(2));
```

计算结果为:

对第一组权系数 $w_1=0.5, w_2=0.5, x=[5\ 10], f_1(x)=55, f_2(x)=15$;

对第二组权系数 $w_1=0.2, w_2=0.8, x=[5\ 15], f_1(x)=70, f_2(x)=20$。

这两组结果都是满足约束条件的最终解。若追求省钱,则选择第一组解;若追求数量多则选择第二组解。

8.2.2 理想点法

在多目标优化问题中,若能求出各分目标函数在可行域 $\boldsymbol{D}$ 内的最优解

$$\min f_i(x)=f_i^*(x^*),(i=1,2,\cdots,p)$$

则可用分目标函数最优解构成理想解函数向量,以理想解对应的分目标函数值为参考,构造平减函数。

若根据经验已知所给问题期望的分目标函数最优值,则可将这些只作为参考目标值构造评价函数。根据分目标函数理想值构造出的评价函数 $U(x)$ 可取以下几种形式。

相对离差

$$U(\boldsymbol{x})=\sum_{i=1}^{p}\left[\frac{f_i(\boldsymbol{x})-f_i^{\Delta}}{f_i^{\Delta}}\right]^2 \tag{8-5}$$

加权相对离差

$$U(\boldsymbol{x})=\sum_{i=1}^{p}w_i\left[\frac{f_i(\boldsymbol{x})-f_i^{\Delta}}{f_i^{\Delta}}\right] \tag{8-6}$$

平方加权相对离差

$$U(\boldsymbol{x}) = \sum_{i=1}^{p} w_i \left[\frac{f_i(\boldsymbol{x}) - f_i^{\Delta}}{f_i^{\Delta}}\right]^2 \tag{8-7}$$

绝对值离差

$$U(\boldsymbol{x}) = \sum_{i=1}^{p} w_i \left| f(\boldsymbol{x}) - f_i^{\Delta} \right| \tag{8-8}$$

通过评价函数将原多目标函数优化问题转化为下面的单目标函数优化问题。

$$\left.\begin{aligned} &\min U(\boldsymbol{x}) \\ &\boldsymbol{x} \in \boldsymbol{D} \subset \boldsymbol{R}^n \\ &\boldsymbol{D}: g_u(\boldsymbol{x}) \geqslant 0 \\ &h_v(\boldsymbol{x}) = 0 \end{aligned}\right\} \tag{8-9}$$

【例 8-4】　应用理想点法求解【例 8-3】。

解：取目标函数 $f_1(\boldsymbol{x})$ 的理想的理想点为 55，目标函数 $f_2(\boldsymbol{x})$ 的理想点为 20，于是构造下面的评价函数：

$$U(\boldsymbol{x}) = \sum_{i=1}^{2} w_i \left| f_i(\boldsymbol{x}) - f_i^{\Delta} \right| = w_1 \left| f_1(\boldsymbol{x}) - 55 \right| - w_2 \left| f_2(\boldsymbol{x}) - 20 \right|$$

调用评价函数的程序为：

```
function f1f2=fun_obj(x,ww)
f1f2=ww(1)*abs(5*x(1)+3*x(2)-55)+ww(2)*abs(-x(1)-x(2)+20);
```

应用【例 8-3】的主程序，求得在两组加权系数下结果与【例 8-3】相同。

8.2.3　乘除法

在多目标函数优化问题中，分目标函数追求的目标可能是矛盾的，一类要求函数值越小越好，而另一类则要求目标函数值越大越好，为了协调这种矛盾，将它们优化目标要求分成两类，即一类寻求目标函数值最小，而另一类寻求目标函数值最大。通过两类分目标函数值求和的比值作为评价函数。

$$U(\boldsymbol{x}) = \frac{\sum_{i=1}^{p} w_i f_i(\boldsymbol{x})}{\sum_{i=s+1}^{p} w_i f_i(\boldsymbol{x})} \tag{8-10}$$

式中，$s(s<p)$ 为第一类函数（分目标函数值期望取小）；w_i 为加权因子，$w_i>0$，$\sum_{i=1}^{p} w_i = 1$。

【例 8-5】　用乘除法求解【例 8-3】。

解：构造如下的评价函数：

```
function f1f2=fun_obj(x,ww)
f1f2=ww(1)*(5*x(1)+3*x(2))/(ww(2)*(x(1)+x(2)));
```

应用【例 8-3】的主程序，求得在两组加权系数下结果均为：$\boldsymbol{x}=[5\ 15]$，$f_1(\boldsymbol{x})=70$ 元，$f_2(\boldsymbol{x})=20$ kg。

第 9 章　Matlab 优化工具箱简介

Matlab(Matrix Laboratory)是美国 MathWorks 公司开发的一套高性能数值分析和计算软件,是进行概念设计,算法开发,建模仿真,实时实现的理想集成环境。Matlab 将矩阵运算、数值分析、图形处理、编程技术结合在一起,为用户提供了一个强有力的科学及工程问题分析、计算和程序设计的工具,它还提供了专业水平的符号计算、文字处理、可视化建模仿真和实时控制等功能,是具有全部语言功能和特征的新一代软件开发平台。Matlab 已发展成为适合众多学科,多种工作平台、功能强大的软件,被广泛地应用于解决各种科学及工程问题。Matlab 主要功能有:

(1)交互式功能。Matlab 提供了三种使用环境,一是命令窗口环境;二是 M 文件编辑环境;三是图形用户界面环境。通常 Matlab 以命令解释方式执行程序,结果在命令窗口或图形用户界面显示。程序或命令以所见即所得的方式执行,方便直观。

(2)数值运算功能。在 Matlab 环境中,有超过 500 种数学、统计、科学及工程方面的函数可使用,函数的标示统一、自然。

(3)符号运算功能。Matlab 已和著名的 Maple 相结合,使得 Matlab 具有强大的符号计算功能。

(4)绘图功能。Matlab 提供了丰富的绘图命令,能实现二维和三维绘图。

(5)编程功能。Matlab 以矩阵作为基本单位,矩阵维数无需事先定义,具有灵活的程序流程控制、函数调用、面向对象编程等功能,简单易学、编程效率高。

9.1　Matlab 常用内部数学函数

为便于应用 Matlab 编程,下面列出 Matlab 的常用数学函数,见表 9-1。

表 9-1　Matlab 的基本数学函数

函数名	功　能	函数名	功　能
sin(x)	正弦	pow2(x,y)	$x\times2^y$
asin(x)	反正弦	complex(x,y)	$z=x+iy$
cos(x)	余弦	abs(z)	绝对值或复数的模
acos(x)	反余弦	angle(z)	相位角
tan(x)	正切	conj(z)	复数的共轭
atan(x)	反正切	imag(z)	复数的虚部
sec(x)	正割	real(z)	复数的实部
asec(x)	反正割	isreal(z)	判断是否为实数或实数组

续上表

函数名	功　能	函数名	功　能
csc(x)	余割	norm(z)	模、范数
acsc(x)	反余割	fix(x)	只舍不入取整
cot(x)	余切	floor(x)	取小于 x 的最近整数
acot(x)	反余切	ceil(x)	取大于 x 的最近整数
exp(x)	以 e 为底的指数	sign(x)	符号函数
log(x)	自然对数	round(x)	四舍五入取整
log10(x)	以 10 为底的对数	mod(x,y)	取余
log2(x)	以 2 为底的对数	gcd(x,y)	求最大公约数
pow2(x)	2^x幂	lcm(x,y)	最小公倍数
sqrt(x)	开平方		

9.2 Matlab 优化工具箱的主要函数

随着 Matlab 软件版本的不断升级，Matlab 已从最初的完成矩阵等线性代数数值计算的软件，演变为包括从数学到工程，从自然科学计算到金融等多专业领域数值计算和仿真的软件，并形成很多专用工具箱，其中很多工具箱具有图形用户界面（GUI）。Matlab 包括 30 多个工具箱，常见的工具箱有：

Signal Process	信号处理	System Identification	系统辨识
Optimization	优化	Neural Network	神经网络
Control System	自动控制	Pde	微分方程
Plot	绘图	Image Process	图像处理
Nonlinear Control	非线性控制	Statistics	统计

优化工具箱（Optimization Toolbox）可以解决很多工程实际问题，它的主要功能如下：

①求解线性规划和二次规划问题；

②求解函数的最大、最小值；

③求解非线性规划问题；

④求解多目标优化问题；

⑤求解非线性的最小二乘；

⑥求解大规模优化问题；

⑦其他问题。

本章介绍 Matlab 优化工具箱中常用的几种函数，利用优化工具箱函数求解最优化问题方便、快捷，对求解最优化问题会提供有意义的帮助。

9.2.1 Matlab 求解优化问题的主要函数

在 Matlab 优化工具箱中用于求解最优化问题常用的函数模型及基本函数名见表 9-2。

表 9-2 Matlab 优化工具箱常用函数(Optimization Toolbox)

类　型	模　型	基本函数名
一元函数极小	$\min f(x)$ s. t. $x_1<x<x_2$	x=fminbnd(fun,x1,x2)
无约束极小	$\min f(\boldsymbol{x})$	x=fminunc(fun,x0); x=fminsearch(fun,x0)
线性规划	$\min \boldsymbol{c}^{\mathrm{T}}\boldsymbol{x}$ s. t. $\boldsymbol{Ax}\leqslant\boldsymbol{b}$	x=linprog(c,A,b)
二次规划	$\min f(\boldsymbol{x})=\frac{1}{2}\boldsymbol{x}^{\mathrm{T}}\boldsymbol{Gx}+\boldsymbol{c}^{\mathrm{T}}\boldsymbol{x}$ s. t. $\boldsymbol{Ax}\leqslant\boldsymbol{b}$	x=quadprog(H,c,A,b)
约束极小 (非线性规划)	$\min f(\boldsymbol{x})$ s. t. $C(\boldsymbol{x})\leqslant 0$	x=fmincon(fun,x0)
多目标规划问题	$\min \gamma$ s. t. $f(\boldsymbol{x})-\boldsymbol{w}\gamma\leqslant\boldsymbol{goal}$	x=fgoalattain(fun,x0,goal,w)
最大最小化问题	$\min\limits_{x\in \boldsymbol{R}}\max\{f_i(\boldsymbol{x})\}$ s. t. $C(\boldsymbol{x})\leqslant 0$	x=fminimax(fun,x0)

9.2.2 优化函数控制参数

Matlab 优化工具箱函数通过 optimset 函数输入控制优化运行的有关参数,包括设置有约束优化模型的大小、是否显示中间迭代结果,是否显示所用优化算法、是否显示计算终止的原因,设定迭代次数、迭代精度等。optimset 函数通过创建一个名为"options"或用户指定变量名的结构类型向优化函数传递控制参数。

其基本调用格式为:options=optimset('param1',value1,'param2',value2,…)

其中指定的参数具有指定值,所有未指定的参数取默认值。

例如:opts=optimset('Display','iter','TolFun',1e-8)

该语句创建一个名为 opts 的优化选项结构,其中"Display"称为参数(字母不分大小写),其后的字符串表示其值。本例参数"显示"的值设为"迭代",表示显示优化过程每一轮迭代的运行状态,如目标函数调用次数,目标函数当前最小值,每一轮迭代所用算法,并在运算结束时报告计算是否满足精度要求等;参数"TolFun"表示终止运行的目标函数误差精度,其值为 1e-8。

函数 optimset 有 43 个参数,但并不是所有的优化函数都用到这些参数,对于具体的优化函数,有些参数需要设置,而有些参数没有对应的值,无需也不能给它们赋值。要查看具体的优化函数有哪些可设置的参数及默认设定值,可通过下面的命令查看:

options=optimset(@optimfun)

如运行　　options=optimset(@fminsearch)

可知 fminsearch 函数有如下已设置的参数及对应的默认值:

Display: 'notify'　　只在优化不收敛时显示输出

MaxFunEvals: '200 * numberofvariables'　　函数最大计算次数

MaxIter: '200 * numberofvariables'　　最大迭代次数

TolFun：1.0000e-004　　函数误差精度
TolX：1.0000e-004　　变量误差精度
FunValCheck：'off'　　函数值检查

多数优化函数都有以上的参数，具体的值可按需要设置。如果用户不知道如何设置选项变量，也可以在优化函数中不予选择，需要输入其后的参数时，在函数引用该变量的位置用空方括号“[ ]”代替。如果要恢复所用优化函数选项参数的默认值可用如下命令。

options = optimset('optimfun')

optimset 函数参数内容很多，有很多不太常用，关于每一选项参数的含义及其值的进一步说明可查阅 Matlab 帮助文件。

9.3　线性规划问题

第 2 章介绍了线性规划问题的模型和求解方法，在此用 Matlab 来求解该类问题。线性规划问题的数学模型为：

$$\begin{aligned} &\min\ \boldsymbol{c}^{\mathrm{T}}\boldsymbol{x} \\ &\text{s.t.}\ \boldsymbol{Ax}\leqslant \boldsymbol{b} \\ &\boldsymbol{Aeq}\cdot \boldsymbol{x}=\boldsymbol{beq} \\ &\boldsymbol{lb}\leqslant \boldsymbol{x}\leqslant \boldsymbol{ub} \end{aligned}$$

其中，$\boldsymbol{c}$，$\boldsymbol{x}$，$\boldsymbol{b}$，$\boldsymbol{beq}$，$\boldsymbol{lb}$，$\boldsymbol{ub}$ 为向量，$\boldsymbol{A}$，$\boldsymbol{Aeq}$ 为矩阵。

求解线性规划问题的 Matlab 优化工具箱函数为 linprog 函数。

函数输入变量表有以下几种格式：

x = linprog(c, A, b)　　% 求线性规划的最优解。

x = linprog(c, A, b, Aeq, beq)　　% 等式约束 $Aeq\cdot x=beq$，若没有不等式约束 $Ax\leqslant b$，则 $A=[\ ]$，$b=[\ ]$。

x = linprog(c, A, b, Aeq, beq, lb, ub)　　% 指定 x 的范围 $lb\leqslant x\leqslant ub$，若没有等式约束 $Aeq\cdot x=beq$，则 $Aeq=[\ ]$，$beq=[\ ]$。

x = linprog(c, A, b, Aeq, beq, lb, ub, x0)　　% 设置初值 x_0。

x = linprog(c, A, b, Aeq, beq, lb, ub, x0, options)　　% options 为指定的优化参数。

函数右端输出变量表有如下几种格式：

[x] = linprog(…)　　% 返回目标函数最优解。

[x, fval] = linprog(…)　　% fval 返回目标函数最优值。

[x, fval, exitflag] = linprog(…)　　% exitflag 为终止迭代的标志，整数值。

[x, fval, exitflag, output] = linprog(…)　　% output 输出迭代次数等信息。

[x, fval, exitflag, output, lambda] = linprog(…)　　% lambda 为解 x 的拉格朗日乘子。

说明：

(1) 右端输出变量 exitflag 表示计算结束的状态标志或原因，取整数值，其部分值的含义为：

exitflag = 1　　算法按给定的变量误差精度收敛；

exitflag=0　　迭代次数超过给定的最大迭代次数,options. MaxIter;

exitflag=-2　　没有搜索到可行点;

exitflag=-3　　变量超出界限。

(2)输出变量 output 为结构类型变量,其域值含义为:

output. algorithm　　使用的算法;

output. funcCount　　函数计算次数;

output. iterations　　迭代次数;

output. message　　计算退出信息。

(3) lambda 为结构变量,其域值分别为:lambda. lower, lambda. upper, lambda. ineqlin, lambda. eqlin,其值表示起约束作用的边界上的乘子值。

输出项从左到右依次添加,不能用空括号替换。虽然 Matlab 优化工具箱函数输入输出变量会随函数的不同而不同,含义也会发生变化,但这些函数具有较为统一的格式,以下主要介绍优化函数调用格式中新增变量的说明,新函数中已出现过的变量的含义可参考其它函数中变量的说明或查阅 Matlab 帮助文件。

【例 9-1】 求下面的优化问题。

$$
\begin{aligned}
\min\ & -2x_1-x_2+3x_3-5x_4 \\
\text{s. t. }\ & x_1+2x_2+4x_3-x_4\leqslant 6 \\
& 2x_1+3x_2-x_3+x_4\leqslant 12 \\
& x_1+x_3+x_4\leqslant 4 \\
& x_1,x_2,x_3,x_4\geqslant 0
\end{aligned}
$$

解:

```
%li_9_1. m
c=[-2-1 3-5]';
A=[1 2 4-1;2 3-1 1;1 0 1 1];
b=[6 12 4]';
lb=[0 0 0 0]';
[x,fval,exitflag,output]=linprog(f,A,b,[],[],lb)
```

计算结果为:

```
x=
    0. 0000
    2. 6667
    0. 0000
    4. 0000
fval=   -22. 6667
exitflag=1
output=
    iterations:7
    algorithm:'large-scale:interior point'
    cgiterations:0
      message:' Optimization terminated. '
```

9.4　一元和多元函数优化问题

9.4.1　一元函数的优化问题

一元函数优化的数学模型为

$$\min f(x)$$
$$\text{s.t. } x_1<x<x_2$$

用于求解一元函数无约束问题的 Matlab 优化工具箱函数为 fminbnd 函数,该函数的完整调用格式为:

[x,fval,exitflag,output]　=fminbnd(fun,x1,x2,options)

函数 fminbnd 的算法基于黄金分割法和二次插值法,它要求目标函数必须是连续函数,并可能只给出局部最优解。

【例 9-2】　求 $\min(e^{-x}+x^2)$,搜索区间为(0,1)。

解:

```
%li_9_2.m
[x,fval]=fminbnd('exp(-x)+x^2',0,1)
```

结果输出为:

```
x=0.3517fval=0.8272
```

9.4.2　多元函数无约束优化问题

多元函数无约束优化问题的数学模型为

$$\min f(x), \boldsymbol{x}\in \boldsymbol{R}^n$$

用于求解多元函数无约束优化问题的 Matlab 优化工具箱函数为 fminsearch 和 fminunc。

fminsearch 函数的完整调用格式为:

[x,fval,exitflag,output]=fminsearch(@fun,x0,options)

fminunc 函数的完整调用格式为:

[x,fval,exitflag,output,grad,hessian]=fminunc(fun,x0,options)

说明:

(1)初始值 x_0 可以是一个标量、向量或者矩阵;

(2)如果没有设置 options 选项,则令 options=[];

(3)grad 为目标函数梯度,用户可以提供梯度计算表达式,若不提供优化函数通过数值计算求出;

(4)hessian 表示目标函数在 x 处的 Hessian 矩阵;

(5)当函数的阶数大于 2 时,使用 fminunc 比 fminsearch 更有效,但当所选函数不连续时,使用 fminsearch 效果较好。

【例 9-3】　求 $\min e^{x_1}(4x_1^2+2x_2^2+4x_1x_2+2x_2+1)$。

解:用优化函数不同的调用目标函数的方式求解此问题,程序如下。

```
%li_9_3.m
function li_9_3.m
```

```
clc;clear all;
x0=[-1,1];
[x,fval,exitflag,output]=fminsearch('exp(x(1))*(4*x(1)^2+2*x(2)^2+4*x(1)*x(2)+2*x(2)+1)',x0)
[x,fval,exitflag,output,grad,hessian]=fminunc('exp(x(1))*(4*x(1)^2+2*x(2)^2+4*x(1)*x(2)+2*x(2)+1)',x0)
fun=inline('exp(x(1))*(4*x(1)^2+2*x(2)^2+4*x(1)*x(2)+2*x(2)+1)','x');
[x,fval]=fminsearch(fun,x0)
[x,fval]=fminunc(fun,x0)
[x,fval]=fminsearch(@objfun,x0)
[x,fval]=fminunc(@objfun,x0)
function f=objfun(x)
f=exp(x(1))*(4*x(1)^2+2*x(2)^2+4*x(1)*x(2)+2*x(2)+1);
```

fminsearch 函数计算结果为

```
x=0.5000   -1.0000
fval=5.1425e-010
exitflag=1
output=
    iterations:46
    funcCount:89
    algorithm:'Nelder-Mead simplex direct search'
```

fminunc 函数计算结果为

```
x=0.5000   -1.0000
fval=3.6609e-015
exitflag=1
output=
    iterations:8
     funcCount:66
      stepsize:1
firstorderopt:1.2284e-007
    algorithm:'medium-scale:Quasi-Newton line search'
      message:[1x468 char]
grad=1.0e-006 *
   -0.0246
    0.1228
hessian=13.1946     6.5953
         6.5953     6.5949
```

9.4.3 多元函数有约束优化问题

用于求解多变量有约束非线性函数最小化的 Matlab 函数主要是 fmincon 函数,其数学模型为

$$\min f(\boldsymbol{x})$$
$$\text{s.t.}\ \ C(\boldsymbol{x})\leqslant 0$$
$$Ceq(\boldsymbol{x})=0$$

$$Ax \leqslant b$$
$$Aeq \cdot x = beq$$
$$lb \leqslant x \leqslant ub$$

其中,$\boldsymbol{x}$,$\boldsymbol{b}$,$\boldsymbol{beq}$,$\boldsymbol{lb}$、$\boldsymbol{ub}$ 为向量,$\boldsymbol{A}$,$\boldsymbol{Aeq}$ 为矩阵;$C(\boldsymbol{x})$,$Ceq(\boldsymbol{x})$是返回的函数向量,$f(\boldsymbol{x})$为目标函数,$f(\boldsymbol{x})$,$C(\boldsymbol{x})$,$Ceq(\boldsymbol{x})$可以是非线性函数。

fmincon 函数是优化工具箱中较为通用的一个函数,基本上可以解决单目标优化的各种问题,当然针对专门问题的优化函数更为有效。

fmincon 函数完整的调用格式为:

[x,fval,exitflag,output,lambda,grad,hessian]

=fmincon(fun,x0,A,b,Aeq,beq,lb,ub,nonlcon,options)

说明:

(1)fun 为目标函数;

(2)x_0 为初始估计值;

(3)$\boldsymbol{A}$,$\boldsymbol{b}$ 为线性不等式约束 $\boldsymbol{Ax} \leqslant \boldsymbol{b}$ 的系数矩阵和右端列向量;若没有,则取 $\boldsymbol{A}$=[ ],$\boldsymbol{b}$=[ ];

(4)$\boldsymbol{lb}$,$\boldsymbol{ub}$ 为不等式 $\boldsymbol{lb} \leqslant \boldsymbol{x} \leqslant \boldsymbol{ub}$ 的边界,当无边界存在时,令 $\boldsymbol{lb}$=[ ]和(或)$\boldsymbol{ub}$=[ ];

(5)nonlcon 是用户定义的非线性约束函数,用来计算非线性不等式约束 $C(x) \leqslant 0$ 和非线性等式约束 $Ceq(x)=0$ 在 x 处的估计 C 和 Ceq。若对应的函数采用 M 文件表示,即 nonlcon='mycon',则 M 文件 mycon.m 具有下面的形式,即

function [C,Ceq]=mycon(x)

C=…%计算 x 处的非线性不等式约束 $C(x) \leqslant 0$ 的函数值。

Ceq=…%计算 x 处的非线性等式约束 $Ceq(x)=0$ 的函数值。

【例 9-4】　利用 fmincon 函数求解曲面 $4z=3x^2-2xy+3y^2$ 到 $x+y-4z=1$ 的最短距离。

解:先将曲面和平面的方程改写为

$$4x_3=3x_1^2-2x_1x_2+3x_2^2$$
$$x_4+x_5-4x_6=1$$

取点 $\boldsymbol{A}(x_1,x_2,x_3)$、$\boldsymbol{B}(x_1,x_2,x_3)$,令 $\boldsymbol{A}$ 是曲面上的点,$\boldsymbol{B}$ 是平面上的点,则 $\boldsymbol{A}$、$\boldsymbol{B}$ 间的最小距离即为问题的解。建立数学模型为

$$\min f(\boldsymbol{x})=(x_1-x_4)^2+(x_2-x_5)^2+(x_3-x_6)^2$$
$$\text{s. t. } h_1(\boldsymbol{x})=3x_1^2-2x_1x_2+3x_2^2-4x_3=0$$
$$h_2(\boldsymbol{x})=x_4+x_5-4x_6-1=0$$

Matlab 求解的程序如下:

```
function li_9_4.m
%li_9_4.m 用户函数
x0=[1 1 1 1 1 1];
[x,fval]=fmincon(@myfun,x0,[],[],[],[],[],[],@mycon)
sqrt(fval)
function f=myfun(x)%目标函数
f=(x(1)-x(4))^2+(x(2)-x(5))^2+(x(3)-x(6))^2
function [c,ceq]=mycon(x)%非线性约束函数
```

```
c=[]
ceq(1)=3*x(1)^2-2*x(1)*x(2)+3*x(2)^2-4*x(3);
ceq(2)=x(4)+x(5)-4*x(6)-1;
```

输出结果为：

```
x=    0.2500    0.2500    0.0625    0.2917    0.2917   -0.1042
fval=0.0313
sqrt(fval)=0.1768
```

9.4.4 二次规划问题

通常把约束条件全为线性的而目标函数是二次函数的最优化问题称为二次规划。二次规划问题是最简单的约束非线性规划问题，其研究成果比较成熟，较容易求解。

二次规划问题的数学模型可表述为

$$\min f(\boldsymbol{x})=\frac{1}{2}\boldsymbol{x}^{\mathrm{T}}\boldsymbol{G}\boldsymbol{x}+\boldsymbol{c}^{\mathrm{T}}\boldsymbol{x}$$

$$\begin{aligned}\text{s. t. }\ & \boldsymbol{Ax}\leqslant\boldsymbol{b}\\ & \boldsymbol{Aeq}\cdot\boldsymbol{x}=\boldsymbol{beq}\\ & \boldsymbol{lb}\leqslant\boldsymbol{x}\leqslant\boldsymbol{ub}\\ & \boldsymbol{x}\geqslant 0\end{aligned}$$

用于求解二次规划问题的 Matlab 函数主要有 quadprog 函数，其完整的调用格式为：

```
[x,fval,exitflag,output,lambda]
=quadprog(H,f,A,b,Aeq,beq,lb,ub,x0,options)
```

【例 9-5】 求解下面的二次规划问题。

$$\begin{aligned}\min\ & x_1^2+x_2^2+6x_1+9\\ \text{s. t. }\ & 4-2x_1-x_2\leqslant 0\\ & x_1,x_2\geqslant 0\end{aligned}$$

解：将上面的模型转化为

$$\begin{aligned}\min\ & x_1^2+x_2^2+6x_1\\ \text{s. t. }\ & -2x_1-x_2\leqslant -4\\ & x_1,x_2\geqslant 0\end{aligned}$$

并将目标函数写成下面的矩阵形式，即

$$\min f(\boldsymbol{x})=x_1^2+x_2^2+6x_1=\frac{1}{2}[x_1x_2]\begin{bmatrix}2&0\\0&2\end{bmatrix}\begin{bmatrix}x_1\\x_2\end{bmatrix}+[6\quad 0]\begin{bmatrix}x_1\\x_2\end{bmatrix}$$

式中

$$\boldsymbol{G}=\begin{bmatrix}2&0\\0&2\end{bmatrix},c=\begin{bmatrix}6\\0\end{bmatrix},\boldsymbol{x}=\begin{bmatrix}x_1\\x_2\end{bmatrix}$$

Matlab 求解程序清单如下：

```
%li_9_5.m
H=[2  0;0  2];
c=[6  0];
A=[-2-1];
```

```
b=[-4];
lb=[0 0];
[x,fval]=quadprog(H,c,A,b,[],[],lb)
A=[-2   -1];
b=-4;
x=[0.5 0.5];
[x,fval]=fmincon('x(1)^2+x(2)^2+6*x(1)',x,A,b)   %多变量约束优化函数计算
```

两种函数计算结果均为：

```
x=
    1.0000
    2.0000
fval=11.0000
```

【例 9-6】 求下列二次规划问题的最优解。

$$\min f(\boldsymbol{x})=x_2^2+9x_3^2+x_1$$

$$\text{s.t.}\ \ x_1+x_2+x_3=3$$

解:把二次规划问题简化成标准形式为

$$\min f(\boldsymbol{x})=x_2^2+9x_3^2+x_1=\frac{1}{2}[x_1\quad x_2\quad x_3]\begin{bmatrix}0&0&0\\0&2&0\\0&0&18\end{bmatrix}\begin{bmatrix}x_1\\x_2\\x_3\end{bmatrix}+[1\quad 0\quad 0]\begin{bmatrix}x_1\\x_2\\x_3\end{bmatrix}$$

$$\text{s.t.}\ \ x_1+x_2+x_3=3$$

Matlab 程序如下：

```
%li_9_6.m
clc;
clear all;
G=[0 0 0;0 2 0;0 0 18];
c=[1 0 0];
Aeq=[1 1 1];
beq=[3];
lb=[0 0];
[x,fval,flag]=quadprog(G,c,[],[],Aeq,beq,lb)
x0=[1 2 1];
[x,fval,flag]=fmincon('x(2)^2+9*x(3)^2+x(1)',x0,[],[],Aeq,beq,[0,0,0])
```

输出结果为：

```
x=[2.4446      0.4998      0.0556]
fval=2.7222
```

9.5 “半无限”约束多元函数优化问题

“半无限”约束多元函数最优化问题的标准形式为

$$\min_x f(\boldsymbol{x})$$

$$\text{s.t.}\ \ C(\boldsymbol{x})\leqslant 0$$

$$Ceq(\boldsymbol{x})=0$$
$$\boldsymbol{Ax}\leqslant\boldsymbol{b}$$
$$\boldsymbol{Aeq}\cdot\boldsymbol{x}=\boldsymbol{beq}$$
$$K_i(\boldsymbol{x},w_i)\leqslant 0,1\leqslant i\leqslant n$$

其中,$K_i(\boldsymbol{x},w_i)$为半无限约束条件,$w_1,w_2,\cdots,w_n$ 是半无限约束的辅助参数,表示半无限约束定义在 w_i 给定的范围或区间内,通常是 $n\times2$ 的矩阵,每一行的两个元素表示对应半无限约束所在的范围。

用于求解“半无限”约束多元函数最优化问题的 Matlab 函数为 fseminf,其完整的函数调用格式如下。

[x,fval,exitflag,output,lambda]

=fseminf(fun,x0,ntheta,seminfcon,A,b,Aeq,beq,lb,ub,options)

说明:

(1)x_0 为初始估计值;

(2)fun 为目标函数,其定义方式与前面相同;

(3)$\boldsymbol{A}$,$\boldsymbol{b}$ 由线性不等式约束 $\boldsymbol{Ax}\leqslant\boldsymbol{b}$ 确定,若没有,则取 $\boldsymbol{A}$=[ ],$\boldsymbol{b}$=[ ];

(4)$\boldsymbol{Aeq}$,$\boldsymbol{beq}$ 由线性等式约束确定,如果没有,则 $\boldsymbol{Aeq}$=[ ],$\boldsymbol{beq}$=[ ];

(5)$\boldsymbol{lb}$,$\boldsymbol{ub}$ 由不等式 $\boldsymbol{lb}\leqslant\boldsymbol{x}\leqslant\boldsymbol{ub}$ 确定,当无边界存在时,令 $\boldsymbol{lb}$=[ ]和(或)$\boldsymbol{ub}$=[ ];

(6)ntheta 为半无限约束个数;

约束函数的输出参数与 fmincon 函数有所不同,其形式为

[C,Ceq,K1,K2,S]=mycon(x,S)

【例 9-7】 求下面的最优化问题。

$$\min_{x} f(\boldsymbol{x})=\sin(x_1)+e^{x_2}+(\tfrac{x}{3}-2)^2-100$$
$$\text{s. t. } K_1(\boldsymbol{x},w_1)=2\sin(w_1x_1)\cos(w_1x_2)-w_1x_3\leqslant 0.5$$
$$K_2(\boldsymbol{x},w_2)=\sin(w_2x_3)\cos(w_2x_1)+2w_2x_2\leqslant 2$$
$$1\leqslant w_1\leqslant 50$$
$$1\leqslant w_2\leqslant 50$$

解:将约束方程化为标准形式:

$$K_1(\boldsymbol{x},w_1)=2\sin(w_1x_1)\cos(w_1x_2)-w_1x_3-0.5\leqslant 0$$
$$K_2(\boldsymbol{x},w_2)=\sin(w_2x_3)\cos(w_2x_1)+2w_2x_2-2\leqslant 0$$

Matlab 程序如下:

```
function li_9_7. m
clc;
clear all;
close all;
x0=[0. 1;1;0. 5];
[x,fval,flag]=fseminf(@funobj11_7,x0,2,@mycon)
function f=funobj11_7(x)
f=sin(x(1))+exp(x(2))+(x(3)-2)^2-100;
function [C,Ceq,K1,K2,S]=mycon(x,S)
%初始化样本间距:
```

```
S=[0.2 0;0.2 0];
%产生样本集:
w1=1:S(1,1):50;
w2=1:S(2,1):50;
%计算半无限约束:
K1=2*sin(w1*x(1)).*cos(w1*x(2))-w1*x(3)-0.5;
K2=sin(w2*x(3)).*cos(w2*x(1))+2*w2*x(2)-2;
%无非线性约束:
C=[];Ceq=[];
```

计算结果为:

```
x=
  -1.5719
  -8.6619
    2.0010
fval=-100.9998
```

9.6 多目标优化问题

在生产、经济、科学和工程应用等许多实际问题中,经常需要对多个目标(指标)的方案、计划、设计进行判断,希望多个目标(指标)都实现最优化,因此这些问题就含有多个目标函数。解决这类问题有很多种方法,针对不同的问题可采取不同的方法来解决。如在一个生产过程中,人们总是期望高产出、低消耗、省工时等。只有对各种因素的指标进行综合衡量后,才能作出合理的决策。这种问题称为多目标最优化问题。

求解多目标优化的最基本方法是评价函数法。它需要借助几何或应用中的直观背景,构造评价函数,以此将多目标优化问题变为单目标优化问题,然后用单目标优化问题的求解方法求出最优解,并把这种最优解当做多目标优化问题的最优解。

经常用三种方法构造评价函数,即理想点法、线性加权和法、最大最小法。

9.6.1 理想点法

在多目标优化问题中,先求解 p 个单目标问题

$$\min_{\boldsymbol{x}\in\boldsymbol{R}} f_i(\boldsymbol{x}),i=1,2,\cdots,p$$

设其最优值为 f_i^*,$\boldsymbol{f}^*=(f_1^*,\cdots,f_p^*)^{\mathrm{T}}$ 为值域中的一个理想点。因为一般很难达到,于是在期望的某种度量下,寻求距离 $\boldsymbol{f}^*$ 最近的 $\boldsymbol{f}$ 作为近似值。一种最直接的方法是构造评价函数

$$\varphi(y)=\sqrt{\sum_{i=1}^{p}(y_i-f_i^*)^2}$$

然后极小化 $\varphi[f(\boldsymbol{x})]$,即求解

$$\min_{\boldsymbol{x}\in\boldsymbol{R}}\varphi[f(\boldsymbol{x})]=\sqrt{\sum_{i=1}^{p}[f_i(\boldsymbol{x})-f_i^*]^2}$$

并将它的最优解 $\boldsymbol{x}^*$ 作为模型在这种意义下的“最优解”。

【例9-8】 利用理想点法求解。

$$\min f_1(\boldsymbol{x})=-4x_1+5x_2$$
$$\min f_2(\boldsymbol{x})=x_1-3x_2$$
$$\text{s. t. } x_1+4x_2\leqslant 2$$
$$2x_1+3x_2\leqslant 5$$
$$x_1,x_2\geqslant 0,x\in R^2$$

解:(1)分别对单目标求解

求$f_1(\boldsymbol{x})$的最优解的 Matlab 程序清单为:

```
%li_9_8_1.m
f=[-4;5];
A=[1 4;2 3];
b=[2;5];
lb=[0;0];
[x,fval]=linprog(f,A,b,[],[],lb)

x=
    2.0000
    0.0000
fval=-8.0000
```

即最优解为 fval=−8。

求$f_2(\boldsymbol{x})$的最优解的 Matlab 程序清单为:

```
%li_9_8_2.m
f=[1;-3];
A=[1  4;2  3];
b=[2;5];
lb=[0;0];
[x,fval]=linprog(f,A,b,[],[],lb)
x=
    0.0000
    0.5000
fval=-1.5000
```

即最优解为 fval=−1.5。这时得到的理想点为(−8,−1.5)。

(2)求如下模型的最优解

$$\min_{\boldsymbol{x}\in\boldsymbol{R}^2}\varphi[f(\boldsymbol{x})]=\sqrt{[f_1(\boldsymbol{x})+8]^2+[f_2(\boldsymbol{x})+1.5]^2}$$
$$=\sqrt{(-4x_1+5x_2+8)^2+(x_1-3x_2+1.5)^2}$$
$$\text{s. t. } x_1+4x_2\leqslant 2$$
$$2x_1+3x_2\leqslant 5$$
$$x_1,x_2\geqslant 0,\boldsymbol{x}\in\boldsymbol{R}^2$$

下面根据该模型编程求解,同时与目标达到法和最大最小法计算结果进行比较,Matlab 程序清单如下。

```
%li_9_8_3.m
```

```
function li_11_8_3
clc;
clear all;
close all;
A=[1 4;2 3];
b=[2;5];
x0=[3;0.5];
x=fmincon('((-4*x(1)+5*x(2)+8)^2+(x(1)-3*x(2)+1.5)^2).^(1/2)',x0,A,b);%理想点法
f=[-4   5;1   -3];
x
f*x
A*x-b
x0=[1;0.5];
goal=[2,5];
weight=[0.5,0.5];
[x,fval]=fgoalattain(@mobjfun,x0,goal,weight,A,b)   %目标达到法
A*x-b
[x,fval]=fminimax(@mobjfun,x0,A,b)    %最大最小法
A*x-b
x1=linspace(0,2,10);
x2=linspace(0,0.5,5);
[x11,x22]=meshgrid(x1,x2);
f1=-4.*x11+5.*x22;
f2=x11-3*x22;
y1=1/2-1/4*x1;
y2=5/3-2/2*x1;
[C,h]=contour(x11,x22,f1);
set(h,'ShowText','on','TextStep',get(h,'LevelStep')*2)
hold on
[C,h]=contour(x11,x22,f2);
set(h,'ShowText','on','TextStep',get(h,'LevelStep')*2)
hold on
plot(x1,y1,'--k',x1,y2,'--r')
hold off
function f=mobjfun(x)
f=[-4*x(1)+5*x(2)
    x(1)-3*x(2)];
```

理想点法计算结果为：

```
x=
    1.8000
    0.0500
fval=
    -6.9499
```

```
        1.6500
```
约束条件为
```
A * x-b =
     0
     -1.2500
```
目标达到法计算结果为：
```
     x =
          1.8429
          0.0393
     fval =
          -7.1750
          1.7250
A * x-b =
          0
       -1.1964
```
最大最小法法计算结果为：
```
x =
     0.5714
     0.3571
fval =
     -0.5000
     -0.5000
A * x-b =
     0
     -2.7857
```

从计算结果和图 9-1 可以看出，三种解法的解 x 均落在第一个约束条件等值线 $x_2 = 1/2 - 1/4x_1$ 上，也就是该约束条件为起作用的约束条件，而第二个约束条件为不起作用的约束条件。从该例还可看出多目标函数优化问题较为复杂，三种算法得出的结果均为可行解，最终取舍还需构造更合理的模型或人工判断。

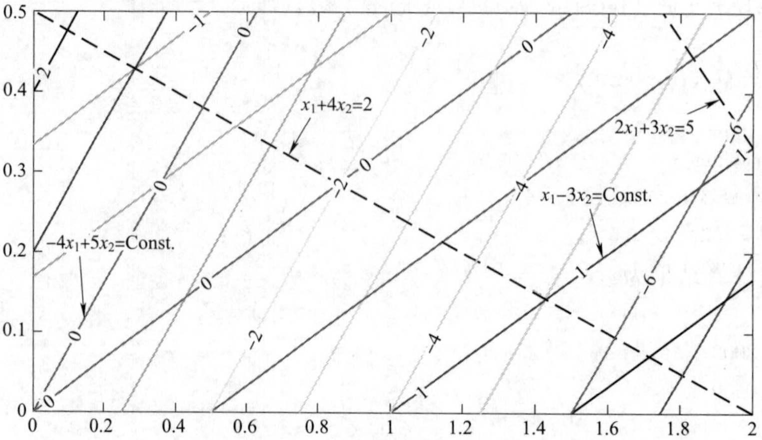

图 9-1 【例 9-8】函数等值线及约束函数曲线

9.6.2　线性加权和法

在多目标问题中，人们总希望对那些相对重要的指标给予较大的权系数，从而将多目标的向量问题转化为所有目标的加权求和标量问题。构造下面的评价函数

$$\min F(\boldsymbol{x}) = \sum_{i=1}^{p} w_i f_i(\boldsymbol{x})$$

式中，w_i 为加权因子。其选取的方法很多，如专家打分法，容限法。这样就可以用标准的无约束最优化方法求解。

【例 9-9】　利用线性加权和法求解。

$$\max f_1(\boldsymbol{x}) = 70x_1 + 66x_2$$
$$\min f_2(\boldsymbol{x}) = 0.02x_1^2 + 0.01x_2^2 + 0.04(x_1 + x_2)^2$$
$$\text{s.t.}\ x_1 + x_2 \leqslant 5000$$
$$0 \leqslant x_1, 0 \leqslant x_2$$

解：利用线性加权法构造如下的目标函数，加权因子取 $w_1 = w_2 = 0.5$。

$$\min f(\boldsymbol{x}) = -0.5f_1(\boldsymbol{x}) + 0.5f_2(\boldsymbol{x})$$

首先编辑目标函数 M 文件 ff11.m。

```
function    f=ff11(x)
f=-0.5*(70*x(1)+66*x(2))+0.5*(0.02*x(1)^2+0.01*x(2)^2+0.04*(x(1)+x(2))^2);
```

然后调用求单目规划求最小值问题的函数：

```
%li_9_9.m
x0=[1000,1000]
A=[1   1];
b=5000;
lb=zeros(2,1);
[x,fval,exitflag]=fmincon(@ff11,x0,A,b,[],[],lb,[])
f1=70*x(1)+66*x(2)
f2=0.02*x(1)^2+0.01*x(2)^2+0.04*(x(1)+x(2))^2
```

计算结果为：

```
x=
          307.1428    414.2857
fval=-1.2211e+004
exitflag=5        约束条件满足要求，方向导数的模满足函数误差精度
f1=    4.8843e+004
f2=    2.4421e+004
```

9.6.3　最大最小法

在决策时，采取保守策略是稳妥的，即在最坏的情况下，寻求最好的结果。根据这个想法也可以构造评价函数。

$$\varphi(\boldsymbol{y}) = \max_{1 \leqslant i \leqslant p} y_i$$

然后求解

$$\min_{x\in R}\varphi[f(\boldsymbol{x})]=\min_{x\in R}\max_{1\leqslant i\leqslant p}f_i(\boldsymbol{x})$$

并将它的最优解 $\boldsymbol{x}^*$ 作为模型在这种情况下的最优解。求解这种问题常用 fminimax 函数。

最大最小化的数学模型为：

$$\begin{aligned}&\min_{x\in R}\ \max\{\boldsymbol{F}(\boldsymbol{x})\}\\ &\text{s.t.}\ C(\boldsymbol{x})\leqslant 0\\ &\qquad Ceq(\boldsymbol{x})=0\\ &\qquad \boldsymbol{Ax}\leqslant \boldsymbol{b}\\ &\qquad \boldsymbol{Aeq}\cdot\boldsymbol{x}=\boldsymbol{beq}\\ &\qquad \boldsymbol{lb}\leqslant\boldsymbol{x}\leqslant\boldsymbol{ub}\end{aligned}$$

其中，$\boldsymbol{F}(\boldsymbol{x})$为目标函数向量，即 $\boldsymbol{F}(\boldsymbol{x})=[f_1,f_2,\cdots,f_p]^{\mathrm{T}}$。

fminimax 函数完整的调用格式如下：

[x,fval,maxfval,exitflag,output,lambda]

=fminimax(fun,x0,A,b,Aeq,beq,lb,ub,nonlcon,options)

说明：

(1)x_0 为初始值；

(2)$\boldsymbol{A}$,$\boldsymbol{b}$ 为满足线性不等式约束 $\boldsymbol{Ax}\leqslant\boldsymbol{b}$，若没有，则取 $\boldsymbol{A}$=[ ]，$\boldsymbol{b}$=[ ]；

(3)$\boldsymbol{Aeq}$,$\boldsymbol{beq}$ 由线性等式约束确定，如果没有，则 $\boldsymbol{Aeq}$=[ ]，$\boldsymbol{beq}$=[ ]；

(4)$\boldsymbol{lb}$,$\boldsymbol{ub}$ 由满足 $\boldsymbol{lb}\leqslant\boldsymbol{x}\leqslant\boldsymbol{ub}$ 确定，当无边界存在时，令 $\boldsymbol{lb}$=[ ]和(或)$\boldsymbol{ub}$=[ ]；

(5)nonlcon 的作用是通过向量 $\boldsymbol{x}$ 来计算给定非线性不等式约束 $C(\boldsymbol{x})\leqslant 0$ 和等式约束 $Ceq(\boldsymbol{x})=0$ 分别在 $\boldsymbol{x}$ 处的值 C 和 Ceq。

fminimax 函数通过指定的函数句柄来调用非线性约束函数，如

x=fminimax(@myfun,x0,A,b,Aeq,beq,lb,ub,@mycon)

先建立非线性约束函数，并保存为 mycon.m。

```
function[C,Ceq]=mycon(x)
C=…             %在x处计算非线性不等式约束值
Ceq=…           %在x处计算非线性等式约束值
```

options 为指定的优化参数；

fval 为最优点处的目标函数值；

maxfval 为目标函数在 x 处的最大值；

exitflag 为终止迭代的条件；

lambda 是拉格朗日乘子，它体现哪一个约束有效；

output 是输出优化信息。

【例 9-10】 求下列函数最大值的最小化问题。

$$\begin{aligned}&\min\ \max[f_1(\boldsymbol{x}),f_2(\boldsymbol{x}),f_3(\boldsymbol{x}),f_4(\boldsymbol{x})]\\ &f_1(\boldsymbol{x})=3x_1^2+2x_2^2-12x_1+35\\ &f_2(\boldsymbol{x})=5x_1x_2-4x_2+7\\ &f_3(\boldsymbol{x})=x_1^2+6x_2\\ &f_4(\boldsymbol{x})=4x_1^2+9x_2^2-12x_1x_2+20\end{aligned}$$

解:首先编辑目标函数 M 文件 ff. m。

```
function f=ff(x)
f(1)= 3 * x(1)^2+2 * x(2)^2-12 * x(1)+35;
f(2)= 5 * x(1) * x(2)-4 * x(2)+7;
f(3)= x(1)^2+6 * x(2);
f(4)= 4 * x(1)^2+9 * x(2)^2-12 * x(1) * x(2)+20;
```

其次编辑用户程序调用优化函数:

```
%li_9_10. m
x0=(0.1,0.1)
x0=[0.1;0.1];
[x,fval]=fminimax(@ff,x0)
```

计算结果为:

```
x=1.7637    0.5317
fval=23.7331    9.5621    6.3010    23.7331
```

【例 9-11】　利用最大最小法求解下列各函数的最大最小值。

$$\min\ \max[f_1(\boldsymbol{x}), f_2(\boldsymbol{x}), f_3(\boldsymbol{x}), f_4(\boldsymbol{x}), f_5(\boldsymbol{x})]$$

$$f_1(\boldsymbol{x}) = x_1^2 + \sin(x_2) + 3$$

$$f_2(\boldsymbol{x}) = -x_1^2 - 5e^{x_2}$$

$$f_3(\boldsymbol{x}) = 2x_1 + 3x_2 - 20$$

$$f_4(\boldsymbol{x}) = \cos(x_1) - x_2$$

$$f_5(\boldsymbol{x}) = x_1 + 3x_2 - 15$$

解:首先编写目标函数 M 文件 myfun11_11. m。

```
function f=myfun11_11(x)
f(1)= x(1)^2+sin(x(2))-3;
f(2)= -x(1)^2-5 * exp(x(2));
f(3)= 2 * x(1)+3 * x(2)-20;
f(4)= cos(x(1))-x(2);
f(5)= x(1)+3 * x(2)-15;
```

其次编写调用 fminimax 函数程序,初值为 x0=[1;1]:

```
    %li_9_11. m
clc;
x0=[1;1]
[x,fval,fmax,flag]=fminimax(@myfun11_11,x0)
```

计算结果为:

```
x=0.7460    3.7471
fval=-3.0127-212.5479    -7.2667    -3.0127    -3.0127
```

9.6.4　目标达到法

对多个不同目标函数进行优化,为了使各个分目标函数 $f_i(\boldsymbol{x})$ 分别逼近各自的单目标最优值 $f_i(\boldsymbol{x}^*)$,可以给每一个目标函数引入一个权系数 w_i,并令

$$\gamma=\frac{f_i(\boldsymbol{x})-f_i(\boldsymbol{x}^*)}{w_i}$$

于是可将多目标最优化问题简化为如下单目标最优化问题：

$$\begin{aligned}&\min\ \gamma(\boldsymbol{x},w)\\ \text{s.t.}\ &\boldsymbol{F}(\boldsymbol{x})-\boldsymbol{w}\cdot\gamma\leqslant \boldsymbol{goal}\\ &C(\boldsymbol{x})\leqslant 0\\ &Ceq(\boldsymbol{x})=0\\ &\boldsymbol{Ax}\leqslant\boldsymbol{b}\\ &\boldsymbol{Aeq}\cdot\boldsymbol{x}=\boldsymbol{beq}\\ &\boldsymbol{lb}\leqslant\boldsymbol{x}\leqslant\boldsymbol{ub}\end{aligned}$$

其中，$\boldsymbol{x}$，$\boldsymbol{b}$，$\boldsymbol{beq}$，$\boldsymbol{lb}$，$\boldsymbol{ub}$ 为向量，$\boldsymbol{A}$，$\boldsymbol{Aeq}$ 为矩阵；$C(\boldsymbol{x})$，$Ceq(\boldsymbol{x})$是返回向量的函数，$f(\boldsymbol{x})$为目标函数，$f(\boldsymbol{x})$，$C(\boldsymbol{x})$，$Ceq(\boldsymbol{x})$可以是非线性函数；$\boldsymbol{w}$ 为权值系数向量，用于控制对应的目标函数与用户定义的目标函数值的接近程度；**goal** 为用户设计的与目标函数相应的目标函数值向量；γ 为一个松弛因子标量；$\boldsymbol{F}(\boldsymbol{x})$为多目标规划中的目标函数向量。

在 Matlab 中用于求解多目标规划问题的函数为 fgoalattain，其完整的调用格式如下。

[x,fval,attainfactor,exitflag,output,lambda] =

fgoalattain(fun,x0,goal,weight,A,b,Aeq,beq,lb,ub,nonlcon,options)

说明：

(1) x_0 为初始值；

(2) fun 为多目标函数的文件名；

(3) ***goal*** 为用户设计的目标函数值向量；

(4) ***weight*** 为权值系数向量，用于控制目标函数与用户自定义目标值的接近程度；

(5) $\boldsymbol{A}$，$\boldsymbol{b}$ 由线性不等式约束 $\boldsymbol{Ax}\leqslant\boldsymbol{b}$ 确定，若没有，则取 $\boldsymbol{A}=[\ ]$，$\boldsymbol{b}=[\ ]$；

(6) ***Aeq***，***beq*** 由线性等式约束确定，如果没有，则 $\boldsymbol{Aeq}=[\ ]$，$\boldsymbol{beq}=[\ ]$；

(7) ***lb***，***ub*** 由 $\boldsymbol{lb}\leqslant\boldsymbol{x}\leqslant\boldsymbol{ub}$，当无边界存在时，令 $\boldsymbol{lb}=[\ ]$和(或)$\boldsymbol{ub}=[\ ]$；

(8) nonlcon 的作用是通过向量 x 来计算给定非线性不等式约束 $C(\boldsymbol{x})\leqslant 0$ 和等式约束 $Ceq(\boldsymbol{x})=0$ 分别在 x 处的值 $\boldsymbol{C}$ 和 $\boldsymbol{Ceq}$。

【例 9-12】 计算下面多目标问题的最优解。

$$\begin{aligned}&\min(x_1-1)^2+2(x_2-2)^2+3(x_3-3)^2\\ &\min x_1^2+x_2^2+x_3^2\\ &\text{s.t.}\ x_1+x_2+x_3=16\\ &\qquad x_1,x_2,x_3\geqslant 0\end{aligned}$$

解：根据目标函数和约束条件编写如下 Matlab 程序。

```
function li_9_12. m
% li_9_12. m
clc;
Aeq=[1 1 1];
beq=16;
lb=[0 0 0];
```

```
goal=[16 16];
weight=[1 1];
x0=[2 2 3];
[x,fval]=fgoalattain(@objfun11_12,x0,goal,weight,[],[],Aeq,beq,lb)
function f=objfun11_12(x)
f(1)=(x(1)-1)^2+2*(x(2)-2)^2+3*(x(3)-3)^2;
f(2)=x(1)+x(2)+x(3);
```

计算结果为：

```
x=
  6.4545    4.7273    4.8182
fval=
  54.5455   16.0000
```

【例 9-13】 一线性时不变控制系统，其状态空间模型如下：

$$\boldsymbol{X}=\boldsymbol{A}\boldsymbol{x}+\boldsymbol{B}\boldsymbol{u}$$
$$\boldsymbol{Y}=\boldsymbol{C}\boldsymbol{x}$$

其中：

$$\boldsymbol{A}=\begin{bmatrix}-0.5 & 0 & 0\\ 0 & -2 & 10\\ 0 & 1 & -2\end{bmatrix},\boldsymbol{B}=\begin{bmatrix}1 & 0\\ -2 & 2\\ 0 & 1\end{bmatrix},\boldsymbol{C}=\begin{bmatrix}1 & 0 & 0\\ 0 & 0 & 1\end{bmatrix}$$

要求设计输出反馈控制器 K，使闭环系统

$$\boldsymbol{x}=(\boldsymbol{A}+\boldsymbol{BKC})\boldsymbol{x}+\boldsymbol{B}\boldsymbol{u}$$
$$\boldsymbol{Y}=\boldsymbol{C}\boldsymbol{x}$$

状态矩阵的特征值位于复平面实轴上点(−5,0)，(−3,0)，(−1,0)的左侧，为避免输入饱和要求增益满足不等式 $-4\leqslant K_{ij}\leqslant 4(i,j=1,2)$。

解：该反馈系统框图如图 9-2 所示，经验证系统具有能控性，可以求得增益矩阵 $\boldsymbol{K}$，使矩阵

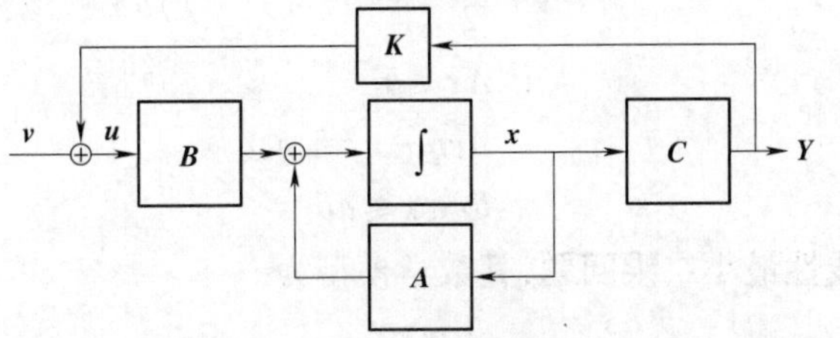

图 9-2　反馈系统框图

$\boldsymbol{A}+\boldsymbol{BKC}$ 的特征值小于$[-5,-3,-1]^{\mathrm{T}}$，因此这是一个确定矩阵 $\boldsymbol{K}$ 使矩阵 $\boldsymbol{A}+\boldsymbol{BKC}$ 的特征值小于预定目标的多目优化问题。

先建立目标函数文件，保存为 eigfun. m。

```
function F=eigfun(K,A,B,C)
F=sort(eig(A+B*K*C));      %估计目标函数值
```

然后编写用户程序调用优化函数。

```
%li_9_13.m
clc;
```

```
A=[-0.5 0 0;0-2 10;0 1-2];
B=[1 0;-2 2;0 1];
C=[1 0 0;0 0 1];
K0=[-1-1;-1-1];                              % 初始化控制器矩阵
goal=[-5-3-1];                               % 为闭合环路的特征值(极点)设置目标值向量
weight=abs(goal)                             % 设置权值向量
llb=-4*ones(size(K0));                       % 设置控制器的下界
ub=4*ones(size(K0));                         %设置控制器的上界
options=optimset('Display','iter');          %设置显示参数:显示每次迭代的输出
[K,fval,attainfactor]=fgoalattain(@eigfun,K0,goal,weight,[],[],[],[],lb,ub,[],options,A,B,C)
```

计算结果为:

```
K=
    -4.0000   -0.2564
    -4.0000   -4.0000
fval=
    -6.9313
    -4.1588
    -1.4099
attainfactor=   -0.3863
```

达到因子 attainfactor=-0.3863 说明计算目标值比预定目标值超过 38.63%.

9.7 最小二乘法在优化及数据拟合中的应用

在 Matlab 优化工具箱中,给出了两类约束线性最小二乘问题的求解函数。第一类是约束线性最小二乘问题,其数学模型为

$$\min_{x}\ \frac{1}{2}\|\boldsymbol{Cx}-\boldsymbol{d}\|_2^2$$

$$\text{s. t.}\ \boldsymbol{Ax}\leqslant\boldsymbol{b}$$

$$\boldsymbol{Aeq}\cdot\boldsymbol{x}=\boldsymbol{beq}$$

$$\boldsymbol{lb}\leqslant\boldsymbol{x}\leqslant\boldsymbol{ub} \tag{9-1}$$

第二类是所谓的非负线性最小二乘问题,其数学模型为

$$\min_{x}\ \frac{1}{2}\|\boldsymbol{Cx}-\boldsymbol{d}\|_2^2$$

$$\text{s. t.}\ \boldsymbol{x}\geqslant 0 \tag{9-2}$$

式(9-1)和式(9-2)中,$\boldsymbol{C}$ 和 $\boldsymbol{d}$ 分别为实数矩阵和实数向量。

9.7.1 有约束线性最小二乘

有约束线性最小二乘的标准形式为式(9-1)。在 Matlab 优化工具箱中,用函数 lsqlin 来求解带有约束的最小二乘问题,这里的约束指的是线性约束。函数的具体调用格式如下。

```
[x,resnorm,residual,exitflag,output,lambda]
=lsqlin(C,d,A,b,Aeq,beq,lb,ub,x0,options)
```

其中，resnorm = norm(C * x-d)^2 为残差的 2 范数；residual = C * x-d 为残差。

【例 9-14】　求解下面问题的最小二乘解。

$$\boldsymbol{Cx}=\boldsymbol{d}$$

$$\boldsymbol{Ax}\leqslant\boldsymbol{b}$$

$$\boldsymbol{lb}\leqslant\boldsymbol{x}\leqslant\boldsymbol{ub}$$

式中各矩阵和向量值如下：

$$\boldsymbol{C}=\begin{bmatrix}31.020 & 31.250 & 7.337 & 113.94\\ 30.455 & 39.375 & 8.229 & 128.23\\ 29.985 & 47.511 & 9.030 & 141.10\\ 29.640 & 56.250 & 9.823 & 153.81\\ 29.525 & 63.752 & 10.452 & 163.77\\ 28.950 & 71.413 & 11.053 & 173.78\end{bmatrix},\boldsymbol{d}=\begin{bmatrix}81.45\\ 86.96\\ 92.64\\ 97.85\\ 101.80\\ 105.51\end{bmatrix},$$

$$\boldsymbol{A}=\begin{bmatrix}0.5212 & 0.6531 & 0.1125 & 0.7652\\ 0.3178 & 0.0764 & 1.5613 & 0.4362\\ 0.6812 & 0.4691 & 1.2210 & 0.8211\end{bmatrix},\boldsymbol{b}=\begin{bmatrix}3.555\\ 2.263\\ 5.788\end{bmatrix},$$

$$\boldsymbol{lb}=\begin{bmatrix}-0.1000\\ -0.1000\\ -0.1000\\ -0.1000\end{bmatrix},\boldsymbol{ub}=\begin{bmatrix}2\\ 2\\ 2\\ 2\end{bmatrix}。$$

解：程序清单如下：

```
%li_9_14.m
clc;
clear all;
C=[31.020 31.250 7.337 113.94
   30.455 39.375  8.229 128.23
   29.985 47.511  9.030  141.10
   29.640 56.250  9.823  153.81
   29.525 63.752 10.452 163.77
   28.950 71.413 11.053 173.78];
d=[81.45;86.96;92.64;97.85;101.8;105.51];
A=[0.5212 0.6531 0.1125 0.7652
0.3178 0.0764 1.5613 0.4362
0.6812 0.4691 1.2210 0.8211];
b=[3.555;2.263;5.788];
lb=-0.1*ones(4,1);
ub=2*ones(4,1);
[x,resnorm,residual,exitflag,output]=lsqlin(C,d,A,b,[],[],lb,ub)
```

计算结果为：

```
x=
    0.8706
    -0.1000
```

```
    1.1570
    0.4300
resnorm =
    0.1451
residual =
    -0.0815
    0.2813
    -0.1603
    -0.1613
    0.0492
    0.0725
exitflag = 1 %说明解 x 是收敛的
```

9.7.2 最小二乘法数据(曲线)拟合之一

数据拟合是根据一组观测数据和预期的函数关系 ***ydata*** = *F*(***a***, ***xdata***)，以函数关系应用最小二乘法，使下式成立：

$$\min_{x} \frac{1}{2} \| F(\boldsymbol{a}, \boldsymbol{xdata}) - \boldsymbol{ydata} \|_2^2 = \frac{1}{2} \sum_i (F(\boldsymbol{a}_i, \boldsymbol{xdata}_i) - \boldsymbol{ydata}_i)^2$$

式中系数 ***a*** 为未知量。

在 Matlab 中，使用函数 lsqcurvefit 解决这类问题。函数 lsqcurvefit 的具体调用格式如下：

[a, resnorm, residual, exitflag, output, lambda, jacobian]

= lsqcurvefit(fun, a0, xdata, ydata, lb, ub, options)

说明：

(1) $\boldsymbol{a}_0$ 为初始解向量；***xdata***，***ydata*** 为满足关系 ***ydata*** = *F*(***a***, ***xdata***)的数据；

(2) ***lb***、***ub*** 为解向量的下界和上界 $\boldsymbol{lb} \leqslant \boldsymbol{a} \leqslant \boldsymbol{ub}$，若没有指定界，则 ***lb*** = [ ]，***ub*** = [ ]；

(3) options 为指定的优化参数；

(4) jacobian 为解 ***a*** 处拟合函数 fun 的 jacobian 矩阵。

【例 9-15】 应用最小二乘法拟合直齿圆柱齿轮齿根弯曲疲劳应力计算式中齿形系数 Y_{Fa} 及应力修正系数 Y_{sa} 与齿数 z 的函数关系。

解：通过用原始数据绘制曲线，发现两曲线接近指数函数曲线，因此选用指数函数 e^x 与双曲线函数 $1/x$ 结合的函数形式：

$$y = a_1 + a_2 e^{a_3 x} + a_4 / x$$

程序中用内置函数 inline 定义拟合函数 funfit，然后在 lsqcurvefit 函数中调用该函数。具体程序如下：

```
%li_9_15.m
clc;
clear all;
close all;
format short
x = [17 18 19 20 21 22 23 24 25 26 27 28 29 30 35 40 45 50 60 70 80 90 100 150];
y1 = [2.97 2.91 2.85 2.80 2.76 2.72 2.69 2.65 2.62 2.60 2.57 2.55 2.53 2.52 2.45 2.40 2.35 2.32 2.28
2.24 2.22 2.20 2.18 2.14];
```

```
y2=[1.52 1.53 1.54 1.55 1.56 1.57 1.575 1.58 1.59 1.595 1.60 1.61 1.62 1.625 1.65 1.67 1.68 1.70 1.73 1.75 1.77 1.78 1.79 1.83];
plot(x,y2,x,y1)
hold on
a0=[0.1,0.1,0.1,0.3];
funfit=inline('a(1)+a(2)*exp(a(3)*x)+a(4)./x','a','x');
[a1,residual]=lsqcurvefit(funfit,a0,x,y1)
[a2,residual]=lsqcurvefit(funfit,a0,x,y2)
plot(x,funfit(a1,x),'r',x,funfit(a2,x),'g')
z=35;
a1=[-0.5142 2.4623 0.0002 16.8294];
a2=[-1.3372 3.0798 0.0003-4.1756];
funfit(a1,z)
funfit(a2,z)
```

计算结果为：

$$Y_{Fa}=-0.5142+2.4623e^{0.0002z}+16.8294/z$$

$$Y_{sa}=-1.3372+3.0798e^{0.0003z}-4.1756/z$$

用以上两式计算 $z=35$ 时的齿形系数和应力修正系数结果为：$Y_{Fa}=2.4462$，$Y_{sa}=1.6558$。

9.7.3　最小二乘数据(曲线)拟合之二

非线性最小二乘(非线性数据拟合)的另一种形式可表示为

$$\min_{x\in R} f(\boldsymbol{x})=\min([f_1(\boldsymbol{x})]^2+[f_2(\boldsymbol{x})]^2+\cdots+[f_p(\boldsymbol{x})]^2+L)$$

其中 L 为常数。

设

$$\boldsymbol{F}(\boldsymbol{x})=\begin{bmatrix} f_1(\boldsymbol{x}) \\ f_2(\boldsymbol{x}) \\ \vdots \\ f_p(\boldsymbol{x}) \end{bmatrix}$$

则目标函数可表达为

$$\min_{x\in R} \quad \frac{1}{2}\|\boldsymbol{F}(\boldsymbol{x})\|_2^2=\frac{1}{2}\sum_{i=1}^{p}[f_i(\boldsymbol{x})]^2$$

在 Matlab 中，使用函数 lsqnonlin 解决这类问题。函数 lsqnonlin 的具体调用格式如下：

```
[a,resnorm,residual,exitflag,output,lambda,jacobian]
=lsqnonlin(fun,a0,lb,ub,options)
```

【例 9-16】　应用 lsqnonlin 函数求解【例 9-15】，即：

$$\min_a \sum[y_i-(a_1+a_2e^{a_3x_i}+a_4/x_i)]^2$$

解：程序清单为：

```
%li_9_16.m
clc;
clear all;
close all;
```

```
format short
x=[数据省略];
y1=[数据省略];
y2=[数据省略];
plot(x,y2,x,y1)
hold on
a0=[0.1,0.1,0.1,0.3];
funfit=inline('a(1)+a(2)*exp(a(3)*x)+a(4)./x','a','x');
funfit1=inline('y1-(a(1)+a(2)*exp(a(3)*x)+a(4)./x)','a','x','y1');
funfit2=inline('y2-(a(1)+a(2)*exp(a(3)*x)+a(4)./x)','a','x','y2');
[a1,residual]=lsqnonlin(funfit1,a0,[],[],[],x,y1)
[a2,residual]=lsqnonlin(funfit2,a0,[],[],[],x,y2)
plot(x,y1-funfit1(a1,x,y1),'r',x,y2-funfit2(a2,x,y2),'g')
```

计算结果与【例 9-15】所得结果相同。

9.7.4 最小二乘数据(曲线)拟合之三

最小二乘数据(曲线)拟合的第三种方法是利用非负线性最小二乘的标准形式(9-2)进行拟合。在 Matlab 中,用函数 lsqnonneg 来解非负线性最小二乘问题。其具体的调用格式如下:

```
[a,resnorm,residual,exitflag,output,lambda]
=lsqnonneg(C,d,ax0,options)
```

【例 9-17】 用二次多项式拟合下面的数据。

x	19	25	31	38	44
y	19.0	32.3	49.0	73.3	97.8

解:程序如下:

```
%li_9_17.m
C=[1 19^2;1  25^2;1  31^2;1  38^2;1  44^2];
d=[19.0  32.3  49.0  73.3  97.8]';
lsqnonneg(C,d)
x=[19  25  31  38  44];%解法二
y=[19 32.3  49  73.3  97.8];
a0=[0.1,0.1];
funfit=inline('y-(a(1)+a(2)*x.^2)','a','x','y');
[a,residual]=lsqnonlin(funfit,x0,[],[],[],x,y)
```

计算结果为:

```
a=  0.9726    0.0500
```

9.8 非线性方程(组)求解

9.8.1 一元非线性方程的解

一元非线性方程的一般形式为 $f(x)=0$。在 Matlab 中利用函数 fzero 来求解一元非线性方程的根。其具体的调用格式如下。

```
[x,fval,exitflag,output]=fzero(fun,x0,options)
```

【例 9-18】　求 $x^3-3x-1=0$ 的根。

解：程序为：

```
%li_9_18.m
fun=inline('x^3-3*x-1','x');
x=fzero(fun,1)     %初始估计值为 1
fun(x)
```

计算结果为：

```
x=1.8794
f=-8.8818e-016
```

9.8.2　非线性方程组的解

非线性方程组的一般形式为

$$\boldsymbol{F}(\boldsymbol{x})=0$$

其中，$\boldsymbol{x}$ 为向量，$\boldsymbol{F}(\boldsymbol{x})$ 为函数向量。在 Matlab 中通常利用函数 fsolve 来求解非线性方程。其具体的调用格式如下：

```
[x,fval,exitflag,output,jacobian]=fsolve(fun,x0,options)
```

【例 9-19】　求椭圆 $\frac{x^2}{4}+y^2-1=0$ 和抛物线 $y-4x^2+3=0$ 的交点。

解：求解程序如下：

```
%li_9_19.m
function li_9_19
clc;
x0=[0.5;-0.5];%初始点
options=optimset('Display','off');    %不显示输出信息
[x,fval]=fsolve(@fgsolve,x0)
function f=fgsolve(xy)
f=[0.25*xy(1).^2+xy(2).^2-1
   xy(2)-4*xy(1).^2+3];
x1=linspace(0,2,15);
y1=4*x1.^2-3;
y2=sqrt(1-x1.^2/4);
y3=-sqrt(1-x1.^2/4);
x2=linspace(-2,0,15);
y4=4*x2.^2-3;
y5=sqrt(1-x2.^2/4);
y6=-sqrt(1-x2.^2/4);
plot(x1,y1,x1,y2,x1,y3,x2,y4,x2,y5,x2,y6)
xlabel('x');ylabel('y')
axis([-2.5 2.5-4 6])
%其中 xy(1)=x,xy(2)=y
```

计算结果为：

```
x=0.7188
-0.9332
fval=1.0e-015 *
        0
   0.4441
```

显然，这一结果是不全面的，因为本例中抛物线与椭圆相交有 4 个焦点，这里只求出了其中一个焦点。通过另外几个焦点的求解，会注意到解与初值有很大关系，这一点也是利用 Matlab 优化工具箱函数求解优化问题时应注意的问题。即对多峰值目标函数问题应多选择几个初始点，比较计算结果。

【例 9-20】 求解下面非线性方程组的解。

$$2\ln(x_1)-x_2=\sin(x_1)$$
$$e^{x_1}+x_2=3\cos(x_2)$$

解：求解程序如下：

```
function li_9_20
clc;
x0=[1;1];                %初始点 x0
options=optimset('Display','iter');    %显示输出信息
[x,fval,flag]=fsolve(@myfun,x0,options)
function F=myfun(x)
F=[2*log(x(1))-x(2)-sin(x(1));
   exp(x(1))+x(2)-3*cos(x(2))];
```

计算结果为：

```
x=1.0940
  -0.7088
fval=1.0e-008 *
  -0.0825
   0.8662
```

除此之外，Matlab 提供了多种插值和曲线拟合的函数，如 interp1，interp2，interp3，interp1q，interpft，interpn，pchip，spline，polyfit 等，可根据需要选用。对于多项式方程的求解还可用 roots()函数，或用 Matlab 符号运算中的 solve()函数来求解。solve()函数的调用格式为：

```
g=solve(eq1,eq2,…,eqn,var1,var2,…,varn)
```

说明：输入参数中的方程为用字符串表示的函数句柄，方程中的变量需用符号变量定义关键字 syms 事先定义，参数 vari 是方程引用的参数，输出变量 g 是结构变量，要查看变量的值通过 g 的域来实现，如 g. x。

【例 9-21】 求解下面的线性方程组的解：

$$2x_1+x_2-5x_3+x_4=8$$
$$x_1-3x_2-6x_4=9$$
$$2x_2-3x_3+2x_4=-5$$
$$2x_1+4x_2-7x_3+6x_4=0$$

解：求解程序如下：

```
%li9_21.m
function li9_21
clc;
clear all;
syms u v w x
fun_obj1='2*u+v-5*w+x-8=0';
fun_obj2='u-3*v-6*x-9=0';
fun_obj3='2*v-w+2*x+5=0';
fun_obj4='u+4*v-7*w+6*x=0';
A=solve(fun_obj1,fun_obj2,fun_obj3,fun_obj4);
A.u,A.v,A.w,A.x
A1=[2 1-5 1
    1-3 0-6
    0 2-1 2
    1 4-7 6];
b=[8 9-5 0]'
xx=inv(A1)*b
```

【例 9-22】 用 solve( )函数求解【例 9-19】。

解:求解程序如下:

```
%li_9_22.m
function li_9_22
clc;
syms x y;
fun_obj1='0.25*x^2+y^2-1=0';
fun_obj2='y-4*x^2+3=0';
A=solve(fun_obj1,fun_obj2)
A.x,A.y
```

计算结果为:

```
x=
  -0.71882206497785958593323888198004
   0.71882206497785958593323888198004
  -0.98370210882205890049926451698146
   0.98370210882205890049926451698146
y=
  -0.93317935560386324527343340599433
  -0.93317935560386324527343340599433
   0.87067935560386324527343340599433
   0.87067935560386324527343340599433
```

从以上各节的例子中注意到优化函数调用目标函数有不同的方式,下面通过具体例子总结目标函数定义及优化函数调用的方式。

(1)用内嵌函数 inline 定义目标函数

```
fun=inline('[2*x(1)-x(2)-exp(-x(1));-x(1)+2*x(2)-exp(-x(2))]','x');
```

```
x0=[-5;-5];
[x,fval]=fsolve(fun,x0)
```

(2)在优化函数中定义和引用目标函数

```
x0=[-5-5];
[x,fval]=fsolve('[2*x(1)-x(2)-exp(-x(1));-x(1)+2*x(2)-exp(-x(2))]',x0)
```

(3)在优化函数外部直接定义目标函数

```
fun='[2*x(1)-x(2)-exp(-x(1));-x(1)+2*x(2)-exp(-x(2))]';
x0=[-5;-5];
[x,fval]=fsolve(fun,x0)
```

(4)用函数过程定义目标函数

```
functionmain
x0=[-5;-5];
[x,fval]=fsolve(@objfun,x0)
[x,fval]=fsolve('objfun',x0)
[x,fval]=fsolve(@(x)objfun(x),x0)
function f=objfun(x)
f=[2*x(1)-x(2)-exp(-x(1));-x(1)+2*x(2)-exp(-x(2))];
```

以上四种方式中,第四种适于复杂函数情形,较为实用。另外,经常遇到主程序与函数过程传递数据情况,一般可用三种方式实现。

(1)利用全局变量定义关键字 global 定义全局变量传递参数值。

(2)通过在优化函数输入列表尾部加入传递参数来传递参数值,如

```
x0=[-5;-5];
w=3;
[x,fval]=fsolve(@objfun1,x0,[],w)
function f=objfun1(x,w)
f=[2*x(1)-x(2)-exp(-x(1));-x(1)+2*x(2)-exp(-x(2))]+w;
```

(3)通过目标函数本身传递参数,如

```
functionmain()
x0=[-5;-5];
w=3;
[x,fval]=fsolve(@(x)objfun1(x,w),x0,[])
function f=objfun1(x,w)
f=[2*x(1)-x(2)-exp(-x(1));-x(1)+2*x(2)-exp(-x(2))]+w;
```

这里介绍的参数传递方法具有通用性。

与 Matlab 其他工具箱一样,Matlab 优化工具箱除具有在文本编辑窗口和命令窗口应用的方式外,也有图形用户界面 GUI 的应用方式,可通过在命令窗口输入命令 optimtool 或点击 Matlab 主界面左下角的“Start”按钮选择优化工具箱菜单进入优化工具箱 GUI 方式,这方面的内容读者可参考有关书籍。Matlab 是一个开放式的编程和建模环境,大多数优化问题在 Matlab 中都有相应的函数求解器如本章中介绍的优化函数,此外还有第三方开发的函数也可直接在 Matlab 环境中使用,这些给用户展现了在掌握优化算法基本原理的基础上进一步学习和应用的空间。

第 10 章　工程优化设计及应用实例

10.1　槽式太阳能集热器传热模型及性能分析

10.1.1　集热器传热模型优化设计目标函数

槽式太阳能集热器一维稳态传热数学模型是一组非线性代数方程，在集热器实际工作中，集热管和玻璃护管壁面温度存在一定依赖关系，这里将集热器传热数学模型的求解看做优化问题，通过集热器热平衡方程和传热方程，建立求解集热器传热过程的有约束优化数学模型，应用 Matlab 软件优化工具箱函数 fmincon 进行传热方程式的求解。fmincon 函数内嵌多种优化方法，可使求解过程更稳定，同时计入集热器各部分温度的依赖关系，使计算结果更合理。

集热管传热模型及温度分布分别如图 10-1 和图 10-2 所示。集热管主要由外层玻璃护管、金属吸热管组成。玻璃管和吸热管之间为真空，金属管内为传热介质，这里以水为传热介质。设金属管内流体编号为 1；金属管内外壁编号分别为 2 和 3；玻璃管内外壁编号为 4 和 5；玻璃管外空气编号为 6；天空编号为 7。单位管长的传热量用 $\dot{q}'$(W/m) 表示。玻璃管吸收的太阳辐射热量为 $q'_{5SolAbs}$，吸热管吸收的太阳辐射热量为 $q'_{3SolAbs}$。集热管正常工作时，金属管外表面温度最高，如图 10-2 所示。因此，对于集热管来说，以金属吸热管外表面为界，热量分别向吸热管内和吸热管外传递。

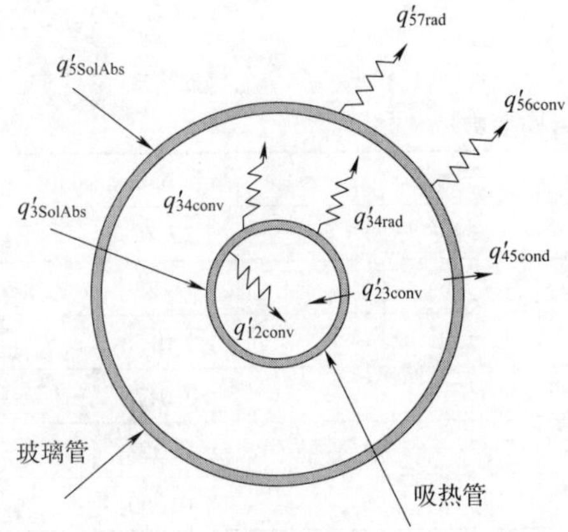

图 10-1　集热管一维传热模型

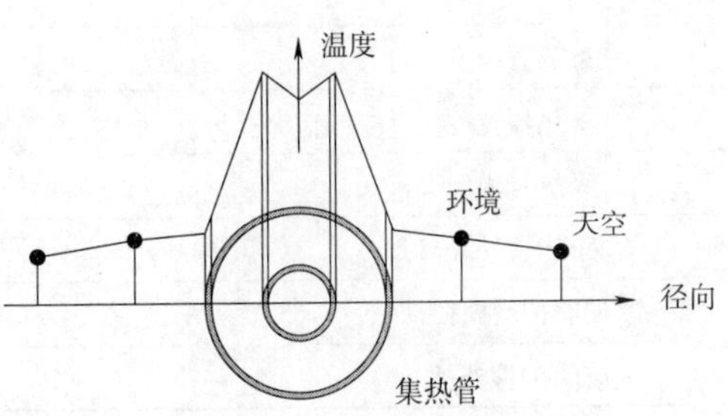

图 10-2　集热管温度分布

根据能量守恒原理，传热流体、吸热管和玻璃管的热平衡关系可用式(10-1)～式(10-6)表示。

$$q'_{23conv} = q'_{12conv} \tag{10-1}$$

$$q'_{3SolAbs}=q'_{23conv}+q'_{34conv}+q'_{34rad} \tag{10-2}$$

$$q'_{34conv}+q'_{34rad}=q'_{45cond} \tag{10-3}$$

$$q'_{5SolAbs}+q'_{45cond}=q'_{56conv}+q'_{57rad} \tag{10-4}$$

$$q'_{5SolAbs}+q'_{34conv}+q'_{34rad}=q'_{56conv}+q'_{57rad} \tag{10-5}$$

$$q'_{HeatLoss}=q'_{56conv}+q'_{57rad} \tag{10-6}$$

设到达抛物面槽式集热器的太阳总辐射热量为 Φ_{Solar}，则集热器热效率为：

$$\eta=\frac{\Phi_{12conv}}{\Phi_{Solar}} \tag{10-7}$$

集热管不仅满足式(10-1)~式(10-5)的热平衡方程，还需引入流体本身的热平衡方程

$$mc_{p,fluid}(t_{out}-t_{in})=\pi d_2\cdot\Delta L\cdot h(t_2-t_m) \tag{10-8}$$

集热管传热计算中，通常给定太阳总辐射热流密度 I_{solar}，传热介质入口温度 $t_{1,in}$，环境温度 t_6，天空温度 t_7，待定参数包括传热介质出口温度 $t_{1,out}$，吸热管内外壁表面平均温度 t_2 及 t_3，玻璃护管内外壁表面平均温度 t_4 及 t_5，共五个未知量，可通过式(10-1)~式(10-4)、式(10-8)以及相应的传热公式来进行求解。由于辐射热流量与温度的四次方成正比，因此，引入传热计算式后，热平衡方程是关于温度的非线性代数方程。采用 Matlab 软件提供的求解约束优化问题的函数 fmincon 来求解这一组非线性代数方程。

由式(10-1)~式(10-4)及式(10-8)构造的优化问题数学模型为：

$$\min f(\boldsymbol{x})=eq_1^2+eq_2^2+eq_3^2+eq_4^2+eq_5^2$$

$$\text{s.t.}\quad t_4<t_3$$

$$t_5<t_4$$

$$t_6<t_5$$

设计变量 $\boldsymbol{x}=[t_2,t_3,t_4,t_5,t_{1,out}]$。

方程 $eq_i(i=1,2,\cdots,5)$ 通过对式(10-1)~式(10-4)及式(10-8)移项，使方程右端项为零得到。

相应的集热器结构参数见表 10-1。

表 10-1　集热器结构参数

名　称	符　号	数值(m)
集热管长度	L	3.6
集热器宽度	W	1.22
吸热管内经	d_2	0.0158
吸热管外经	d_3	0.0178
玻璃护管内径	d_4	0.057
玻璃护管外径	d_5	0.060

取传热流体入口温度 $t_{1,in}=45.3$℃，传热流体体积流量 $V=0.2268\ m^3/h$，外界风速 $u_5=3.8$ m/s，外界空气温度 $t_6=26.6$℃，天空温度 $t_7=t_6-8$ ℃。

10.1.2　集热器传热模型的 Matlab 程序及运行结果

```
function Mohanad3_tin_water
```

```
clc;
clear all;
%Thermal model of parabolic trough solar collector PTSC
% input parameters of the receiver
global D2 D3 D4 D5 L W In TRS_env ABS_abs ABS_env FL u5 T6 T7 Tin
global q_ra h1 EEF_abs EEF_gla q
D2=0.0158;% meter,inner diameter of the absorber
D3=0.0178;%meter,outer diameter of the absorber
D4=0.057;%meter,inner diameter of the glass envelope
D5=0.060;%meter,outer diameter of the glass envelope
L=3.4;%meter,length of the collector
W=1.1;% width of the collector
In=0.48;% intercept factor
TRS_env=0.9;% transmittance of the glass envelope
ABS_abs=0.9;% absorbance of the absorber
ABS_env=0.02;% Absorptance of the glass envelope
%Input variables
%35.8    21.0    2.2 37.90    37.3
%40.9    22.2    2.8 43.30    42.9
%41.3    25.0    3.1 44.40    44.5
%45.3    26.6    3.8 48.35    49.9
%38.7    25.5    3.7 40.45    40.93
FL=1.0;% gpm,flow rate of the HTF
Tin=45.3;% Inlet temperature
T6=26.6;% K,ambient temperature
u5=3.8;% m/s,wind speed
T7=T6-8;%K,sky temperature
Month=2;% month's number
n=50;% day's number
Sstand=13.75% local time(h)
% Solar radiation
[q_ra0,q_ra,AOI]=sun_rad(Month,n,Sstand)
q_ra0=758;
q_ra=q_ra0*1.11;
% Optical model
K=3*10^-5*AOI^2-0.0072*AOI+1.2257;% Incidence angle modifier
Endloss=1-0.5/3.6*tand(AOI);% End loss
EEF_abs=In*TRS_env*ABS_abs*K*Endloss%effective optical efficiency
EEF_gla=In*ABS_env*K*Endloss
%Thermal Model
%convection from HTH to the absorber
Tout0=Tin+0.01;
T20=Tout0+0.01;
T30=T20+0.01;
```

```
T40=T30-0.01;
T50=T40-0.01;
%[T,q12,flag]=fminsearch(@fun_q12,[Tout0,T20,T30,T40,T50]);
[T,q12,flag]=fmincon(@fun_q12,[Tout0,T20,T30,T40,T50],[],[],[],[],[0,0,0,0,0],[],@
confun);
Tin
Tout=T(1)
dT=Tout-Tin
T2=T(2)
T3=T(3)
T4=T(4)
T5=T(5)
T6
T7
T1=(Tin+Tout)/2.0;
q_gain=h1*pi*D2*L*(T2-T1)%W,heat gain
Effecicency=q_gain/(q_ra0*L)*100% Efficiency of the collector
q3_SolAbs=q(1)
q3_SolAbs1=q_ra*(EEF_abs)
q5_SolAbs=q(2)
q12_conv=q(3)
q12_eqh=q(4)
q23_cond=q(5)
q34_conv=q(6)
q34_rad=q(7)
q56_conv=q(8)
q57_rad=q(9)
q45_cond=q(10)
function delt_q=fun_q12(T)
global D2 D3 D4 D5 L W In TRS_env ABS_abs ABS_env FL u5 T6 T7 Tin
global q_ra h1 EEF_abs EEF_gla q
%heat transfer from absorber to heat transfer fluid
Tin
Tout=T(1)
T2=T(2)
T3=T(3)
T4=T(4)
T5=T(5)
T6
T7
T1=(Tin+Tout)/2.0;
Ro1=1001.1-0.0867*T1-0.0035*T1^2;% kg/m3,density of the fluid
%MU1=1.684*10^-3-4.264*10^-5*T1+5.062*10^-7*T1^2-2.244*10^-9*T1^3;
MU1=water_miu(T1)
```

```
%kg/m.s,viscosity of the fluid
Cp1=(4.214-2.286*10^-3*T1+4.991*10^-5*T1^2-4.519*10^-7*T1^3+1.857*10^-...
9*T1^4)*1000;%J/kg.K,heat capacity of the fluid
K1=0.5636+1.946*10^-3*T1-8.151*10^-6*T1^2;% W/m.K,conductivity of the fluid
u1=0.000063*FL/(pi/4*(D2.^2));%m/s,HTF fluid speed,FL 美制加仑
Re_D2=(Ro1*u1*D2)/MU1;% Reynolds number of th HTH fluid
f2=(1.85*log10(Re_D2)-1.64).^-2;% friction factor
Pr1=(MU1*Cp1)/K1;
Ro2=1001.1-0.0867*T2-0.0035*T2^2;% kg/m3,density of the fluid evaluated at T2
%MU2=1.684*10^-3-4.264*10^-5*T2+5.062*10^-7*T2^2-2.244*10^-9*T2^3;
MU2=water_miu(T2)
%kg/m.s,viscosity of the fluid evaluated at T2
Cp2=(4.214-2.286*10^-3*T2+4.991*10^-5*T2^2-4.519*10^-...
7*T2^3+1.857*10^-9*T2^4)*1000;;%kJ/kg.K,heat capacity of the fluid evaluated at T2
K2=0.5636+1.946*10^-3*T2-8.151*10^-6*T2^2;% W/m.K,conductivity of the fluid
Pr2=(MU2*Cp2)/K2;% Prandtl number evaluated at T2
NU_D2=((f2/8)*(Re_D2-1000)*Pr1)/(1+12.7*sqrt(f2/8)*(Pr1.^(2/3)-...
1))*(Pr1/Pr2)^0.11;%Nusselt number
h1=(NU_D2*K1)/D2;%W/m2.K,HTF convection heat transfer coefficient
q12_conv=pi*D2*L*h1*(T2-T1);
m=Ro1*u1*(pi/4*(D2.^2));% mass flow rate
q12_eqh=m*Cp1*(Tout-Tin);
% "conduction heat transfer through the absorber"
T23=(T2+T3)/2;
% thermal conductance of Absorber,W/m.K
K23=0.0153*T23+14.775;
q23_cond=2*pi*K23*L*(T3-T2)/log(D3/D2);
%thermal conductance of annulus gas at standard conditions,W/m.K
Kstd=0.02551;
b=1.571;%interaction coefficient
mol_diameter=3.53*10^-8;% cm,molecular diameter of annulus gas
limda=88.67;% cm,mean free path between collisions of a molecule
% W/m2.K,convection heat transfer coefficient
h34=Kstd/((D3/2*log(D4/D3))+b*limda*(D3/D4+1));
%convection heat transfer through annulus gas,W
q34_conv=pi*D3*L*h34*(T3-T4);
%radiation heat transfer through annulus gas,W
Bolt=5.67*10^-8;% Stefan boltzmann constant
E3=0.0005333*(T1+273.15)-0.0856;% Absorber select coating emissivity
E4=0.86;% emissivity of the glass envelope
E5=0.86;% emissivity of the glass envelope
%Radiation heat transfer from the absorber to the glass envelope
q34_rad=(Bolt*pi*D3*L*((T3+273.15).^4-(T4+273.15).^4))/(1/E3+(1-E4)*D3/(E4*D4));
K45=1.04;% glass envelope conductance(Pyrex glass)
```

```
q45_cond=2*pi*K45*L*(T4-T5)/log(D5/D4);
RO_D5=101325/(287.05*(T6+273.15));% kg/m3,density of the air evaluated at T6
MU_D5=(1.458*10^-6*(T6+273.15)^(3/2)/((T6+273.15)+110.4));% kg/m.s,viscosity of the air evaluated at T6
Re_D5=RO_D5*u5*D5/MU_D5;% Reynolds number at ambient conditions
Pr6=0.712;% Prandtl number evaluated at T6
Pr5=0.71;% Prandtl number evaluated at T5
%thermal conductivity
K56=1.5207*10^-11*((T6+273.15))^3-4.8574*10^-8*((T6+273.15)^2)+…
1.0184*10^-4*((T6+273.15))-0.00039333;
NU_D5=0.26*Re_D5.^(0.6)*Pr6.^(0.37)*(Pr6/Pr5).^0.25;% Nusselt number
h56=K56*NU_D5/D5;
q56_conv=pi*D5*L*h56*(T5-T6);
q57_rad=Bolt*pi*D5*L*E5*((T5+273.15)^4-(T7+273.15)^4);
q3_SolAbs=q_ra*EEF_abs*L;
q5_SolAbs=q_ra*EEF_gla*L;
equ1=q12_conv-q12_eqh
equ2=q12_conv-q23_cond
equ3=q3_SolAbs-q34_conv-q34_rad-q23_cond
q_loss=q56_conv+q57_rad;
Qloss=q45_cond+q5_SolAbs;
%Qloss=q34_conv+q34_rad+q5_SolAbs;
equ4=q_loss-Qloss
equ5=q45_cond-q34_conv-q34_rad
%delt_q=equ1^2+equ2^2+equ3^2+equ5^2
delt_q=equ1^2+equ2^2+equ3^2+equ4^2+equ5^2
%delt_q=equ1^2+equ2^2+equ3^2+equ4^2
q=[q3_SolAbs,q5_SolAbs,q12_conv,q12_eqh,q23_cond,q34_conv,q34_rad,q56_conv,q57_rad q45_cond];

function [c ceq]=confun(T)
global D2 D3 D4 D5 L W In TRS_env ABS_abs ABS_env FL u5 T6 T7 Tin
Tout=T(1);
T2=T(2);
T3=T(3);
T4=T(4);
T5=T(5);
c=[T4-T3,T5-T4,T6-T5]';
ceq=[];

function w_miu=water_miu(t)
MU2=inline('0.9467215*(T+273.15-226.10)^-1.629311','T');
MU3=inline('8.967689*10^-2*(T+273.15-253.85)^-1.20205','T');
if(t+273.15)>273&(t+273.15<325)
w_miu=MU2(t);
```

```
else
w_miu=MU3(t);
end

function [q_ra0,q_ra,AOI]=sun_rad(Month,n,Sstand)
Sstand1=Sstand*60;
B=(n-1)*360/365;
E=229.2*(0.000075+0.001868*cosd(B)-0.032077*sind(B)-0.014615*cosd(2*B)-…
0.04089*sind(2*B));
M=4*(60-81)+E;
ST=Sstand1+M;
HA=15*(ST-12*60)/60;% Hour angle
SD=23.45*sind(360*(284+n)/365);%Solar declination
SA=asind(sind(29.1735)*sind(SD)+cosd(29.1735)*cosd(SD)*cosd(HA));
%Solar altitude
ZA=90-SA;%Zenith angle
AOI=ZA% angle of incidence
if Month==1
A=1202;
Z=0.141;
C=0.103;
Ibn=A*exp(-Z/cos(ZA));
Id=C*Ibn;
elseif Month==2
A=1187;
Z=0.142;
C=0.104;
Ibn=A*exp(-Z/cos(ZA));
Id=C*Ibn;
elseif Month==3;
A=1164;
Z=0.149;
C=0.109;
elseif Month==4
A=1130;
Z=0.164;
C=0.120;
elseif Month==5
A=1106;
Z=0.177;
C=0.130;
elseif Month==6
A=1092;
```

```
Z=0.185;
C=0.137;
elseif Month==7
A=1093;
Z=0.186;
C=0.138;
elseif Month==8
A=1107;
Z=0.182;
C=0.134;
elseif Month==9
A=1136;
Z=0.165;
C=0.121;
elseif Month==10
A=1136;
Z=0.152;
C=0.111;
elseif Month==11
A=1190;
Z=0.144;
C=0.106;
elseif Month==12
A=1204;
Z=0.141;
C=0.103;
end
Ibn=A*exp(-Z/cosd(AOI));
Id=C*Ibn;% diffuse radiation
Ib=Ibn*cosd(AOI);% normal radiation
q_ra0=(Ib+Id)*0.9% global radiation
q_ra=q_ra0*1.1% W/m solar irradiation multiplied by the collector width
```

模拟计算结果与实验结果见表 10-2。

表 10-2 集热器传热计算值与实验结果比较

T_{in}(℃)	T_6(℃)	风速(m/s)	T_{out}(℃)	
			实 测	计 算
35.8	21.0	2.2	37.90	37.28
40.9	22.2	2.8	43.30	42.88
41.3	25.0	3.1	44.40	44.50
45.3	26.6	3.8	48.35	48.94
38.7	25.5	3.7	40.45	40.93

10.2　换热器的优化设计

10.2.1　换热器优化设计(一)

某发动机低温冷却系统如图10-3所示。冷却水依次流过中冷器、机油热交换器和散热器。冷却水在中冷器和机油热交换器中被加热,然后在散热器中冷却,冷却后的冷却水再返回中冷器。已知冷却水流量 $V_{\rm lqs}=100\ {\rm m^3/h}$,机油流量 $V_{\rm jy}=90\ {\rm m^3/h}$,增压空气流量 $m_{\rm zlq}=6\ {\rm kg/s}$,冷空气流量 $m_{\rm lkq}=48\ {\rm kg/s}$。各流体比热容和密度按定值计算。冷却水比热容为4.184 kJ/(kg·℃),冷却水密度为1 000 kg/m^3;空气比热容为1.004 kJ/(kg·℃);机油比热容为2.05 kJ/(kg·℃),机油密度为860 kg/m^3。各换热器进口温度、传热系数如图所示,传热系数单位为W/(m^2·℃)。散热器散热量大于1 100 kW。问各换热器流体出口温度如何选择才能使换热器总传热面积为最小。

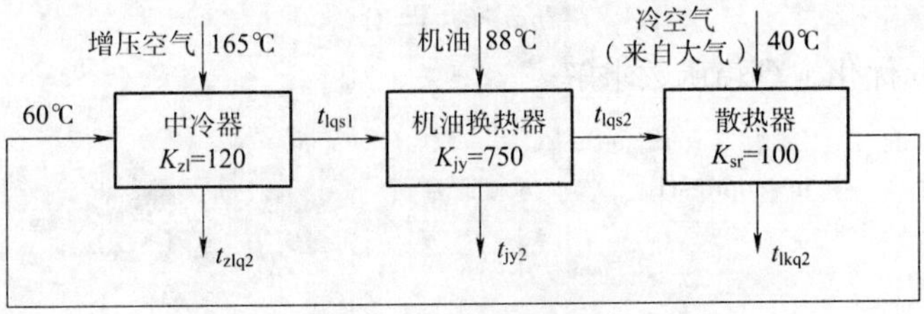

图10-3　低温冷却系统

1. 优化设计模型

1)换热器热平衡

$$Q_i=k_iA_i\Delta t_{\rm m\it i}=m_ic_{{\rm p}i}\Delta T_i$$

$$m_{\rm lqs}c_{\rm plqs}(t_{\rm lqs1}-60)=m_{\rm zlq}c_{\rm pzlq}(165-t_{\rm zlq2}),t_{\rm zlq2}=165-19.31\times(t_{\rm lqs1}-60)$$

$$m_{\rm lqs}c_{\rm plqs}(t_{\rm lqs2}-t_{\rm lqs1})=m_{\rm jy}c_{\rm pjy}(88-t_{\rm jy2}),t_{\rm jy2}=88-2.62\times(t_{\rm lqs2}-t_{\rm lqs1})$$

$$m_{\rm lqs}c_{\rm plqs}(t_{\rm lqs2}-60)=m_{\rm lkq}c_{\rm plkq}(t_{\rm lkq2}-40),t_{\rm lkq2}=2.41\times(t_{\rm lqs2}-60)+40$$

2)温差计算式(按逆流)

$$\Delta t_{\rm m}=\frac{(t_{\rm h1}-t_{\rm l2})-(t_{\rm h2}-t_{\rm l1})}{\ln(\dfrac{t_{\rm h1}-t_{\rm l2}}{t_{\rm h2}-t_{\rm l1}})},$$

式中,下标h表示高温流体,下标l表示低温流体。

$$中冷器:\Delta t_{\rm mzl}=\frac{(165-t_{\rm lqs1})-(t_{\rm zlq2}-60)}{\ln((165-t_{\rm lqs1})/(t_{\rm zlq2}-60))}$$

$$机油热交换器:\Delta t_{\rm mjy}=\frac{(88-t_{\rm lqs2})-(t_{\rm jy2}-t_{\rm lqs1})}{\ln((88-t_{\rm lqs2})/(t_{\rm jy2}-t_{\rm lqs1}))}$$

$$散热器:\Delta t_{\rm msr}=\frac{(t_{\rm lqs2}-t_{\rm lkq2})-(60-40)}{\ln((t_{\rm lqs2}-t_{\rm lkq2})/(60-40))}$$

3)换热器传热面积

$$A_i=\frac{m_ic_{{\rm p}i}\Delta T_i}{K_i\Delta t_{\rm m\it i}}$$

4）目标函数

$$A=\sum A_i$$

$$A=\sum A_i=A_1+A_2+A_3$$
$$=\frac{m_{\mathrm{lqs}}c_{\mathrm{plqs}}\Delta t_{\mathrm{zllqs}}}{K_{\mathrm{zl}}\Delta \mathrm{t}_{\mathrm{mzl}}}+\frac{m_{\mathrm{lqs}}c_{\mathrm{plqs}}\Delta t_{\mathrm{jylqs}}}{K_{\mathrm{jy}}\Delta \mathrm{t}_{\mathrm{mjy}}}+\frac{m_{\mathrm{lqs}}c_{\mathrm{plqs}}\Delta t_{\mathrm{srlqs}}}{K_{\mathrm{sr}}\Delta \mathrm{t}_{\mathrm{msr}}}$$

5）数学模型

$$\min A$$
$$\text{s. t.}\ 60\leqslant t_{\mathrm{lqs1}}\leqslant 80$$
$$t_{\mathrm{lqs1}}\leqslant t_{\mathrm{lqs2}}\leqslant 88$$
$$Q_{\mathrm{sr}}\geqslant 1\ 100$$
$$t_{\mathrm{lqs1}}+2\leqslant t_{\mathrm{lqs2}}$$
$$t_{\mathrm{lzlq2}}\leqslant 70$$
$$t_{\mathrm{jy2}}\leqslant 87$$
$$t_{\mathrm{lkq2}}\geqslant 42$$
$$imag(A)=0$$

2. 应用 Matlab 优化工具箱函数求解

1）主程序

```
%换热器优化设计(一),hexcopttest1
clc;
clear all;
close all;
global mclqs Kzl Kjy Ksr
mclqs=116.23;Kzl=120;Kjy=750;Ksr=100;
t0=[62 70];            %给定初值
options=optimset('LargeScale','off');          %使用默认参数
tL=[60,60];            %设定下限
tU=[88,88];            %设定上限
[t,A]=fmincon(@htexcoptfun4,t0,[],[],[],[],tL,tU,@htexcoptcons4,options)
%-----------------------------------------------------------------
```

2）目标函数

```
function A=htexcoptfun4(t)
global mclqs Kzl Kjy Ksr
global tlqs1 tlqs2 tzlq2 tjy2 tlkq2
global dtmzl dtmjy dtmsr AA
tlqs1=t(1);
tlqs2=t(2);
tzlq2=165-19.31*(tlqs1-60);
tjy2=88-2.62*(tlqs2-tlqs1);
tlkq2=2.41*(tlqs2-60)+40;
dtmzl=((165-tlqs1)-(tzlq2-60))/log((165-tlqs1)/(tzlq2-60));
dtmjy=((88-tlqs2)-(tjy2-tlqs1))/log((88-tlqs2)/(tjy2-tlqs1));
dtmsr=((tlqs2-tlkq2)-(60-40))/log((tlqs2-tlkq2)/(60-40));
AA(1)=mclqs*(tlqs1-60)*1000/(Kzl*dtmzl);
```

```
AA(2)=mclqs*(tlqs2-tlqs1)*1000/(Kjy*dtmjy);
AA(3)=mclqs*(tlqs2-60)*1000/(Ksr*dtmsr);
A=sum(AA);
Q=mclqs*(tlqs1-60)+mclqs*(tlqs2-tlqs1)
end
```

3)约束函数

```
function [c ceq]=htexcoptcons4(t)
global mclqs Kzl Kjy Ksr
global tlqs1 tlqs2 tzlq2 tjy2 tlkq2 AA
global dtmzl dtmjy dtmsr
c(1)=1100-mclqs*(tlqs2-60);
c(2)=2+tlqs1-tlqs2;
c(3)=tzlq2-70;
c(4)=tjy2-87;
c(5)=42-tlkq2;
c(6)=-dtmzl;
c(7)=-dtmjy;
c(8)=-dtmsr;
A=sum(AA);
ceq=abs(imag(A));
```

4)计算结果

$t_{lqs1}=64.92=64.14℃$，$t_{lqs2}=69.56℃$，$A=1077.2m^2$。

10.2.2　换热器优化设计(二)

一机油热交换器(图 10-4)将机油从 $T_1=88℃$冷却到 $T_2=78℃$，机油流量 $V=90\ m^3/h$，冷却介质为水，入口温度为 $t_1=67℃$。试对该热交换器(逆流换热)进行设计，并使机油热交换器年度运行总费用 J 尽可能小。

已知数据：①热交换器单位面积投资 $J_A=500$ 元/m²；②热交换器年折旧率 $\beta=10\%$；③热交换器总传热系数 $K=800\ W/(m^2\cdot ℃)$；④热交换器年运行时间 $\theta=6\ 000\ h$；⑤冷却水单价 $J_w=0.85$ 元/t；⑥冷却水比热容 $C_{pw}=4.184\ kJ/(kg\cdot ℃)$；⑦机油比热容 $C_{pc}=2.05\ kJ/(kg\cdot ℃)$；⑧机油密度 $\rho=860\ kg/m^3$。

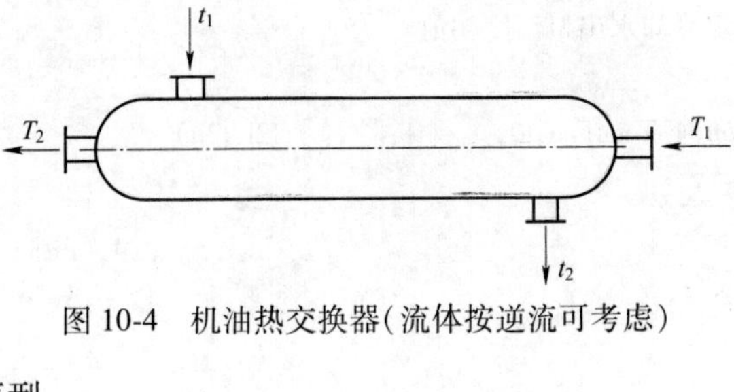

图 10-4　机油热交换器(流体按逆流可考虑)

1. 优化设计数学模型

1)目标函数

$$J=J_A\cdot A\cdot\beta+J_w\cdot\theta\cdot\frac{W}{1\ 000}\quad 元$$

其中:A 为换热器传热面积,m^2;W 为冷却水流量,kg/h。

2)计算传热量、冷却水流量、传热面积和对数温差

(1)传热量 Q

$$Q=\rho_{jy}\cdot V\cdot C_{pjy}\cdot(T_1-T_2)/3\ 600=W\cdot C_{plqs}(t_2-t_1)/3\ 600\ \text{kW}$$

$$Q=K\cdot A\cdot \Delta t_m/1\ 000$$

(2)冷却水流量 W
$$W=\frac{3\ 600Q}{C_{plqs}\cdot(t_2-t_1)}$$

(3)传热面积 A
$$A=\frac{1\ 000Q}{K\cdot\Delta t_m}$$

(4)对数温差 Δt_m
$$\Delta t_m=\frac{(T_1-t_2)-(T_2-t_1)}{\ln\dfrac{T_1-t_2}{T_2-t_1}}$$

2. Matlab 程序

```
function htexcopttest2
%冷却器的最优化设计(Optimal Design of a Cooler),htexcopttest2. m
clear all;
clc;
global T1 T2 V t1 JA beta K theta Jw Cplqs Cpjy Q
T1=88;          %℃
T2=78;          %℃
V=90;           % m^3/h
t1=68;          %℃
JA=500;         % yuan/m^2
beta=0. 10;
K=800;          % w/(m^2 ℃)
theta=6000;     % h
Jw=0. 85;       % yuan/ton
Cplqs=4. 184;   % kJ/(kg℃)
Cpjy=2. 05;     % kJ/(kg℃);
Q=V * Cpjy * 860 * (T1-T2)/3600;
t0=70;          %给定冷却水出口温度初值
t2l=68;t2u=73;
[tlqs2 fval flag]=fmincon(@TotalFee,t0,[],[],[],[],t2l,t2u)
fprintf('优化结果:\n\n')
allFee=TotalFee(tlqs2);
[A w]=Area_Water(tlqs2);
fee1=JA * A * beta;
fee2=Jw * theta * w/1000;
fprintf('冷却水出口温度:%. 3f %s \n',tlqs2,'℃')
fprintf('换热器传热面积:%. 3f m^2,每小时冷却水用量:%. 3f kg/h\n',A,w)
fprintf('换热器年折旧费:%. 3f 元,换热器年冷却水费用:%. 3f 元,年运行总费用:%. 3f 元\n',fee1,fee2,
```

allFee)

```
%------------------------------------------------------------
function J = TotalFee( t2)
global T1 T2 V t1 JA beta K theta Jw Cplqs Cpjy Q
[ A w ] = Area_Water( t2) ;
J = JA * A * beta+Jw * theta * w/1000;
%------------------------------------------------------------
function [ A,w ] = Area_Water( t2)
global T1 T2 V t1 JA beta K theta Jw Cplqs Cpjy Q
var1 = T1-t2;
var2 = T2-t1;
dtm = ( var1-var2)/log( var1/var2) ;
A = Q * 1000/( K * dtm) ;
w = Q/Cplqs/( t2-t1) * 3600;
```

3. 优化结果

冷却水出口温度:73.000 ℃

换热器传热面积:44.677 m^2,每小时冷却水用量:75 846.080 kg/h

换热器年折旧费:2 233.859 元,换热器年冷却水费用:386 815.010 元

年运行总费用:389 048.869 元

10.3　凸轮优化设计

凸轮是一种非对称回转机构,可用来将凸轮的回转运动变为从动件的直线运动或摆动。图 10-5 所示为对心滚子盘型凸轮机构,它是内燃机配气机构常采用的气门驱动方式。若凸轮升程运动角 φ 等于回程运动角 φ',则将角度 φ 称为基本段半包角,并用 φ_0 表示。设凸轮廓线采用高次多项式型线,通常高次多项式取五项至七项。

(a) 盘型凸轮机构　　　　　　　　　(b) 从动件升程曲线

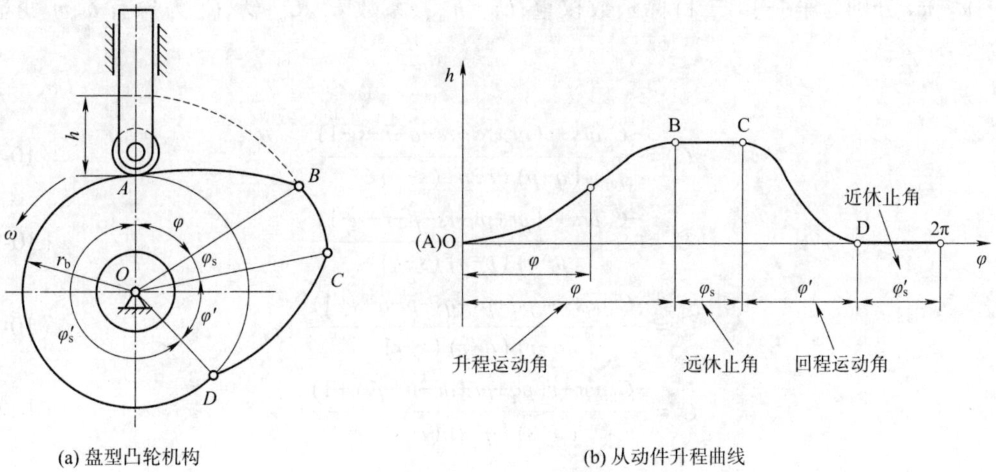

图 10-5　凸轮运动机构

$$h(\varphi)=C_0+C_p\beta^p+C_q\beta^q+C_r\beta^r+C_s\beta^s$$

式中：$h(\varphi)$表示气门升程，简写为h_φ；φ表示凸轮转角，将基本段始点取作$\varphi=0$；$\beta=(1-\varphi/\varphi_0)$；$C_p$、$C_q$、$C_r$、$C_s$表示待定系数；$p$、$q$、$r$、$s$表示幂指数；取$p=2$，$q=2n$，$r=2n+2m$，$s=2n+4m$，式中一般取$n$为3~20之间的实数；$m$为1~20之间的实数。

10.3.1 凸轮型线优化设计目标函数

配气机构凸轮应使气门开启和关闭迅速、效率高，也就是要求气门有较大的时间——截面值。其物理意义为高次曲线和基本工作段包角所围的面积与最大升程和基本工作段包角所围面积之比。它反映配气机构的气体通过能力，丰满系数大，进排气效率高，动力性能好，凸轮丰满系数减小，加速度的绝对值变大，凸轮机构工作性能下降。丰满系数用ξ来表示

$$\xi=\frac{\int_0^{2\varphi_0}h(\varphi)\mathrm{d}\varphi}{2\varphi_0h_{\max}}$$

式中：$h_{\max}$为凸轮的最大升程。

对于磨损设计的关键位置桃尖而言，因$\varphi=\varphi_0$，$\beta=(1-\varphi/\varphi_0)=0$，高次多项式项数的增加不起作用，磨损与此处的减加速度h''_φ有关，$h''_\varphi=pC_p\omega^2/\varphi_0^2$。因此，目标函数由两个函数组成。

第一目标函数是建立以丰满系数为最大目标的函数。对高次五项式方程推导，得丰满系数为

$$\xi=\frac{1}{C_0}\left(C_0+\frac{C_p}{1+p}+\frac{C_q}{1+q}+\frac{C_r}{1+r}+\frac{C_s}{1+s}\right)$$

第二目标函数的建立要求凸轮型线磨损量为最小。对第二目标函数磨损设计的求解，演化为对高次五项式求2阶导数，$h''_\varphi=pC_p\omega^2/\varphi_0^2$，它表示与高次曲线形状、初始条件等因素相关的在桃尖处的垂直加速度大小。

目标函数为丰满系数与减加价速度的甲醛线性组合：

$$\min f(x)=w_1/\xi+w_2/h''_\varphi$$

式中：w_1、w_2分别为第一、第二目标函数权重；$C_0=h_{\max}$，系数C_p、C_q、C_r、C_s为含有n、m变量的系数。

$$C_p=\frac{-C_0qrs+v(qr+qs+rs-q-r-s+1)}{(q-p)(r-p)(s-p)} \tag{10-9a}$$

$$C_q=\frac{-C_0prs+v(pr+ps+rs-p-r-s+1)}{(p-q)(r-q)(s-q)} \tag{10-9b}$$

$$C_r=\frac{-C_0pqs+v(pq+ps+qs-p-q-s+1)}{(p-r)(q-r)(s-r)} \tag{10-9c}$$

$$C_s=\frac{-C_0pqr+v(pq+pr+qr-p-q-r+1)}{(p-s)(q-s)(r-s)} \tag{10-9d}$$

其中，$v=\frac{v_g\varphi_0}{\omega}$为阀门落座速度，$\omega$为凸轮角速度。

设计变量 $x=[x_1,x_2]^T=[n,m]^T$，目标函数 $f(x)$ 为变量 n、m 的函数。

10.3.2　优化函数约束条件

1. 边界约束

$$\text{s.t.}\ \begin{aligned} g_1(x)&=3-x_1\leqslant 0\\ g_2(x)&=x_1-20\leqslant 0\\ g_3(x)&=1-x_2\leqslant 0\\ g_4(x)&=x_2-20\leqslant 0 \end{aligned}$$

2. 最小曲率半径约束

$$g_5(x)=[r_{\min}]-r_{\min}=[r_{\min}]-r_0-C_0-\frac{a_{\min}}{(\omega/57.3)^2}$$

式中：$a_{\min}=pC_p\omega^2\alpha_B^2$；$r_{\min}$ 为凸轮外形最小曲率半径，mm；$[r_{\min}]$ 许用最小曲率半径。

3. 最大加速度约束

本应对最大加速度进行约束，但由于在以磨损设计作为第二目标函数时，其数学推导结果，实际上是对加速度进行间接限制，故不再在约束条件中对加速度重复约束。

上述数学模型是一个多目标有约束非线性最小化问题。通过给定条件，由 Matlab 计算出幂指数 p、q、r、s，及相应的系数 C_p、C_q、C_r、C_s，从而实现凸轮高次五项式型线幂指数和系数的确定。

10.3.3　凸轮优化设计的 Matlab 程序及计算实例

已知某柴油机配气机构，凸轮基圆半径 $r_b=50$ mm，最大升程 $h_{\max}=15.5$ mm，转速 $n=500$ r/min，工作段半包角 $\varphi_0=66°48'$，阀门落座速度 $\nu_g=0.2$ m/s，权重系数 w_1、w_2 取等值 0.5。确定凸轮廓线参数。

根据凸轮优化设计模型，编制如下 Matlab 程序：

```
%凸轮优化设计
function cam_main
clc;
clear all;
close all;
global p q r s Cp Cq Cr Cs ksai a vg aB w hmax r0 rmin1 rmin
W1=0.5;W2=0.5;
hmax=15.5;n=500;w=2*pi*n/60;aB=66.8;vg=0.2;rmin1=5.5;r0=50;p=2;
C0=hmax;
options=optimset('Display','off','LargeScale','off');
x0=[10,6];
[x,fval,flag]=fmincon(@(x)cam_objfun(x,W1,W2),x0,[],[],[],[],[3,1],[20,20],…
@cam_confun,options)
p,q,r,s,Cp,Cq,Cr,Cs,ksai,a,w,rmin
for i=1:70
bt=1-i/aB;
```

```
aa = i/180 * pi;
h(i) = C0+Cp * bt^p+Cq * bt^q+Cr * bt^r+Cs * bt^s;
h1(i) = Cp * p * bt^(p-1) * (-1/aB) * w+Cq * q * bt^(q-1) * (-1/aB) * w+Cr * r * bt^(r-1) * (-1/aB)…
 * w+Cs * s * bt^(s-1) * (-1/aB) * w;
h2(i) = Cp * p * (p-1) * bt^(p-2) * ((-1/aB) * w)^2+Cq * q * (q-1) * bt^(q-2) * ((-1/aB) * w)^2…
+Cr * r * (r-1) * bt^(r-2) * ((-1/aB) * w)^2+Cs * s * (s-1) * bt^(s-2) * ((-1/aB) * w)^2;
end
subplot(131)
plot([1:70],h,'k')
xlabel('凸轮转角/°');
ylabel('气门升程/mm');
grid on
subplot(132)
plot([1:70],h1,'k')
xlabel('凸轮转角/°');
ylabel('气门速度/mm. s-1');
grid on
subplot(133)
plot([1:70],h2,'k')
xlabel('凸轮转角/°');
ylabel('气门加速度/mm. s-2');
grid on
%目标函数
function f = cam_objfun(x,W1,W2)
global p q r s Cp Cq Cr Cs ksai a vg aB w hmax r0 rmin1 rmin
q = 2 * x(1); r = 2 * x(1)+2 * x(2); s = 2 * x(1)+4 * x(2); v = vg * aB/w; C0 = hmax;
Cp = ((-C0) * q * r * s+v * (q * r+q * s+r * s-q-r-s+1))/(q-2)/(r-2)/(s-2);
Cq = ((-C0) * p * r * s+v * (p * r+p * s+r * s-p-r-s+1))/(p-q)/(r-q)/(s-q);
Cr = ((-C0) * p * q * s+v * (q * p+p * s+s * q-p-q-s+1))/(p-r)/(q-r)/(s-r);
Cs = ((-C0) * p * q * r+v * (p * q+p * r+q * r-p-q-r+1))/(p-s)/(q-s)/(r-s);
ksai = 1/C0 * (C0+Cp/(1+p)+Cq/(1+q)+Cr/(1+r)+Cs/(1+s));
a = p * Cp * w^2/aB^2;
f = W1/ksai+W2/a;
function [c,ceq] = cam_confun(x)
global p q r s Cp Cq Cr Cs ksai a vg aB w hmax r0 rmin1 rmin
q = 2 * x(1); r = 2 * x(1)+2 * x(2); s = 2 * x(1)+4 * x(2);
v = vg * aB/w;
C0 = hmax;
Cp = ((-C0) * q * r * s+v * (q * r+q * s+r * s-q-r-s+1))/(q-2)/(r-2)/(s-2);
rmin = r0+C0+p * Cp * (57.3)^2/(aB)^2;
u = rmin1-rmin;
c = [3-x(1);
x(1)-20;
```

```
1-x(2);
x(2)-20;
u];
ceq=[];
```

计算结果为：

```
x=20.0000    11.0937
fval=0.7664
p=2,q=40,r=62.1875,s=84.3750,Cp=-17.2525,Cq=4.3108,Cr=-3.5010,Cs=0.9426
ksai=,0.6329,a=-21.1995
w=52.3599,rmin=40.1115
```

10.4　轴的优化设计

10.4.1　扭转轴的优化设计

一空心传动轴，D 和 d 分别为空心轴的外径和内径，$d=8$ mm，轴长 $L=3.6$ m。轴传递的功率为 $P=7$ kW，转速 $n=1\ 500$ r/min。轴材料的密度 $\rho=7\ 800\ \text{kg/m}^3$，剪切弹性模量 $G=81$ GPa，许用剪应力 $[\tau]=45$ MPa，单位长度许用扭转角 $[\varphi]=1.5(°/\text{m})$。要求在满足扭转强度和扭转刚度限制的条件下，使轴的质量最小。

解：

(1)设计变量和目标函数

分析可知轴的外径 D 是决定轴质量和力学性能的重要独立参数，故将其作为设计变量。记为 $x=D$。

按设计要求，取质量最小为优化目标。

$$m=\frac{\pi}{4}\rho L(D^2-d^2)$$

因此这是一个合理选择 D 而使质量最小的优化问题。

(2)约束条件

轴在工作中主要受扭矩作用，因此需满足扭转强度条件和和刚度条件。

①扭转强度约束条件

$$\tau_{\max}=\frac{T}{W_n}\leqslant[\tau]$$

式中，T 是圆轴所受扭矩，$T=9\ 550\ P/n(\text{N}\cdot\text{m})$，$W_n$ 是抗扭截面模量，$W_n=\pi(D^4-d^4)/(16D)$。

②扭转刚度约束条件

$$\varphi=\frac{T}{GJ_p}\leqslant[\varphi]$$

式中：φ 是单位长度扭转角，G 是剪切弹性模量，J_p 是极惯性矩，$J_p=\dfrac{\pi(D^4-d^4)}{32}$。

③结构尺寸限制条件

根据轴设计自然条件，轴外径应大于内径：

$$D \geqslant d$$

(3)优化模型

$$\min f(x)=\frac{\pi}{4}\rho L(x^2-d^2)\times10^{-6}$$

满足如下约束条件

$$g_1(x)=\frac{16xT\times10^9}{\pi(x^4-d^4)}-[\tau]\times10^6\leqslant0$$

$$g_2(x)=\frac{T\times10^3}{GJ_p}-[\varphi]\times\frac{\pi}{180}\leqslant0$$

$$g_2(x)=d-x\leqslant0$$

这一问题虽然是单变量优化设计问题，但由于含有不等式约束条件，不能直接对目标函数求导数获得极值点。下面用 Matlab 优化设计工具箱函数 fmincon( )进行求解。

(4)优化计算 Matlab 程序

```
function hollow_axle_opt
clear all;
clc;
global G d L rou T tao phi
G=81;d=8;L=3.6;rou=7800;P=7,n=1500;tao=45;phi=1.5;
T=9550*P/n;
x0=20;
A=[-1];b=[-d];
options=optimset('LargeScale','off');
[x,feva]=fmincon(@axle_opt_fun,x0,A,b,[],[],[],[],@axle_opt_cons,options)
function f=axle_opt_fun(x)
global G d L rou T tao phi
f=pi/4*rou*L*(x^2-d^2)*10^(-6);
function[c,ceq]=axle_opt_cons(x)
global G d L rou T tao phi
Jp=pi*(x^4-d^4)/32;
c=[16*x*T*10^9/(pi*(x^4-d^4))-tao*10^6
    T*10^3/(G*Jp)-phi*pi/180];
ceq=[];
```

计算结果为：

D=x=21.6121mm；m=feva=8.8896kg。

10.4.2 圆形等截面轴优化设计

一圆形等截面轴(图 10-6)，一端固定，另一端受集中载荷 $P_1=10$ kN、$P_2=15$ kN 及扭矩 $T=1$ kN·m 的作用。要求轴的长度 $L\geqslant2.5$ m，轴材料的许用弯曲应力$[\sigma_w]=130$ MPa；许用切应力$[\tau]=85$ MPa；允许挠度$[f]=0.15$ cm；允许扭转角$[\theta]=2°$。轴材料密度 $\rho=7\,800$ kg/m^3；弹性模量 $E=210$ GPa，剪切弹性模量 G=80 GPa。现要求设计这根轴，在满足使用要求的前提下，使其质量最小。

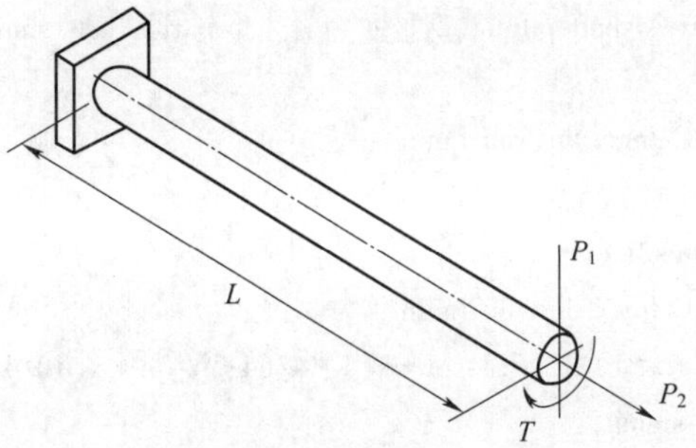

图 10-6　等截面轴受力图

1. 优化设计模型

1) 设计变量

$$x=[dL]^{T}=[x_1x_2]^{T}。$$

2) 目标函数

$$f(x)=\frac{1}{4}\pi d^2L\rho=\frac{1}{4}\pi\rho x_1^2x_2。$$

3) 约束条件

(1) 抗弯强度条件

$$\sigma_{\max}=\frac{P_1L}{W}+\frac{P_2}{A}\leqslant[\sigma_w],(W=\frac{\pi d^3}{32},A=\frac{1}{4}\pi d^2)$$

(2) 抗扭强度条件

$$\tau_{\max}=\frac{T}{W_n}\leqslant[\tau],(W_n=\frac{\pi d^3}{16})$$

(3) 刚度条件

挠度　$$f_{\max}=\frac{P_1L^3}{3EJ}\leqslant[f],(J=\frac{\pi d^4}{64})$$

扭转角　$$\theta_{\max}=\frac{TL}{GJ_p}\leqslant[\theta],(J_p=\frac{\pi d^4}{32})$$

(4) 结构尺寸限制

$$L\geqslant L_{\min}$$

2. 轴优化设计程序及计算结果

```
function axleopt_test2
%轴优化设计程序
clc;
global P1 P2 T sigma tao E G fmax thit rou Lmin
P1=10000;P2=15000;T=1000;sigma=130*1e6;tao=85*1e6;E=210*1e9;G=80*1e9;
fmax=0.15*1e-3;thit=2*pi/180;rou=7800;Lmin=2.5;
x0=[0.01,3];
xl=[0,2.5]
options=optimset('Display','iter','LargeScale','off');
[x,fval,exitflag,output]=fmincon(@shaftoptfun2,x0,[],[],[],[],[],[],@shaftoptcons2,options)
```

```
[x,fval,exitflag,output]=ga(@shaftoptfun2,2,[],[],[],[],xl,[],@shaftoptcons2,options)
function f=shaftoptfun2(x)
global P1 P2 T sigma tao E G fmax thit rou Lmin
f=1/4*pi*rou*x(1)^2*x(2);
function [c,ceq]=shaftoptcons2(x)
global P1 P2 T sigma tao E G fmax thit rou Lmin
W=pi*x(1)^3/32;Wn=pi*x(1)^3/16;J=pi*x(1)^4/64;Jp=pi*x(1)^4/32;A=1/4*pi*x(1)^2;
c(1)=P1*x(1)/W+P2/A-sigma;
c(2)=T/Wn-tao;
c(3)=P1*x(1)^3/(3*E*J)-fmax;
c(4)=T*x(1)/(G*Jp)-thit;
c(5)=2.5-x(2);
ceq=[];
```

计算结果为：

经计算，最优方案为：$d=39.1\text{mm}$，$L=2.5\text{m}$。

10.5 非线性模型参数估计的优化计算

10.5.1 非线性模型目标函数的建立

当已知自变量和因变量的对应关系，建立一定的目标函数，可将该问题整理成无约束或有约束等优化问题，进行其中某些待定参数的求取，下面以环境学中的问题为例进行说明。

已知河流平均流速 4.2 km/h，饱和溶解氧 $O_S=8.32$ mg/L，河流起始点的 BOD(L_0)浓度为 23 mg/L，沿程几个断面的溶解氧测定数据见表 10-3，根据数据及河流溶解氧变化模式：$O=O_s-(O_s-O_0)\exp\left(-\frac{K_aX}{u_x}\right)+\frac{K_dL_0}{K_a-K_d}\left[\exp\left(-\frac{K_aX}{u_x}\right)-\exp\left(-\frac{K_dX}{u_x}\right)\right]$，估算耗氧速率常数 K_d 和复氧速率常数 K_a。

表 10-3 溶解氧随距离变化

X(km)	0	9	29	38	55
D_0(mg/L)	8.2	8.0	7.3	6.4	7.1

此问题属于无约束优化问题，构造目标函数如下：

$$Z_{\min}=O=O_s-(O_s-O_0)\exp\left(-\frac{K_aX}{u_x}\right)+\frac{K_dL_0}{K_a-K_d}\left[\exp\left(-\frac{K_aX}{u_x}\right)-\exp\left(-\frac{K_dX}{u_x}\right)\right]$$

10.5.2 非线性模型参数求解的 Matlab 程序

```
%模型函数
function DO=hjyy(k1,k2)
ka=k2;    %1/d
kd=k1;    %1/d
os=8.32;     %mg/L
```

```
l0=23;          %mg/L
o0=8.2;         %mg/L
u=4.2*24;       %km/d
x=[0  9  29  38  55];
DO=[8.2  8.0  7.3  6.4  7.1];
O=os-(os-o0)*exp(-ka*x./u)+kd* l0./(ka-kd)*(exp(-ka*x./u)-exp(-kd*x./u));
fmin=sum((O-DO).^2);
%编制程序,调用 hjyy 模型函数计算
k1=1.0;
k2=3.0;
f0=0;
f1=hjyy(k1,k2);
while abs(f1-f0)>0.0000
    %dzk
    dzk(1)=(hjyy(k1+0.001*k1,k2)-hjyy(k1,k2))/(0.001*k1);
    dzk(2)=(hjyy(k1,k2+0.001*k2)-hjyy(k1,k2))/(0.001*k2);
    %HS
HS(1,1)=(hjyy(k1+0.001*k1,k2)-2* hjyy(k1,k2)+hjyy(k1-0.001*k1,k2))/(0.001*k1)^2;
HS(2,2)=(hjyy(k1,k2+0.001*k2)-2* hjyy(k1,k2)+hjyy(k1,k2-0.001*k2))/(0.001*k2)^2;
HS(1,2)=(hjyy(k1+0.001*k1,k2+0.001*k2)-hjyy(k1+0.001*k1,k2)-hjyy(k1,k2+0.001*k2)
+hjyy(k1,k2))/(0.001*k1*0.001*k2);
HS(2,1)=(hjyy(k1+0.001*k1,k2+0.001*k2)-hjyy(k1,k2+0.001*k2)-hjyy(k1+0.001*k1,k2)
+hjyy(k1,k2))/(0.001*k1*0.001*k2);
    SD=(dzk*dzk')/(dzk*HS*dzk');
    k1=k1-SD*dzk(1);
    k2=k2-SD*dzk(2);
    f0=f1;
    f1=hjyy(k1,k2);
end
disp('ka=');k2
disp('kd=');k1
```

求解结果如下:

```
ka=
    3.2861
kd=
    0.2809
```

10.6　基于优化方法的常微分方程边值问题数值解

常微分方程边值问题的一般形式为:

$$y''=f(x,y) \tag{10-10}$$

$$BC(y(a),y(b))=0,x\in[a,b] \tag{10-11}$$

式中:BC 表示边界条件所满足的函数关系。

10.6.1 基于 Matlab 函数的求解方法

Matlab 求解边值问题的函数为 bvp4c，它采用有限差分法求解，其基本格式为：

```
solinit=bvpinit(x,yinit,params)
y=bvp4c(odefun,bcfun,solinit)
```

函数 bvpinit 输入参数依次为自变量 x 的区间$[a,b]$，函数 y 的一个猜测值。

函数 bvp4c 的输入参数依次为一阶微分方程或一阶微分方程组，用函数 odefun 定义，边界条件用函数 bcfun 定义，这两个函数名用户自行定义。

【例 10-1】 求解二阶常微分方程。

$$y''+|y|=0$$
$$y(0)=0$$
$$y(4)=-2$$

解：令

$$y_1=y$$
$$y_1'=y_2$$
$$y_2'=-|y_1|$$

x 的取值区间为$[0,4]$，y_1 和 y_2 的猜测值分别为 0 和 2。计算程序为：

```
function ode_bvp1
clc;clf;clear all;
solinit=bvpinit(linspace(0,4,5),[1 0]);
sol=bvp4c(@twoode,@twobc,solinit);
x=linspace(0,4);
y=deval(sol,x);
plot(x,y(1,:));%图 10-7
function dydx=twoode(x,y)
dydx=[ y(2)
       -abs(y(1))];
function res=twobc(ya,yb)
res=[ ya(1)
      yb(1)+2];
```

【例 10-1】的数值解曲线如图 10-7 所示。

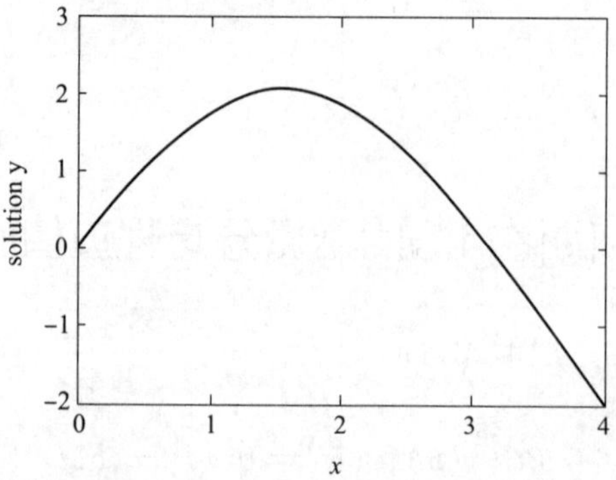

图 10-7 【例 10-1】数值解曲线

10.6.2　求解两点边值问题的打靶法

打靶法采用求初值的方法求解边值问题。用求解初值的方法求解式(10-10)和式(10-11)描述的问题时,缺少 $x=a$ 处的 $y'(a)$ 条件。如果能找到合适的 $y'(a)$ 值,通过求解恰好能使计算出的 $y^*(b)$ 等于给定的边界值 $y(b)$,则问题就得到解决。显然,寻找 $y'(a)$ 的过程是一个反复迭代的过程。就好比打靶,子弹以合适的角度和初速度射出才能命中目标。这就是打靶法的基本思想。

设一两点边值问题为　$y''=f(x,y,y'),y(a)=\alpha,y(b)=\beta$　(10-12)

对应的初值问题为　$y''=f(x,y,y'),y(a)=\alpha,y'(a)=u$

由该初值问题求解得出的另一端边界值为

$$y(b)=\theta(u)$$

则 u 应满足的方程为　$r(u)=\theta(u)-\beta=0$

因此,应用求初值问题的方法求边值问题转换成求上述方程的根的问题。求一元函数根的方法很多,下面是用插值修正的方法求初始值 u,其迭代格式为

$$u_2=u_2+(u_2-u_1)\frac{\beta-\theta(u_2)}{\theta(u_2)-\theta(u_1)}$$

【例 10-2】　求二阶常微分方程 $y''+3yy'=0,y(0)=0,y(2)=1$ 的解。

解:该方程对应的一阶微分方程组为

$$\boldsymbol{y}'=\begin{bmatrix}y_1'\\y_2'\end{bmatrix}=\begin{bmatrix}y_2\\-3y_1y_2\end{bmatrix}$$

初始条件为 $y(0)=0,y'(0)=1$(猜测值)

计算程序如下:

```
function shoot1
clc;
ii=0;
tol=1e-9;
xspan=[0,2];
guess=1;
g1=guess;
target=1;
y0=[0;g1];
[x,y]=ode45(@dEqs,xspan,y0);
t1=y(end,1)
subplot(2,1,1);
plot(x,y(:,1))
g2=1.1*g1;
y0=[0;g2];
[x,y]=ode45(@dEqs,xspan,y0);
t2=y(end,1)
subplot(2,1,2);
```

```
plot(x,y(:,1))
while abs(t2-target)>tol
g=g2+(g2-g1)*(target-t2)/(t2-t1);
t1=t2;
y0=[0,g];
[x,y]=ode45(@dEqs,xspan,y0);
t2=y(end,1);
g1=g2;
g2=g;
g,g1,g2,t1,t2
ii=ii+1;
if ii>200
break
end
end
figure(2)
plot(x,y(:,1))
x,y
function F=dEqs(x,y)% First-order differential
F=[y(2);-3*y(1)*y(2)];% equations.
```

计算结果为：

$y(0)=0, y'(0)=1.5145, y(2)=1, y'(2)=0.0145$。

10.6.3 边界层微分方程组及相似解

边界层微分方程组包括连续性方程，动量方程和能量方程，在二维稳态流动情况下：

(1)对于强迫对流

连续性方程为
$$\frac{\partial u}{\partial x}+\frac{\partial v}{\partial y}=0 \tag{10-13}$$

动量方程为
$$u\frac{\partial u}{\partial x}+v\frac{\partial u}{\partial y}=-\frac{1}{\rho}\frac{\mathrm{d}p}{\mathrm{d}x}+\nu\frac{\partial^2 u}{\partial y^2} \tag{10-14}$$

在边界层外缘
$$p_s+\frac{1}{2}\rho u_s^2=\mathrm{const} \tag{10-15}$$

能量方程为
$$u\frac{\partial \theta_1}{\partial x}+v\frac{\partial \theta_1}{\partial y}=a\frac{\partial^2 \theta_1}{\partial y^2}, \text{无量纲温度 } \theta_1=\frac{t-t_w}{t_s-t_w} \tag{10-16}$$

(2)对于自然对流，

动量方程为
$$u\frac{\partial u}{\partial x}+v\frac{\partial u}{\partial y}=-\frac{1}{\rho}\frac{\mathrm{d}p}{\mathrm{d}x}+\nu\frac{\partial^2 u}{\partial y^2}-g \tag{10-17}$$

在边界层外缘
$$\frac{\mathrm{d}p}{\mathrm{d}x}=-\rho_s g \tag{10-18}$$

能量方程的形式与式(10-16)式相同，而无量纲温度通常表示为：$\theta_2=\dfrac{t-t_s}{t_w-t_s}$。

通过引入流函数和相似变换，动量方程和能量方程变为只依赖单个相似变量的常微分方程。

(1)对于强迫对流

$$u=\frac{\partial\psi}{\partial y},v=-\frac{\partial\psi}{\partial x} \tag{10-19}$$

无量纲流函数

$$f(\eta)=\frac{\psi}{\sqrt{u_s\nu x}} \tag{10-20}$$

相似变量

$$\eta=\frac{y}{\sqrt{\nu x/u_s}} \tag{10-21}$$

取外流速度 $u_s=cx^m$，动量方程变为

$$f'''+\frac{m+1}{2}ff''+m(1-f'^2)=0 \tag{10-22}$$

此式是 Falkner-Skan 方程的另一种形式，当 $m=0$ 时，则变成 Blasius 方程。式中，$m=\dfrac{\beta}{2-\beta}$，β 为楔形体夹角。

能量方程变为

$$\theta''_1+\frac{1}{2}(m+1)\Pr f\theta'_1=0 \tag{10-23}$$

边界条件为

$$\begin{cases}\eta=0,f(0)=f'(0)=\theta_1(0)=0\\ \eta\to\infty,f'(\infty)=\theta_1(\infty)=1\end{cases} \tag{10-24}$$

(2)对于自然对流

无量纲流函数

$$f(\eta)=\psi/\left(\nu\left[4\left(\frac{Gr_x}{4}\right)^{\frac{1}{4}}\right]\right) \tag{10-25}$$

相似变量

$$\eta=\frac{y}{x}\left(\frac{Gr_x}{4}\right)^{\frac{1}{4}} \tag{10-26}$$

动量方程变为

$$f'''+3ff''-2f'^2+\theta_2=0 \tag{10-27}$$

能量方程变为

$$\theta''_2+3\Pr f\theta'_2=0 \tag{10-28}$$

边界条件为

$$\begin{cases}\eta=0,f(0)=f'(0)=0,\theta_2(0)=1\\ \eta\to\infty,f'(\infty)=\theta_2(\infty)=0\end{cases} \tag{10-29}$$

10.6.4　流函数方程和温度方程的求解

1. 应用打靶法求解 Blasius 方程

方程(10-22)、方程(10-23)、方程(10-27)、方程(10-28)为带渐近边界条件的两点边值问题，可采用级数法、差分法、微分方程降阶法等方法求解。用得较多，且精度较高的方法是将高阶微分方程化成一阶微分方程组，再用合适的微分方程数值方法求解。这样处理后，原两点边值问题变成带未知初始条件的初值问题，需用试探或打靶的方法求解。

以强迫对流为例，初始条件为

$$\eta=0,f(0)=f'(0)=0,f''(0)=\text{未知}$$

未知初始条件的选取，应满足相应的远端边界条件。

应用打靶法求解 Blasius 方程的 Matlab 程序：

```
%solution of Blasius function by shooting method
%blasius_shoot.m
clc;
clear all;
close all;
tol=1e-9;
xspan=[0,10];
guess=1;
g1=guess;
target=1;
y0=[0;0;g1];
[x,y]=ode45('blasius',xspan,y0,[]);
t1=y(end,2)
subplot(2,1,1);
plot(x,y(:,2))
g2=1.1*g1;
y0=[0;0;g2];
[x,y]=ode45('blasius',xspan,y0,[]);
t2=y(end,2)
subplot(2,1,2);
plot(x,y(:,2))
while abs(t2-target)>tol
g=g2+(g2-g1)*(target-t2)/(t2-t1);
t1=t2;
y0=[0,0,g];
[x,y]=ode45('blasius',xspan,y0,[]);
t2=y(end,2);
g1=g2;
g2=g;
g,g1,g2,t1,t2
i=i+1;
if i>20
break
end
end
figure(2)
plot(x,y(:,2))
y
```

结果：

```
y=[0  0  0.3320]
```

2. 实现打靶法的优化算法

寻找满足方程(10-22)、方程(10-23)、方程(10-27)、方程(10-28)远端边界条件的初始值的过程可以看做是优化设计问题,即

求 $x=[f''(0),\theta'(0)]$ 使

$$\min F(f''(0),\theta'(0)) \tag{10-30}$$

目标函数由远端边界条件构成,可以取如下几种形式。

对强迫对流

$$F(f''(0),\theta'(0))=|f'(\infty)-1|+|\theta_1(\infty)-1| \tag{10-31}$$

$$F(f''(0),\theta'(0))=(f'(\infty)-1)^2+(\theta_1(\infty)-1)^2 \tag{10-32}$$

$$F(f''(0),\theta'(0))=(f'(\infty)-1)^2+(f''(\infty))^2+(\theta_1(\infty)-1)^2+(\theta_1'(\infty))^2 \tag{10-33}$$

对自然对流边界层微分方程,目标函数构成与式(10-30)~式(10-33)类似。

3. 与边界层微分方程对应的一阶微分方程组及目标函数

```
function ff=blasius(x,y)
ff=[y(2);y(3);-0.5*y(1)*y(3)];
function f=blasiust(x,y,pr)
f=[y(2);y(3);-0.5*y(1)*y(3);y(5);-0.5*pr*y(1)*y(5)];
function fn=blasiust2(x,pr,eta_max)
xspan=[0 eta_max];
y0=[0 0 x(1)0 x(2)];
[eta ff]=ode45(@(x,y0)blasiust(x,y0,pr),xspan,y0);
fn=(1-ff(end,2))^2+(1-ff(end,4))^2+(ff(end,3)^2+(ff(end,5)))^2;
function f=naturalt(x,y,flag,pr)
f=[y(2);y(3);-3*y(1)*y(3)+2*y(2)^2-y(4);y(5);-3*pr*y(1)*y(5)];
function fn=naturalt21(x,pr,eta_max)
xspan=[0 eta_max];
y0=[0 0 x(1)1 x(2)];
[eta ff]=ode45('naturalt',xspan,y0,[],pr);
fn=[(ff(end,2))^2+(ff(end,3))^2+(ff(end,4))^2+(ff(end,5))^2];
```

4. 应用纳齐谢姆—斯威格特方法求解

1)纳齐谢姆—斯威格特(Nachtsheim-Swigert)方法

纳齐谢姆—斯威格特法通过最小二乘法求出修正初值的增量,它既是一种实现打靶的方法,也可看成是一种优化算法。

记 $x=f''(0)$, $y=\theta'(0)$, $\Delta x=\Delta f''(0)$, $\Delta y=\Delta\theta_1'(0)$。这样远端边界值可看成初始值的函数,即:$f'(\infty)=f_1(x,y)$, $f''(\infty)=f_2(x,y)$, $\theta_1(\infty)=f_3(x,y)$, $\theta_1'(\infty)=f_4(x,y)$。

根据式(10-33),由假设的初始值产生的远端边界值的误差可表示为

$$\begin{cases}\delta_1(x,y)=f'(\infty)-1\\ \delta_2(x,y)=f''(\infty)\\ \delta_3(x,y)=\theta_1(\infty)-1\\ \delta_4(x,y)=\theta_1'(\infty)\end{cases} \tag{10-34}$$

误差的平方和为

$$E=\delta_1^2+\delta_2^2+\delta_3^2+\delta_4^2 \tag{10-35}$$

使式(10-35)为最小的初值就是满足远端边界条件的初值。根据函数取极值的必要条件可得

$$\begin{cases}\delta_1 \dfrac{\partial\delta_1}{\partial x}+\delta_2 \dfrac{\partial\delta_2}{\partial x}+\delta_3 \dfrac{\partial\delta_3}{\partial x}+\delta_4 \dfrac{\partial\delta_4}{\partial x}=0 \\ \delta_1 \dfrac{\partial\delta_1}{\partial y}+\delta_2 \dfrac{\partial\delta_2}{\partial y}+\delta_3 \dfrac{\partial\delta_3}{\partial y}+\delta_4 \dfrac{\partial\delta_4}{\partial y}=0\end{cases} \tag{10-36}$$

通过对式(10-34)中的远端边界条件作一阶泰勒展开,并带入式(10-36)可得初值修正增量为

$$\begin{cases}\Delta x=\dfrac{Q_{yy}\cdot Q_{cx}-Q_{xy}\cdot Q_{cy}}{Q_{xx}\cdot Q_{yy}-Q_{xy}^2} \\ \Delta y=\dfrac{Q_{xx}\cdot Q_{cy}-Q_{xy}\cdot Q_{cx}}{Q_{xx}\cdot Q_{yy}-Q_{xy}^2}\end{cases} \tag{10-37}$$

式中

$$\begin{cases}Q_{xx}=[f'_x(\infty)]^2+[f''_x(\infty)]^2+[\theta_{1,x}(\infty)]^2+[\theta'_{1,x}(\infty)]^2 \\ Q_{xy}=f'_x(\infty)\cdot f'_y(\infty)+f''_x(\infty)\cdot f''_y(\infty)+\theta_{1,x}(\infty)\cdot\theta_{1,y}(\infty) \\ \qquad +\theta'_{1,x}(\infty)\cdot\theta'_{1,y}(\infty) \\ Q_{cx}=(1-f'(\infty))\cdot f'_x(\infty)-f''(\infty)\cdot f''_x(\infty)+(1-\theta_1(\infty))\cdot \\ \qquad \theta_{1,x}(\infty)-\theta'_1(\infty)\cdot\theta'_{1,x}(\infty), \\ Q_{yy}=[f'_y(\infty)]^2+[f''_y(\infty)]^2+[\theta_{1,y}(\infty)]^2+[\theta'_{1,y}(\infty)]^2 \\ Q_{cy}=(1-f'(\infty))\cdot f'_y(\infty)-f''(\infty)\cdot f''_y(\infty)+(1-\theta_1(\infty))\cdot \\ \qquad \theta_{1,y}(\infty)-\theta'_1(\infty)\cdot\theta'_{1,y}(\infty)\end{cases} \tag{10-38}$$

初始值的迭代格式为

$$\begin{cases}[f''(0)]^{(k+1)}=[f''(0)]^{(k)}+[\Delta f''(0)]^{(k)} \\ [\theta'_1(0)]^{(k+1)}=[\theta'_1(0)]^{(k)}+[\Delta\theta'_1(0)]^{(k)}\end{cases} \tag{10-39}$$

2)纳齐谢姆—斯威格特方法的 Matlab 程序

用打靶法求解式(10-22)、式(10-23)时需反复调用解常微分方程初值问题的子程序,对纳齐谢姆—斯威格特方法来说还需求解各边界函数对初值的一阶导数,其中也要用到求解常微分方程的子程序。这里选用 Matlab 函数 ode45( )来求解常微分方程。其调用格式为

[t,y]=ode45(@func,[tspan],y0,options,p1,p2…)

对本问题来说,用函数 ode45( )求解式(10-22)、式(10-23)时,先将该两式分解为 5 个一阶常微分方程,对布拉修斯方程其形式为

$$\begin{cases}y'_1=y_2 \\ y'_2=y_3 \\ y'_3=-0.5y_1\cdot y_3 \\ y'_4=y_5 \\ y'_5=-0.5pr\cdot y_1\cdot y_5\end{cases} \tag{10-40}$$

各边界函数对初值的一阶导数用向前差分表示。远端边界值及其一阶偏导数用矩阵形式

表示

$$fn=\begin{bmatrix} f'(\infty)f'_x(\infty)f'_y(\infty) \\ f''(\infty)f''_x(\infty)f''_y(\infty) \\ \theta_1(\infty)\theta_{1,x}(\infty)\theta_{1,y}(\infty) \\ \theta'_1(\infty)\theta'_{1,x}(\infty)\theta'_{1,y}(\infty) \end{bmatrix} \tag{10-41}$$

计算式(10-41)的函数为 fn = fun_d_blasiusut(x, Pr, $xspan$, h)，其中 x 为假设的初值；Pr 为流体的普朗特数；$xspan$ 为无量纲离壁距离或相似变量取值区间，h 为初值变化步长。对 $m\neq 0$ 的楔形流动、自然对流等层流边界层流动与传热相似变换微分方程的求解只需重新定义式(10-35)，并对远端边界条件做相应调整，也很容易用下面的程序求解。

用纳齐谢姆—斯威格特方法求解布拉修斯方程的完整 Matlab 程序如下：

```
function blasius_N_S
clc;
clear all;
close all;
x0=[0.1,0.3];
etamax=8;
pr=0.7;xspan=[0 etamax];h=0.01;
eps=1e-9;
n=1;
xx1=x0+1;
while(norm(xx1-x0)>eps)&(n<=100)
f=fun_d_blasiusut(x0,pr,xspan,h);
x1=f(1,2);x2=f(2,2);
x3=f(3,2);x4=f(4,2);
y1=f(1,3);y2=f(2,3);
y3=f(3,3);y4=f(4,3);
xx=x1*x1+x2*x2+x3*x3+x4*x4;
yy=y1*y1+y2*y2+y3*y3+y4*y4;
xy=x1*y1+x2*y2+x3*y3+x4*y4;
cx=(1-f(1,1))*x1-f(2,1)*x2+(1-f(3,1))*x3-f(4,1)*x4;
cy=(1-f(1,1))*y1-f(2,1)*y2+(1-f(3,1))*y3-f(4,1)*y4;
qq=xx*yy-xy*xy;
dx=(yy*cx-xy*cy)/qq;dy=(xx*cy-xy*cx)/qq;
xx1=x0;
x0(1)=x0(1)+dx;x0(2)=x0(2)+dy;
n=n+1;
end
y0=[0 0 x0(1)0 x0(2)];
xspan=[0,etamax];
[x,y]=ode45(@(x,y0)blasiust(x,y0,pr),xspan,y0);
figure(2)
```

```
plot(x,y(:,2),'--r',x,y(:,4))
disp(double(y));
eer=abs(f(1,1)-1)+abs(f(2,1))+abs(f(3,1)-1)+abs(f(4,1))
err1=abs(f(1,1)-1)
err3=abs(f(3,1)-1)
err4=norm(xx1-x0)
disp([n,xx1]);
fprintf('%d %d %d %d %d',y(1,:))
function fn=fun_d_blasiusut(x,pr,xspan,h)
x1=x;
dx=h;
dy=h;
y0=[0;0;x1(1);0;x1(2)];
[x,y]=ode45(@(x,y0)blasiust(x,y0,pr),xspan,y0);
a1=y(end,2);
b1=y(end,3);
c1=y(end,4);
d1=y(end,5);
x2=x1+h;
y0=[0;0;x2(1);0;x1(2)];
[x,y]=ode45(@(x,y0)blasiust(x,y0,pr),xspan,y0);
a2=y(end,2);
b2=y(end,3);
c2=y(end,4);
d2=y(end,5);
x2=x1+h;
y0=[0;0;x1(1);0;x2(2)];
[x,y]=ode45(@(x,y0)blasiust(x,y0,pr),xspan,y0);
a3=y(end,2);
b3=y(end,3);
c3=y(end,4);
d3=y(end,5);
ax=(a2-a1)/dx;ay=(a3-a1)/dy;
bx=(b2-b1)/dx;by=(b3-b1)/dy;
cx=(c2-c1)/dx;cy=(c3-c1)/dy;
dx=(d2-d1)/dx;dy=(d3-d1)/dy;
fn=[a1 ax ay
    b1 bx by
    c1 cx cy
    d1 dx dy];
fn=fn+1e-7;
```

5. 应用 Matlab 软件的 fsolve 函数求解

fsolve 函数先按方程求根计算,若不满足收敛条件给出函数极小值。

```
%blasius_ut_fsolve.m
clc;
clear all;
close all;
pr=[0.07 0.7 7];
etamax=[1.5 8 8];
x0=[0.3,0.3];
for k=1:3
slopew=fsolve('blasiust2',x0,[],pr(k),etamax(k));
y0=[0 0 slopew(1),0 slopew(2)];
xspan=[0,etamax(k)];
[eta,ff]=ode45(@(x,y0)blasiust(x,y0,pr(k)),xspan,y0);
plot(eta,1-ff(:,4),'-')
hold on
end
display([eta,1-ff(:,4)])
axis([0 5 0 1])
xlabel('\eta')
ylabel('1-\theta')
grid on
ff
```

6. 应用 Matlab 软件的 fminsearch 函数求解

Matlab fminsearch 函数,该函数优化算法采用单纯形法。

```
%blasisu_ut_fminsearch.m
clc;
clear;
pr=0.7;
etamax=20;
xm=5;
x0=[1 0.7];
figure(1);
slopew=fminsearch('blasiust2',x0,[],pr,etamax);
slopew
y0=[0 0 slopew(1)0 slopew(2)];
xspan=[0 etamax];
[eta ff]=ode45(@(x,y0)blasiust(x,y0,pr),xspan,y0);
subplot(2,1,1);
plot(eta,ff(:,2),'-k',eta,ff(:,4),'--k');
subplot(2,1,2);
plot(eta,ff(:,3),'--k',eta,ff(:,5),'-k');
ff
```

7. 应用 Matlab 软件的 fminunc 函数求解

Matlab fminunc 函数,该函数优化算法采用拟 Newton 法。优化计算中 Newton 法的基本格式为

$$x^{(k+1)}=x^{(k)}-[G^{(k)}]^{-1}\nabla f(x^{(k)})$$

式中:$G^{(k)}$为 Hessian 矩阵,$f(x^{(k)})$为目标函数。微分方程求解采用四阶 Runge-Kutta 法。

```
%blasius_ut_fmincun.m
clc;
clear;
close all;
pr=0.7;
etamax=20;
xm=5;
x0=[1 0.7];
figure(1);
opt.TolX=1e-8;
slopew=fminunc('blasiust2',x0,[],pr,etamax);
slopew
y0=[0 0 slopew(1)0 slopew(2)];
xspan=[0 etamax];
[eta ff]=ode45(@(x,y0)blasiust(x,y0,pr),xspan,y0);
subplot(2,1,1);
plot(eta,ff(:,2),'-k',eta,ff(:,4),'--k');
subplot(2,1,2);
plot(eta,ff(:,3),'--k',eta,ff(:,5),'-k');
ff
```

8. 应用 Matlab 软件的 ga 函数求解

```
function blasius_ga.m
clc;
clear all;
x=[1 1];
numberOfVariables=2;
pr=0.7;
eta_max=8;
[x,fval]=ga(@(x)blasiust2(x,pr,eta_max),numberOfVariables)
x,fval
y0=[0,0,x(1),0,x(2)];
xspan=[0,eta_max];
[eta,ff]=ode45(@(x,y0)blasiust(x,y0,pr),xspan,y0);
ff
```

参考文献

[1] 陈立周.机械优化设计方法[M].北京:冶金工业出版社,2004.

[2] 李元科.工程最优化设计[M].北京:清华大学出版社,2006.

[3] 刘惟信.机械最优化设计[M].北京:清华大学出版社,2006.

[4] 孙靖民.机械优化设计[M].北京:机械工业出版社,1998.

[5] 陈宝林.最优化理论与算法[M].北京:北京清华大学出版社,2003.

[6] 高会生,李新叶,胡智奇等译.MATLAB 原理与工程应用[M].北京:电子工业出版社,2002.

[7] 苏晓升.掌握 MATLAB 6.0 及其工程应用[M].北京:科学出版社,2002.

[8] 施吉林,刘淑珍,陈桂芝.计算机数值方法[M].北京:高等教育出版社,1999.

[9] 崔国华.计算方法[M].武汉:华中科技大学出版社,1996.

[10] 褚洪生,杜增吉,阎金华.MATLAB 7.2 优化设计实例指导教程[M].北京:机械工业出版社,2007.

[11] 曹卫华,郭正.最优化技术方法及 MATLAB 的实现[M].北京:化学工业出版社,2004.

[12] 吴筑筑,于江明,黄玉昌,成舜.计算方法[M].北京:清华大学出版社,北京交通大学出版社,2004.

[13] 高建.机械优化设计基础[M].北京:科学出版社,2000.

[14] 飞思科技产品研发中心.MATLAB 6.5 辅助优化计算与设计[M].北京:电子工业出版社,2003.

[15] 余建.机械优化设计[M].贵州:贵州人民出版社,1986.

[16] 祖效群,赵艳丽.基于 MATLAB 语言的机械优化设计[J].重型机械科技,2006,(1):11-12.

[17] 黄胜伟,方维凤,赵法起.基于 Matlab 语言的结构优化设计[J].建筑技术开发,2002,29(6):2-4.

[18] 王春香,冯慧忠.MATLAB 软件在机械优化设计中的应用[J].机械设计,2004,21(7):52-54.

[19] 沈浩,靳岚,谢黎明.基于 MATLAB 的机床主轴结构参数优化设计[J].科学技术与工程,2008,8(16):4722-4724.

[20] 何振俊,李雪峰.基于 MATLAB 的高次多项式凸轮型线优化设计[J].机械科学与技术,2008,27(10):1141-1144.

[21] 程俊国,张洪济,张慕瑾,等.高等传热学[M].重庆:重庆大学出版社,1991.

[22] 施天莫.计算传热学[M].陈越南,范正翘,陈善年,等译.北京:科学出版社,1987.

[23] 郭宽良,孔祥谦,阵善年.计算传热学[M].合肥:中国科学技术大学出版社,1988.

[24] 张永恒,王良璧,梁士轩.基于优化方法的边界层微分方程求解[J].科技导报,2008,(3):46-50.

[25] 严军,刘颖.实现纳齐谢姆—斯威格特方法的 Matlab 程序[J].甘肃科技,2008,(20):17-19.

[26] 张永恒,梁士轩,王良璧.应用人工神经网络求解边界层微分方程[J].甘肃科学学报,2007,19(4):97-99.

[27] 薛定宇,陈阳泉.高等应用数学问题 MATLAB 求解[M].北京:清华大学出版社,2008.

[28] 黄华江.实用化工计算机模拟——MATLAB 在化学工程中的应用[M].北京:化学工业出版社,2004.

[29] 王奕首,史彦军,滕弘飞.多学科设计优化研究进展[J].计算机集成制造系统,2005,11(6):751-756.

[30] 高丽,曾庆良,范文慧.多学科设计优化研究及发展趋势分析[J].工程设计学报,2007,14(6):429-434.

[31] 孙国正.优化设计及应用[M].北京:人民交通出版社,2000.

[32] 汪萍.机械优化设计[M].武汉:中国地质大学出版社,1991.

[33] 叶元烈.机械优化理论与设计[M].北京:中国计量出版社,2000.

[34] 崔华林.机械优化设计方法与应用[M].沈阳:东北大学出版社,1989.

[35] 焦李成.神经网络计算[M].西安:西安电子科技大学出版社,1993.

[36] EDWIN K.P.CHONG,STANISLAW H.ZAK.An Introduction to Optimization,Second Edition,New York:JOHN WILEY & SONS,INC.,2001.

[37] Frederic M.Ham,Ivica Kostanic.神经计算原理.叶世伟,王海娟译.北京:机械工业出版社,2007.

[38] 濮良贵,继名刚.机械设计[M].北京:高等教育出版社,2003.

[39] 陈玉英.槽式太阳能集热器传热模型及性能分析[J].土木建筑与环境工程,2016,38(4):53-58.